普通高等职业教育“十二五”规划教材

果树生产

高丹　李凤光　主编

中国轻工业出版社

图书在版编目（CIP）数据

果树生产/高丹，李凤光主编. —北京：中国轻工业出版社，2011.7
普通高等职业教育“十二五”规划教材
ISBN 978-7-5019-8231-8

Ⅰ.①果…　Ⅱ.①高…②李…　Ⅲ.①果树园艺－高等职业教育－教材　Ⅳ.①S66

中国版本图书馆 CIP 数据核字（2011）第 087728 号

责任编辑：王　淳
策划编辑：王　淳　　责任终审：滕炎福　　封面设计：锋尚设计
版式设计：宋振全　　责任校对：杨　琳　　责任监印：吴京一

出版发行：中国轻工业出版社（北京东长安街 6 号，邮编：100740）
印　　刷：航远印刷有限公司
经　　销：各地新华书店
版　　次：2011 年 7 月第 1 版第 1 次印刷
开　　本：720×1000　　1/16　　印张：19.50
字　　数：400 千字
书　　号：ISBN 978－7－5019－8231－8　　定价：36.00 元
邮购电话：010－65241695　传真：65128352
发行电话：010－85119835　85119793　　传真：85113293
网　　址：http://www.chlip.com.cn
Email：club@chlip.com.cn
如发现图书残缺请直接与我社邮购联系调换
101198J2X101ZBW

编写委员会

主任委员

张立华　辽宁职业学院

副主任委员

苏允平　辽宁职业学院

李凤光　辽宁职业学院

吴会昌　辽宁职业学院

李　军　乌兰察布职业学院

邹佩文　沈阳农业大学高职学院

贺玉琢　铁岭市东升现代农业有限责任公司

刘俊杰　辽宁省农科院食用菌研究所

委　员（按姓氏笔画排序）

于文越　王宝库　卢锡纯　刘　军　冯　燕　祁　勇　李丽霞

杨桂梅　娄汉平　高　丹　桂松龄　郭　玲　崔兰舫

教材编写人员

主　　编　高　丹（辽宁职业学院）

李凤光（辽宁职业学院）

副 主 编　娄汉平（辽宁职业学院）

祁　勇（乌兰察布职业学院）

于文越（沈阳农业大学高职学院）

编　　者（按姓氏笔画排序）

于小力（辽宁职业学院）　于文越（沈阳农业大学高职学院）

李凤光（辽宁职业学院）　祁　勇（乌兰察布职业学院）

娄汉平（辽宁职业学院）　郭海军（辽宁省白石水库管理局）

高　丹（辽宁职业学院）　焦　岩（辽宁职业学院）

主　　审　蒋锦标（辽宁农业职业技术学院）

行业顾问　张凤岐（铁岭市果蚕站）　王文选（铁岭市清河区葡萄协会）

网络课程制作人员

负 责 人　娄汉平（辽宁职业学院）

编 制 人　高　丹（辽宁职业学院）　焦　岩（辽宁职业学院）

网页制作　李　静（辽宁职业学院）　陈丽萍（辽宁职业学院）

网络课程网址：http://211.140.238.34:8011/2011/gssc

前　言

本教材是以果树园艺工国家职业标准为框架，以职业能力为体系，以项目（任务）为载体，以工学结合为模式，按照理论实践一体化编写的。根据行业领域和职业岗位（群）的任职要求，按照职业岗位能力架构教材体系，即以应用能力为主线，整合相关理论知识，形成一个完整的“项目”或“任务”；而与本项目（任务）不直接相关的知识则作为拓展知识，教师可选讲或学生自学。本教材还制作了网络课程，有更多的资源和信息供师生使用。

本教材是编者根据多年来从事果树教学、科研和生产技术开发的经验，同时参阅了国内外果树生产文献资料，从中吸取了各地的先进经验编写而成。具有如下特点：

（1）体现了知识的综合性　传统的《果树栽培》只是编写了栽培方面的知识，没有与栽培联系紧密的植物保护知识。果树植物保护决定着果树栽培的成败，决定着果树产品是否符合无公害要求。因此，狭隘的《果树栽培》已不能担负起指导果树生产的任务。本教材融入了果树植物保护知识，体现了果树生产过程的全貌，体现了知识的综合性。

（2）体现了培养生产能力 《果树生产技术》落脚点是“技术”，而高职园艺技术专业学生掌握了“技术”是不够的，还要会搞“生产”。本教材叫《果树生产》，就是把落脚点放在了“生产”上，就是要体现培养学生的生产能力。

（3）突出工学结合特色　本教材的内容安排紧密围绕“职业能力培养”这条主线，通过项目教学，把与技能相关的理论知识融合到技能项目中去，使学生在各个技能项目的实训中，既明确了能力目标、努力训练这一能力，又能掌握为实现这一能力所必备的理论知识。经过实训和学习，学生可以基本掌握果树生产的技术能力与知识。

（4）涵盖职业资格标准　将果树园艺工国家职业标准融入教材，使教材内容与行业发展和社会应职岗位实现准确对接。

（5）第一次把编制生产方案写进教材　果树高级工要求能制定技术操作规程（生产方案的浓缩），果树技师要求能编制生产方案，这就要求高职园艺技术专业学生不但要会搞生产，而且要把能编制生产方案作为自己追求的目标。因此我们把编制生产方案写进教材。

（6）适用性强　本教材按照由初级到高级、由单项到综合的认知规律编写，项目（任务）操作步骤具体、明确，具有较强的可操作性。本教材可作为应用型、技能型人才培养的各类相关专业教学使用，也可供各类培训、果树从业人员和爱好者参考使用。

教材编写分工如下：李凤光编写概述、模块三中的项目四；焦岩编写模块一；高丹编写模块二中的项目一、二、三、四；娄汉平编写模块三中的项目一、二、三；于文越编写模块二中的项目五；祁勇编写模块二中的项目六、模块四中的项目一和二；郭海军编写模块四中的项目四；于小力编写模块四中的项目三和五。

本教材由辽宁农业职业技术学院蒋锦标教授主审。铁岭市果蚕站张凤岐站长、铁岭市清河区葡萄协会王文选会长作为行业顾问在生产方面提出了宝贵意见。

在编写过程中，得到学院领导、兄弟院校领导、同行及朋友们的大力支持和帮助，在此一并致谢。

由于编者水平有限，编写时间仓促，教材使用过程中难免有诸多疏漏之处，给您造成的不便敬请谅解。衷心希望各位专家同行和广大读者提出宝贵意见。

编者

2011年2月

本书使用说明

果树生产季节性强，本课程宜采用弹性教学，随农时季节授课，且按理论实践一体化实施。

建议第一学期安排果树感性认识教学，第二、第三学期安排单项技能训练，第四、第五学期在校内（外）实习基地进行生产综合实训和果树设施生产实训，在实训之余讲授主要果树的生产技术，指导学生做生产方案、生产计划。利用校企合作进行生产性实训实践。

目　录

概　述

果树是指能生产人类食用的果实、种子及其衍生物的木本或多年生草本植物。一般多为木本植物。

果树的种类繁多，营养丰富，是人们生活不可缺少的副食品，是人体所需维生素、矿物质等的重要来源。另外，有些果树还含有一些特殊的蛋白质、酶、氨基酸等，对增强人们体质、强身祛病具有重要作用。

（一）果树生产及特点

果树生产是指根据果树生长发育规律和对环境条件的要求，采用商品化的生产管理措施，创造适合果树生长的优良环境，来获得高产优质果树产品的过程。

果树生产主要包括品种选择、苗木培育、果园建立、栽培管理、病虫害防治等各个环节，是包括生产资料准备、人力资源管理、生产过程管理、产品营销网络的系统化产业。

它的主要任务是生产出优质的多种果品，降低生产成本，获得高效益。

果树生产的特点：

（1）种类多　果树树种繁多，各树种的品种丰富，如苹果有近10000个品种，在生产上选择符合区域化的合适品种是果树生产的关键。

（2）生产周期长　果树大多数为多年生木本植物，寿命长，固定在相对稳定的区域内栽培，形成稳定的生态系统，有利于资源的综合利用和建设高效生态果园。但由于生产周期长，也增加了病虫害的防治难度。

（3）集约经营　果树生产的集约化程度高、技术性强。即在单位土地面积上需投入较多的生产资料和劳动，要求精耕细作，用提高单位面积产量的方法来获取较高的经济效益。

（4）鲜食为主　我国果品的消费习惯是鲜食为主，果树生产不仅要考虑高产、优质和市场销售，也要重视无公害生产和果品安全，以适应鲜食的消费要求。随着加工业的发展，也要关注果树加工品种的需求。

（二）我国果树产业发展的现状

我国果树产业发展迅速，成效显著，地位突出，对加快现代农业和社会主义新农村建设具有重要的作用。

1. 取得的成效

（1）生产规模迅速扩大　20世纪80年代中期以来，特别是90年代，随着全国农业结构调整步伐的加快和人们生活水平的提高，果树生产规模不断扩大。据中国农业统计资料显示，2010年全国果树总产量达到9.3亿吨。

（2）生产结构趋于优化　果树树种和品种向优势产区集中，形成生产区域化，为规模化奠定基础。形成许多著名产区，如北京平谷大桃，每年采收收益达3.3亿元；辽宁、山东的苹果也实现了产业化。随着交通运输状况的改善和全国鲜活农产品“绿色通道”的开通，依托气候、区位优势，沿路、沿海建立规模果树生产基地，逐步向优势区域集中。设施果树快速增长，形成大生产、大市场、大流通的格局。都市果园、观光果园、移动果园、盆栽果园逐步兴起，使我国果树生产结构趋于优化。

（3）产品质量显著提高　农业部组织实施“无公害食品行动计划”以来，果树质量安全工作得到全面加强，质量安全水平有了明显提高。品牌果品和高档果品受到市场欢迎。

（4）新技术大量应用于生产　目前在果树生产上，我国处于技术更新期，随着产业化的发展，新的资金不断投入，果品质量上档次，价格和效益逐步提高，促进了新技术的应用。无病毒苗木培育、无公害生产、社会服务体系建立、设施栽培、平衡施肥、节水灌溉、果实套袋、矮化密植、采后保鲜、加工增值以及远程生产控制与诊断等技术应用，使果树生产发生了巨大变化。

2. 主要问题

（1）基础设施建设滞后　我国果园排灌设施薄弱、配套设施简陋、贮藏保鲜设施不足，抗御灾害性天气的能力差，产量和质量低而不稳，年际间产量和价格差异较大。

（2）生产技术落后　我国果树生产技术推广不够，新成果入户率和转化率低，栽培人员技术水平低、文化基础差。栽培管理、贮运保鲜技术水平不高，距标准化、指标化、措施化的现代农业要求还相差甚远，果树单产低、产品质量差、档次低，国际竞争力不强。比较效益低于国际平均水平。我国果树的面积和总产量居世界第一位，但果品的人均占有量在2005年仅为55kg，只占世界平均水平的71%；2004年我国果品出口量为313万吨，只占生产总量的2.05%。其采后商品化处理和优质果率也较低，我国苹果在国际市场的价格只及美国的1/2，日本的1/3。

（3）产品质量安全水平不高　农业部组织实施“无公害食品行动计划”以来，各地加强了产地环境、投入品、生产过程、产品检测监督管理，收到了很好的效果。然而，无公害栽培技术和高效低毒农药的研发、推广以及果树产业化进程相对滞后，标准化生产、产品监测、品牌化销售、质量追溯难度较大，无公害果树生产的长效机制还没有建立起来，产品质量安全隐患仍然存在。这不仅危及消费者的生命安全和身体健康，也影响农业增效、农民增收，还影响到我国果树产品国际竞争力的提高。

（4）农民组织化程度低　我国果树生产仍以家庭承包经营为主，产区不确定的品种、数量和质量，很难与销区建立相对固定的供货渠道、占有相对稳定的市场份额，小生产很难与大市场、大流通对接，矛盾越来越突出；面对千家万户，生产管理、技术推广、质量监管难度大，严重制约了果树技术水平、产品质量以及竞争力的提高；果树生产单元小，规模效益差，抗御风险的能力弱，难以自我积累自我发展。而辐射带动能力强的产地批发市场、龙头企业、专业合作组织和经纪人数量少，加工、营销、信息等服务跟不上，严重制约了果树产业的发展。

（三）我国发展果树生产的对策

1. 实行标准化生产与管理，提高产品质量安全水平

无公害果树生产过程就是标准化实施过程。只有按产品标准和生产技术规程组织生产，才能确保果树质量安全。实行标准化生产，一是要完善标准体系，按照产品质量标准、等级标准与生产、贮运技术规程相配套，初级产品标准与加工产品标准相配套，种植、加工、销售相衔接，农艺与工艺相协调，既能与国际接轨又具有中国特色的原则，逐步完善我国果树标准体系；二是推广标准化生产技术，各地要因地制宜地解读已经制定的产品标准和无公害生产技术规程，建立标准化生产示范基地，组织培训农民，指导农民切实按照无公害果树生产技术规程进行田间管理和采后处理，推进无公害果树生产过程标准化。

建立从田间到市场的全程质量控制体系，对基地环境、投入品、生产过程、产品检测等关键环节进行监督管理，切实保障无公害果树的质量安全。严格禁止销售和使用高毒农药；规范农药使用技术，解决加大农药使用剂量和不严格执行安全间隔期造成农药超标等问题。无公害果树生产企业、专业合作经济组织要坚持采前自检、安全期采收、产地准出制度，做到不合格不采收，使质量问题解决在萌芽状态。各级农业部门要加强对产地环境和基地产品的监督和检测，对出现问题的基地要限期整改。建立档案管理制度，做到初级产品生产者有农事作业档案，果树制品生产者有原料来源和工艺流程档案，果品运销者有货源和流向档案，并逐步建立无公害果树产加销全过程的质量追溯制度。

2. 加大技术创新和推广力度，提高产业竞争能力

果树产业竞争，说到底就是科学技术的竞争。要提高我国果树科学技术的竞争力，需做好三方面的工作：一是加大科技创新，科研与生产要紧密结合，创新一批有自主知识产权的新品种、新技术、新材料、新设备，满足果树生产发展的需求；二是加快科技成果转化，加大先进实用果树技术的集成、示范、培训力度，提高新技术、新成果、新品种、新材料的入户率和转化率；三是加强知识更新培训，在全国范围内实施果树知识更新培训工程，用先进的科学技术武装基层果树技术人员，提高他们的技术推广和服务能力。

当前应重点从以下几个方面加强果树科技开发研究和示范推广工作：一是开发适销对路的品种和配套栽培技术，提高单位面积产量；二是开发果树无公害生产技术，并推行标准化生产，提高产品质量安全水平；三是开发果树采后商品化处理以及冷链贮运设备和技术，提高果品的档次和保鲜能力，降低损耗，扩大果品销售半径；四是研制、推广机械操作和自动化控制设备，提高劳动生产率，发

展规模经营，保持我国果树低成本的国际竞争优势。

3. 推行商品化处理与加工，提高产品采后产值

采后商品化处理和加工是现代商品果树生产的重要环节。今后要下大力气推行商品化处理和加工，彻底改变我国果树产品“统货＋散货”的现状。一是要从改良品种着手，推广外观形状好、整齐一致、耐贮运、货架期长的鲜食和加工专用优良品种，特别是出口专用品种，并发展标准化生产，提高产品档次；二是加强果实采后分级、包装等商品化处理以及贮运设备和技术的研发和推广，提高商品化处理率和处理水平，改善产品外观质量；三是加强果树加工设备和生产工艺研究与推广，促进果树加工业向深加工、精加工方向发展，提高加工转化率，增加产品附加值。

4. 完善市场和信息服务体系建设，促进产销衔接

建设一批重点产区产地批发市场和销区批发、零售市场，发展现代物流业，构建果树生产、市场信息网络，充分发挥批发市场的交易拉动和信息引导功能。果树产销服务机构应加强信息搜集和研究，发布果树生产、供求和价格近期状况以及中长期预测、预警，以便为政府和果农组织果树生产和销售提供决策依据，避免盲目性。加强市场管理，规范市场行为。加强经纪人队伍建设，提高经纪人队伍素质，规范从业行为。

5. 发展产业化经营与品牌，提高产业整体效益

扶持壮大果树龙头企业、专业合作经济组织、专业市场和经纪人队伍，充分发挥他们的纽带和桥梁作用，把一家一户的小规模农民有效地组织起来，实行专业化、规模化、标准化生产和商品化加工、品牌化销售，提高我国果树产业的整体效益和国际竞争力。要完善企业与生产者的利益联结机制，建立企业与生产基地、科研单位间长期共生的合作关系。引导和培育果树合作经济组织，实现农村人力资源和耕地资源的市场化配置，提高参与市场竞争的能力。加强果树产业协会建设，充分发挥产业协会在规范生产经营行为、维护产业及业主利益等方面的作用。

（四）本课程的学习方法

果树生产是综合性应用科学，学习的任务在于运用先进的技术对果树生长过程进行调节、控制、改造、利用，满足果树生产的商品化要求，最终达到生产优质丰产高效的果树产品，满足市场需要的目的。

果树生产的实践性较强，内容比较广泛，学习者要在知道相关基本知识的基础上，深入生产实践，积极动手操作，用眼观察，动脑思考，不断提高基本技能水平。通过实际观察和动手操作，对一些看起来复杂的知识，也可以比较容易掌握。

由于本课程综合性强，涉及的知识较多，学习本课还必须掌握植物及植物生理、农业气象、土壤肥料、园艺植物保护概论等相关课程的基本知识及基本技能，树立理论与实际相结合的学风。

模块一　果树感性认识

任务一　果树分类与树种识别

知识目标：了解主要果树树种的枝、叶、果等形态特征。
技能目标：能够进行果树分类，识别当地常见果树树种。
德育目标：培养学生团队的合作精神。

本次任务是使学生对果树生产这门课程有一个初步的认识，能够识别果树的类型和树种。本次任务重点是知道生产上主要有哪些果树树种，生产中常用的主要果树品种；难点内容是根据果树的枝、叶、花、果等形态特征识别出果树树种。在完成本次任务后，学生能够通过果树外观特征识别果树树种。

本次任务需要注意以下几个方面：

第一，本次任务最好在秋季大部分果实成熟时于果树基地内进行。由于季节或条件限制，有些现场观察不到的内容，可以在室内观察标本。

第二，确定重点识别项目，实施时由教师一边讲解一边引导学生观察，以小组为单位，按本次任务要求的知识点进行练习，制作树种调查表。

第三，教师要有意识引导学生独立识别，掌握各树种主要特征，最后达到正确识别各种果树的目标。

【相关知识】

（一）果树分类

我国地大物博，从南到北气候条件差异较大，造成果树种类繁多，特性各异，各地都有较适于当地生长的果树种类。为了果树研究者和生产者更好地指导各地果树生产，果树通常采用两种分类方式。

一是植物学分类方法。这种分类方法是根据植物系统分类法进行分类，比较严谨，它要求了解果树的亲缘关系和系统发育。这种分类方法对果树的引种、选种、育种和一些野生果树资源的开发利用具有重要指导意义。

二是园艺学分类方法。这种分类方法是根据生物学特性或生态适应性，对栽培特性相近的果树进行分类。这种分类方法虽然不如前一种分类方法严谨，但对果树生产栽培具有实用意义。

对果树学习者来说，两种分类方法都应很好掌握，特别是掌握园艺学分类方法对今后从事果树生产栽培有很大帮助。

1. 植物学分类

一般在栽培中，分类到科即可，有时也分类到种［详见本任务相关知识（二）：果树树种］。

2. 园艺学分类

（1）根据冬季落叶情况分类

1）落叶果树　于秋季集中落叶，多为北方树种。如苹果、核桃、桃、李、板栗、葡萄等。

2）常绿果树　不集中落叶，多为南方树种。如柑橘类、荔枝、龙眼、枇杷、杨梅、芒果等。

（2）根据植株形态特性分类

1）乔木果树　树体高大，有明显主干、明显主枝，地上部结构较为明显。如梨、银杏、柿、橄榄等。

2）灌木果树　树体相对矮小，无明显主干，分枝性强，萌蘖性强。如树莓、醋栗、蓝莓等。

3）藤本果树　枝条藤状，一般多用棚架栽培的方式。如葡萄、猕猴桃、罗汉果等。

4）草本果树　属于草本植物的果树。如草莓、菠萝、香蕉、番木瓜等。

（3）根据果实结构分类

1）仁果类　属蔷薇科。果实由子房和肉质花托共同组成，假果，果肉厚，种子小且多，食用部分主要为花托，果实大多耐贮运，鲜果供应期长。如苹果、山楂、梨、木瓜、枇杷等（见图1–1）。

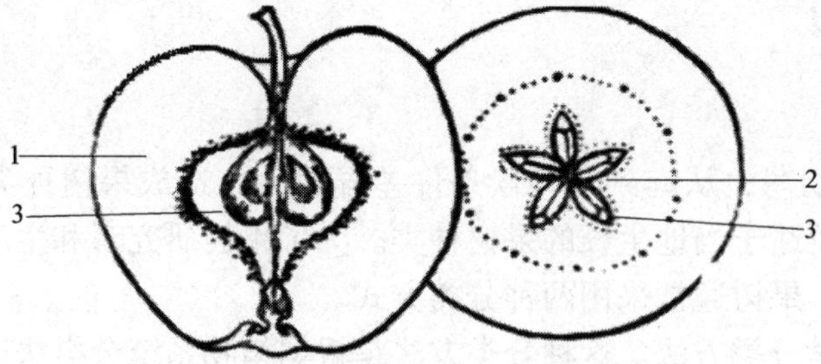

图1–1　仁果类苹果果实构造

1—花托　2—中果皮　3—内果皮

2）核果类　属蔷薇科。果实主要由子房发育而成，真果，内有核，一般一枚，核坚硬，并且核内有种子，果实多柔软多汁，果皮较薄，不耐贮运。如桃、李、樱桃、芒果等（见图1–2）。

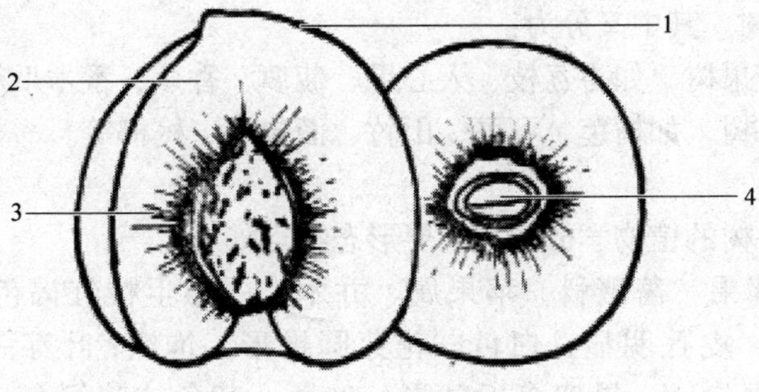

图1–2　核果类桃果实构造

1—外果皮　2—中果皮　3—内果皮　4—种子

3）浆果类　果实构造树种间差异较大，但这类果实富含汁液，大部分不耐贮运。如葡萄、猕猴桃、番木瓜、人心果、柿、无花果、树莓、蓝莓、草莓、君迁子等（见图1–3）。

4）坚果类　果实外部多有坚硬外壳，内有种子，种子富含脂肪、蛋白质、淀粉等，食用部分为种子，果实含水量少，多为干果，耐贮运，营养价值极高。如腰果、核桃、榛子、板栗、阿月浑子等（见图1–4）。

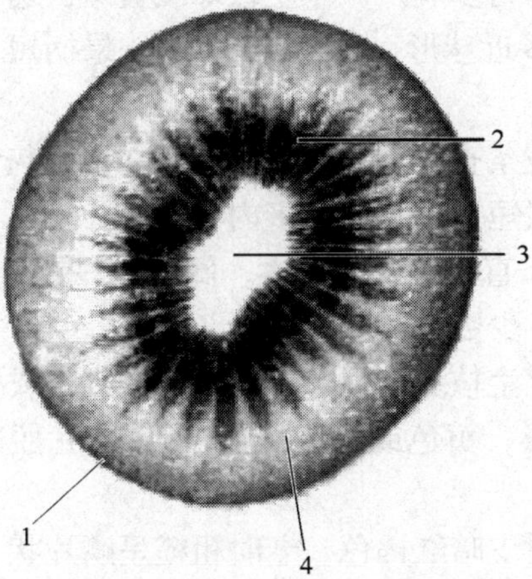

图1–3　浆果类猕猴桃果实构造

1—外果皮　2—种子　3—胎座　4—中果皮及内果皮

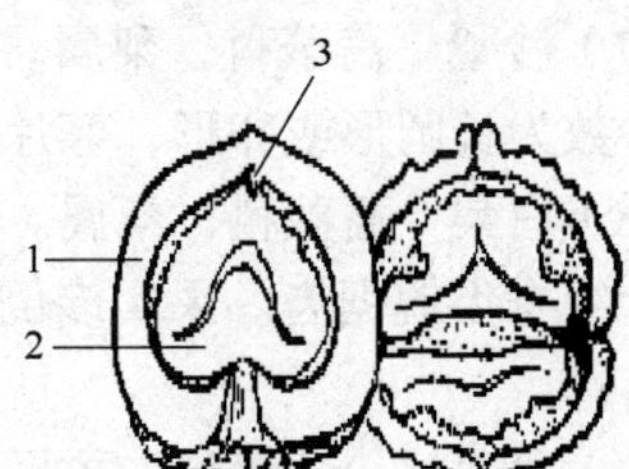

图1–4　坚果类核桃果实构造

1—内果皮　2—子叶　3—种胚

（4）根据果树生态适应性分类

1）寒带果树　如山葡萄、榛子、醋栗等。

2）温带果树　如苹果、李、杏、核桃、枣、梨等。

3）亚热带果树　其中又分为：

①落叶性亚热带果树　如扁桃、无花果、石榴、猕猴桃等。

②常绿性亚热带果树　如荔枝、柑橘类、龙眼、橄榄、杨梅等。

4）热带果树　其中又分为：

①一般热带果树　如番荔枝、人心果、菠萝、香蕉、番木瓜等。

②纯热带果树　如榴莲、可可、山竹、面包果、槟榔等。

（二）果树树种

北方常见果树的植物学分类与主要形态特点如下：

（1）普通苹果　蔷薇科，苹果属。乔木，一年生枝红褐色至黄绿色，顶端有少量绒毛。皮孔明显，白色。花芽圆锥形，饱满；叶芽三角形，小；单芽互生。叶缘锯齿钝。果实多近球形，红色、黄色或暗绿色；果柄短，萼片宿存。

（2）海棠　蔷薇科，苹果属。乔木，有多种类型，为半栽培种。各性状与苹果相似，但果实小于苹果，多为圆形或长圆形，果梗细长。果面黄或满红，萼片宿存。

（3）沙果　蔷薇科，苹果属。乔木，各性状与苹果相似，果实扁圆形，果面黄或满红，果点稀，果梗短，萼片宿存。

（4）山定子　蔷薇科，苹果属。乔木，枝条较苹果细，芽小。果很小，果梗细长。

（5）秋子梨　蔷薇科，梨属。乔木，幼树多刺，一年生枝绿或黄绿，老枝灰黄色或黄褐色。叶边缘有刺芒状锯齿。果多近球形，黄色或暗绿色；果柄短，萼片宿存。

（6）西洋梨　蔷薇科，梨属。乔木，枝条直立，有的品种有刺。枝条灰黄色或紫褐色，叶缘为圆钝锯齿或全缘。果梗粗短，萼片宿存多内卷。

（7）沙梨　蔷薇科，梨属。乔木，枝条直立，叶片宽大，阔卵形；果实多圆形，少数为长圆形或卵形，萼片一般脱落，少数宿存。

（8）白梨　蔷薇科，梨属。乔木，一年生枝多紫褐色，幼叶多紫红色或棕红色，叶缘有尖锐锯齿。果实多倒卵形或圆形，黄色或绿色；果梗长，萼片脱落或半脱落。

（9）普通桃　蔷薇科，桃属。乔木，树皮暗红褐色，老时粗糙呈鳞片状。嫩枝细长，无毛，向阳面多为红色。芽为钝圆锥形，外被短柔毛，复芽。叶片披针形。果实圆形或扁圆等，有毛或无毛。

（10）山桃　蔷薇科，桃属。乔木，树干光滑，枝细长，果实圆形，不能食用，成熟时干裂。

（11）中国李　蔷薇科，李属。乔木，叶为倒卵圆形，锯齿细密，叶面有光泽，无毛。果实圆形或长圆形，顶端稍尖，果皮有黄色、红色、暗红色，果粉厚。

（12）普通杏　蔷薇科，杏属。乔木，树皮黑褐色，有不规则裂纹，一年生枝浅红褐色，有光泽。叶片卵圆形或阔卵圆形，先端渐尖，叶缘锯齿细而钝。果实有圆形、扁形等，果面具短茸毛。

（13）辽杏　蔷薇科，杏属。乔木，嫩枝绿色或浅褐色，叶片卵圆形或宽椭圆形，叶缘锯齿细而深，为重锯齿。果个小，近圆形，黄色，有红晕或红点。

（14）山楂　蔷薇科，山楂属。乔木，树皮粗糙，灰色或褐色，有刺或无刺。当年生枝条紫褐色或暗褐色，无毛。叶片宽卵形，先端短而渐尖，叶面有光泽，叶背有疏生短柔毛。果实近球形，深红色，有浅色斑点。

（15）山里红　蔷薇科，山楂属。灌木或乔木，树皮较粗糙，有刺，当年生枝条灰白至褐色。果个小，圆或扁圆形，果皮鲜红色；果点灰白明显。

（16）甜樱桃　蔷薇科，樱桃属，也称大樱桃、洋樱桃。乔木，枝干灰褐色，枝条粗。叶大而厚，灰绿色或暗绿色，卵形或倒卵形，有细锯齿，叶柄长。果个大，红、黄或紫红色。

（17）酸樱桃　蔷薇科，樱桃属。灌木或乔木，枝干灰褐色，枝条细而密。叶小而厚，灰绿色或暗绿色，卵形或倒卵形，有细锯齿，叶柄长。果个中大，红或紫红色。

（18）毛樱桃　蔷薇科，樱桃属。灌木，枝、叶、果均被短绒毛。叶小，倒卵形或椭圆形，叶面有皱纹，叶缘有粗锯齿。果个小，呈圆形或椭圆形，果梗极短。

（19）欧李　蔷薇科，樱桃属，又称钙果。灌木，枝条细、无刺，叶片呈倒卵圆形。果实有圆形或扁圆形等，有红色、黄色、紫色等。

（20）草莓　蔷薇科，草莓属。草本，叶为三出复叶，叶柄较长。果面为深红色、浅红色或朱红色。

（21）果桑　桑科，桑属，又称椹莓。灌木或乔木，叶片互生。果实有长圆形、球形等，因品种不同有红、黄以及深紫红色之分。

（22）树莓　蔷薇科，悬钩子属。灌木，枝有刺或无刺。叶为奇数羽状复叶，带有3~5片小叶。果实为聚合果，形状有圆头形、圆锥形和半球形等，颜色有红、黄、黑等。

（23）葡萄　葡萄科，葡萄属。藤本，叶呈掌状，一般3~5裂，多数5裂，也有的全缘。果穗有圆锥形、圆柱形等。浆果的形状有圆形、长圆形、鸡心形和卵形等。

（24）蓝莓　越橘科，越橘属。灌木，单叶，互生，叶有锯齿或全缘。花白色或粉红色，花萼筒状。果实小，多为蓝至黑色，也有红色。

（25）醋栗　醋栗科，醋栗属，别名灯笼果。茎上有刺。叶掌状3~5裂，叶近革质有光泽，叶背面有密茸毛。果实绿色，近圆形，萼片宿存，成熟后的果实变成黄色或紫红色。

（26）猕猴桃　猕猴桃科，猕猴桃属。老蔓及多年生枝灰色，树皮扭曲片状开裂，有微黄色皮孔。叶片膜质或纸质，叶卵圆形或长宽卵形，先端渐尖至急尖，叶缘有锐锯齿，有白色刺毛。果实卵圆形，绿色。

（27）核桃　核桃科，核桃属。乔木，树皮灰白色，光滑，老树皮有开裂，嫩枝为绿色。叶为基数羽状复叶，全缘或有波状的粗浅锯齿。

（28）榛子　榛科，榛属。灌木，多年生枝灰褐色，粗壮；一年生枝灰褐色。叶倒卵形，先端平截或凹缺，叶缘细尖锯齿。小枝、叶柄、叶下面和果苞被长柔毛。

（29）板栗　山毛榉科，栗属。乔木，树干和多年生枝灰褐色，树皮粗糙有纵裂沟；一年生枝粗壮，灰褐色，先端有毛。叶长卵圆形或阔披针形，深绿色，叶面革质有光泽，叶缘粗锯齿。果皮有光泽或有少量白绒毛。

（30）普通枣　鼠李科，枣属。乔木，树干和老枝浅灰色，片裂或龟裂，枝光滑无毛，有针刺。叶小，互生，为长椭圆形或卵状披针形，叶柄短。果实长圆形，暗红色。

（31）酸枣　鼠李科，枣属。灌木或乔木，枝干与枣相同，枝条有刺，幼枝灰色。叶细而小，卵圆披针形。果圆而小，红色。

（32）无花果　桑科，榕属。乔木，叶片互生、革质，为圆形或倒卵形，掌状单叶5~7裂，叶面粗糙，叶背有锈色硬毛。果实有扁圆形、球形和坛子形等，果皮因品种不同有绿、红、黄以及深紫红色之分。

（33）石榴　安石榴科，石榴属。灌木或乔木，嫩枝有棱，成长后则枝条圆滑，小枝先端呈针刺状。叶对生或丛生，质厚，全缘，长椭圆形或长倒卵形，先端稍尖，有光泽。果皮厚，红色或黄褐色等。

【任务实施】

（一）任务准备

（1）材料准备　各类果树的植株和枝、叶、果实的实物、标本或图片。

（2）工具准备　记录工具、放大镜、钢卷尺、游标卡尺、修枝剪。

（二）实施过程

1. 确定果树树种

通过枝、叶、花、果、种子等实物或图片，了解并区分出果树的不同形态特征，如乔木和灌木、叶片肉质和叶片革质、单果和聚合果等。观察比较各种果树主要器官的形态特征，记载内容如下：

（1）枝干

1）树性　乔木、灌木、藤本、草本；落叶、常绿。

2）树型　圆头形、自然半圆形、扁圆形、圆锥形、阔圆锥形、倒圆锥形、开心形、丛状形、攀缘或匍匐。

3）树干　主干高度；树皮色泽、裂纹形态；中心干有无。

4）枝条　颜色；茸毛有无、多少；刺有无、多少、长短。

（2）叶

1）叶型　单叶、单身复叶、三出复叶、奇数或偶数羽状复叶。

2）叶片质地　肉质、革质、纸质。

3）叶片形状　披针形、卵形、倒卵形、圆形、椭圆形、阔椭圆形、菱形、剑形等。

4）叶缘　全缘；刺芒有无；圆钝锯齿、锐锯齿、复锯齿等。

5）叶脉　羽状脉、掌状脉、平行脉；叶脉凸出、平、凹陷。

6）叶面、叶背　色泽；茸毛有无。

（3）花

1）花或花序　花单生、总状花序、穗状花序、复穗状花序、头状花序、伞房花序等。

2）花或花序着生位置　顶生、腋生、顶腋生。

3）花的形态　完全花、不完全花；花苞、花萼、花瓣、雄蕊、子房、花柱等的颜色和特征；子房上位、半下位、下位；心室数目。

（4）果实

1）类型　单果、聚花果、聚合果。

2）形状　圆形、扁圆形、长圆形、圆筒形、卵形、倒卵形、瓢形、心脏形、方形等。

3）果皮　色泽、厚薄、光滑、粗糙及其他特征。

4）果肉　色泽、质地及其他特征。

（5）种子

1）数目、大小　种子有无、多少、大小。

2）形状　圆形、卵圆形、椭圆形、半圆形、三角形、肾状形、梭形、扁椭圆形、扁卵圆形等。

3）种皮　色泽、厚薄及其他特征。

2. 进行果树分类

（1）介绍果树分类方法，分别介绍每种分类方法的依据和用途。

（2）展示实物、标本或图片，进行分类。

【评价与考核】

优：能够独立识别果树树种10种，并正确进行果树分类。

良：能够独立识别果树树种9种，并正确进行果树分类。

中：能够独立识别果树树种8种，并正确进行果树分类。

及格：能够独立识别果树树种7种，并正确进行果树分类。

不及格：不能够独立识别果树树种7种，不能正确进行果树分类。

【复习思考题】

（1）调查当地的主栽果树，比较主要的形态特征，确定果树种类。

（2）能够根据果树的形态特征，区分出桃、李、杏，区分出梨、苹果等相似果树。

任务二　树体结构观察

知识目标：了解果树的基本结构；了解果树地上部、地下部生长发育特点。
技能目标：能够准确指认树体各部分；能够准确识别枝的各种类型。
德育目标：培养学生的团队合作精神。

本次任务是使学生了解乔木果树树体结构，能够识别果树树体各部分。本次任务的重点内容是乔木果树地上部、地下部的形态观察，能够准确识别果树基本结构，如主干、中心干、枝组、地下部根系等；难点内容是学生应能根据枝的具体特性准确区别出枝的类型，如辅养枝、结果枝、延长枝等。

安排本次任务应注意以下几个方面：

①实施的大部分内容应在休眠期进行，以便于观察。而必须在生长期观察的项目可另行安排时间，或与其他实施项目结合进行。

②实施过程中，应注意某些不好区分的结构，举例详解。如新梢、一年生枝的区别，主芽与副芽的区别等，常使初学者混淆，应提醒学生注意。

③实施过程中，可选当地主栽品种作为实物讲解，其他树种可让学生与主栽树种进行比较独立识别，锻炼能力。

④实施过程中应注意安全，合理安排实施时间，使学生有充足的时间学习并实践。

【相关知识】

在长期果树生产过程中，为了方便果树研究和果树栽培管理，人们把果树分为地上部和地下部两个部分。地下部是果树的根系部分，是果树的重要器官之一；地上部与地下部交界处称为根颈；地上部分由主干和树冠组成（见图1–5）。

（一）地下部

果树的根系主要功能有：功能之一是固定植株；功能之二是吸收养分、水分；

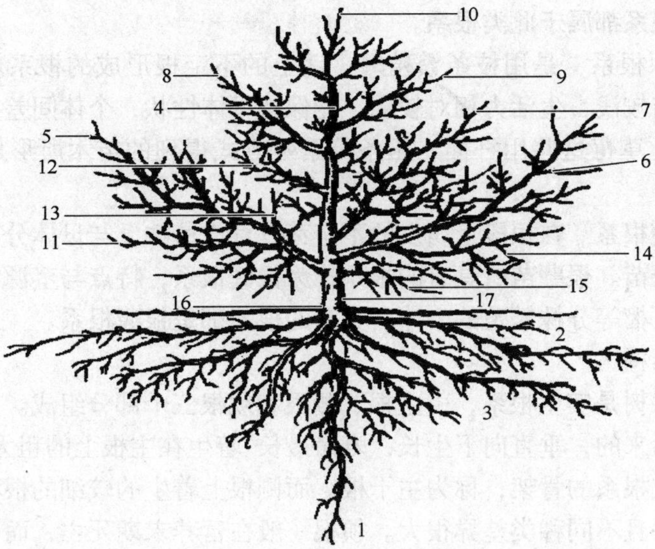

图1-5 果树树体结构

1—主根 2—侧根 3—须根 4—中心干 5~9—第一、二、三、四、五主枝 10—中心干延长枝 11—侧枝 12—辅养枝 13—徒长枝 14—枝组 15—裙枝 16—根颈 17—主干

功能之三是贮藏，尤其落叶果树中根系的贮藏作用最为重要；功能之四是合成激素，如生长素、细胞分裂素等，促进成花，这些激素只有在根中才能产生，其他部位不能产生；功能之五是繁殖。

1. 果树的根系类型

按照根系的发生和来源分为以下三种类型（见图1-6）：

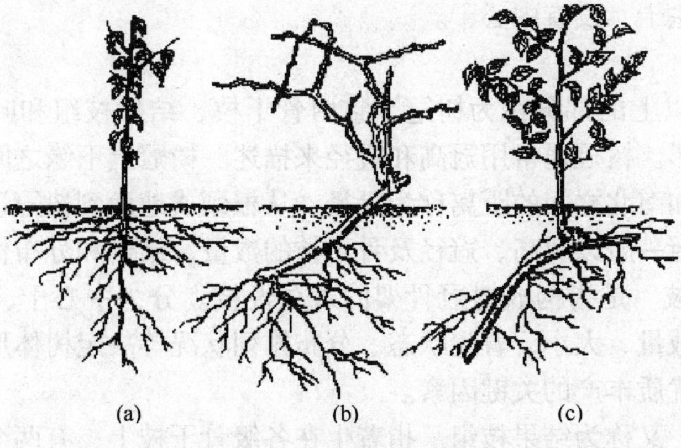

图1-6 果树根系类型

（a）实生根系 （b）茎源根系 （c）根蘖根系

（1）实生根系 是由种子的胚根发育而来的。具有主根发达，分布较深、较广，对土壤的适应能力强等特点，但生理年龄小，变异性大。如苹果、梨、杏等

果树的实生根系都属于此类根系。

（2）茎源根系　是用枝条繁殖时，茎上的不定根形成的根系。特点是主根不发达，分布较浅，生活力相对较弱，能保持母体性状，个体间差异不大。如葡萄、无花果、草莓这些用扦插、压条等繁殖方式得到的苗木所形成的都是茎源根系。

（3）根蘖根系　在根段上萌发的不定芽发育成植株，与母体分离后成为独立个体形成根蘖苗。根蘖苗所具有的根系称为根蘖根系，特点与茎源根系类似。如山楂、枣、石榴等分株繁殖的个体所具有的根系都是根蘖根系。

2. 根系结构

大多数果树是实生根系，由主根、侧根和须根三个部分组成。主根是由种子的胚根发育而来的，垂直向下生长，寿命最长。着生在主根上的粗大分枝为侧根，它与主根构成根系的骨架，称为主干根。而侧根上着生的较细的根称为须根，须根短而细，并且不同种类差异很大。须根一般在营养末期死亡，而未死亡的就可以发育成骨干根。

须根根据功能和构造又可分为生长根、吸收根、过渡根、输导根四类。

（二）地上部

1. 树干

树干是指树体地上部的中轴部分，分为主干与中心干两部分。

主干是指根颈到第一主枝之间的部分。它对树体起支撑作用，是根系与树冠之间输送水分和养分的通道，兼有贮藏养分的作用。主干是地上部最早形成的部分，一般进行一个生长季的加长生长，以后每年只进行加粗生长。

中心干是指主干以上到树顶之间的部分，起维持树形和树势的作用。但有些果树树形只有主干，没有中心干。

2. 树冠

树体主干以上的部分称为树冠。它由骨干枝、结果枝组和叶幕构成。树冠的形状称为树形。树冠通常用冠高和冠径来描述。树冠上下缘之间的距离称为冠高，树冠东西和南北之间的距离称为冠径，从根颈或地面到树冠顶端的距离称为树高。衡量树冠一般以树高、冠径及骨干枝的数量、结构和分布作为指标。

（1）骨干枝　是指构成树冠骨架的永久性枝。分为中心干、主枝和侧枝三级。骨干枝的数量、大小、着生状态、分布排列状况等决定树体形状、大小和结构，也是果树优质丰产的关键因素。

（2）枝组　又称为结果枝组。指着生在各级骨干枝上、有两个以上分枝的小枝群。是构成果树树冠和叶幕以及生长结果的基本单位。结果枝组因体积、结构、形态、姿势及着生部位等不同可分为多种类型，在果树生产实际中，结果枝组有许多不同的名称。

结果枝组以其体积大小分为大型、中型和小型枝组；以其所含枝条多少和疏密程度分为紧密型和松散型枝组；以其分枝情况不同分为多轴式和单轴式枝组；以其着生部位不同分为背上枝组、背下枝组、侧生枝组；以其着生方向不同分为直立枝组、水平枝组、下垂枝组、斜生枝组等。在整形修剪上按适当比例合理配置各类枝组是果树优质丰产的重要技术措施。

（3）辅养枝　指着生在树冠中的非永久性大枝。在整形修剪过程中，根据果树不同的生长发育时期，确定辅养枝的部位和数量，可以增加果树早期枝叶量，充分利用空间，辅养树体，同时可促进果树提早成花结果，实现早期产量。

（4）叶幕　果树叶幕是指在树冠内集中分布的与树冠形态相一致的叶群体。适当的叶幕厚度和叶幕间距，是合理利用光能的基础。多数研究表明：主干疏层形的树冠叶幕厚度50~60cm，叶幕间距80cm，叶幕外缘呈波浪形是较好的丰产结构。

3. 芽

芽是花、叶、枝的原始体，是果树渡过不良环境和形成枝、花过程中的临时器官。与种子类似，可作为繁殖器官，形成新的植株。

（1）分类　芽的分类方法很多，同一个芽用不同的分类方法可有多个名称。

1）依着生位置不同　分为顶芽和侧芽。顶芽指着生在枝条顶端的芽；侧芽指着生在枝条侧面叶腋间的芽。

2）依芽的性质　分为叶芽、花芽。叶芽指只具有雏梢和叶原始体，萌发后形成新梢的芽。花芽又分为纯花芽和混合花芽，纯花芽指萌发后只开花结果不抽生新梢的芽；混合花芽指萌发后先长一段新梢，再开花结果的芽。

3）依同一节上芽的数量　分为单芽和复芽。一节上只着生一个芽称为单芽，如梨、苹果等；一节上着生两个以上的芽称为复芽，如桃、李等（见图1-7）。

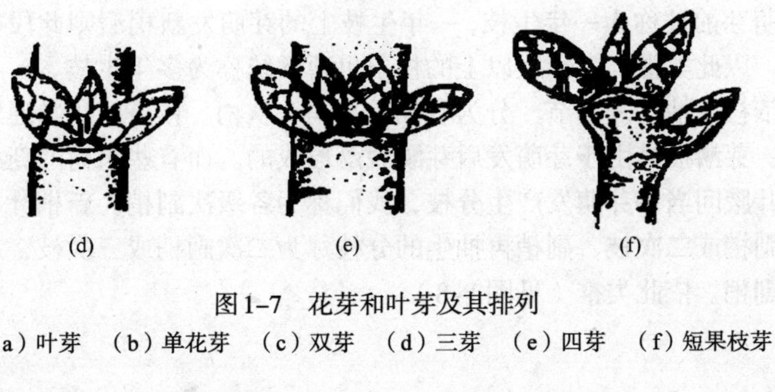

图1-7　花芽和叶芽及其排列

（a）叶芽　（b）单花芽　（c）双芽　（d）三芽　（e）四芽　（f）短果枝芽

4）依芽的生理状态　分为活动芽和潜伏芽。在上一生长季形成的芽，在下一生长季能萌发的芽称为活动芽；而在下一生长季或连续几季不萌发的芽称为潜伏芽。

5）依芽在叶腋间的位置和形态　分为主芽和副芽。着生在叶腋中央，较大且充实的芽称为主芽，主芽一般当年不萌发；着生在主芽两侧或上下方的芽称为副芽，副芽一般比主芽小。

（2）性质

1）芽的异质性　在芽的发育过程中，由于树体营养状况和外界环境条件的不同，同一枝条上不同部位的芽在形态和质量上存在差异的现象，称为芽的异质性。

2）早熟性　一些果树新梢上的芽当年就能大量萌发并可连续分枝，形成2次或3次梢，这种特性称为芽的早熟性，如葡萄、枣、杏等。

3）萌芽力　一年生枝条上的芽能够萌发的能力称为萌芽力。萌芽力用萌芽率表示。萌芽率指枝条萌芽数占总芽数的百分率

$$\text{萌芽率} = \frac{\text{萌芽数}}{\text{总芽数}} \times 100\%$$

4）成枝力　枝条上的芽萌发后能抽生长枝的能力。成枝力用抽生长枝的数量多少表示，一般抽生长枝数2个以下者为弱，4个以上者为强。

5）顶端优势　指枝条上部的芽萌发后形成的新梢生长势较强，向下生长势依次减弱，最下部的芽处于休眠状态。

6）干性　中心干生长势的强弱和维持时间的长短。

7）层性　中心干上的大枝成层分布的特性。

4. 枝

枝是由芽抽生而来的。枝和由它长成的各级骨干枝构成树冠，其上着生叶、花、果。枝是果树的主要支撑器官、运输器官、繁殖器官和贮藏器官。枝的类型很多，生产上常按以下几种方法进行分类：

（1）依枝条的年龄　分为新梢、一年生枝、二年生枝和多年生枝。芽萌发抽生的枝条至当年落叶前被称为新梢，未木质化的新梢称为嫩梢；新梢秋季落叶后到第二年萌芽前被称为一年生枝；一年生枝上的芽萌发新梢后则此段枝条被称为二年生枝，以此类推。二年生以上的枝条也通常统称为多年生枝。

（2）依枝条抽生的季节　分为春梢、夏梢、秋梢。枝条的年龄通常根据芽鳞痕来判断。芽鳞痕是由于芽萌发后芽鳞脱落形成的。而有些果树的新枝向前延伸的同时由叶腋间当年芽萌发产生分枝，我们称为各级次副梢。新梢叶腋间抽生的分枝称为副梢或二次枝，副梢再抽生的分枝称为二次副梢或三次枝，果台上抽生的为果台副梢。依此类推（见图1-8）。

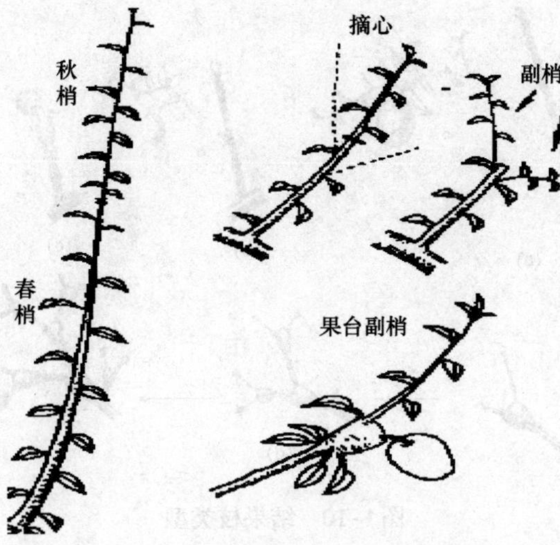

图1-8　果树的春梢、秋梢和副梢

（3）依枝条的性质和功能　分为营养枝、结果枝、结果母枝。

1）营养枝　无花芽的枝称为营养枝，分为竞争枝、纤弱枝、发育枝、叶丛枝、徒长枝。普通营养枝生长中等，组织充实；徒长枝生长旺盛，节间长，枝条粗，但不充实；纤弱枝生长很弱，枝细。见图1-9。

2）结果枝　结果枝有两种，一种是着生花芽或混合芽的一年生枝；另一种是带有果实的新梢。结果母枝通常指具有混合花芽的一年生枝。结果母枝抽生的结果枝在当年结果的同时又形成混合花芽，成为来年的结果母枝，这种现象称为连续结果。见图1-10。

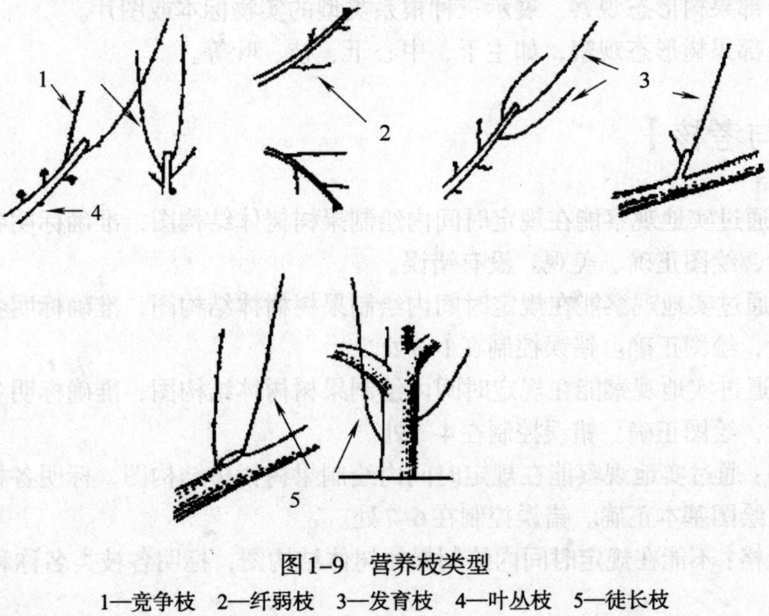

图1-9　营养枝类型

1—竞争枝　2—纤弱枝　3—发育枝　4—叶丛枝　5—徒长枝

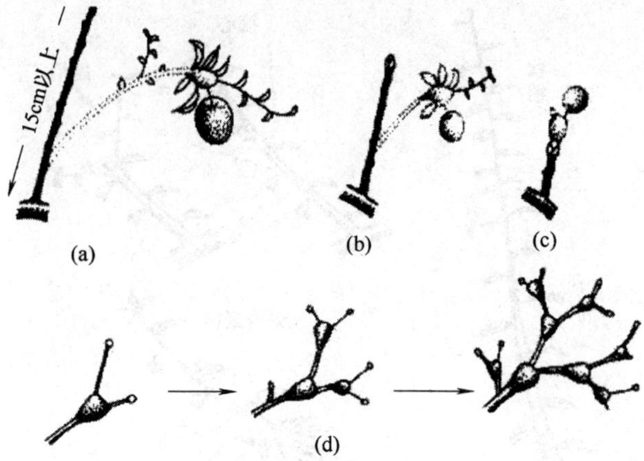

图1-10 结果枝类型

（a）长果枝 （b）中果枝 （c）短果枝 （d）短果枝群

【任务实施】

1. 任务准备

（1）材料准备 果树基地选择主栽树种、果树图片、果树器官标本。

（2）工具准备 皮尺、钢卷尺、放大镜、修枝剪、记录工具、绘图工具。

2. 实施过程

选择典型的果树植株进行果树结构分析，观察果树组成部分，注意区分果树地上部、根颈和地下部三部分。

地下部果树形态观察，展示三种根系类型的实物标本或图片。

地上部果树形态观察，如主干、中心干、枝、叶等。

【评价与考核】

优：通过实地观察能在规定时间内绘制果树树体结构图，准确标明各枝类名称和数量，绘图正确、美观。没有错误。

良：通过实地观察能在规定时间内绘制果树树体结构图，准确标明各枝类名称和数量，绘图正确。错误控制在1~3处。

中：通过实地观察能在规定时间内绘制果树树体结构图，准确标明各枝类名称和数量，绘图正确。错误控制在4~5处。

及格：通过实地观察能在规定时间内绘制果树树体结构图，标明各枝类名称和数量，绘图基本正确。错误控制在6~7处。

不及格：不能在规定时间内绘制果树树体结构图，标明各枝类名称和数量。

【复习思考题】

（1）比较各种类型根系的特点。

（2）绘制果树树体结构图。

任务三　果树生长发育特点观察

知识目标：了解果树一年及一生的生长发育特点和生长发育规律。
技能目标：能够掌握生长发育特点。
德育目标：培养学生严谨的工作态度。

本次任务需要注意以下几个方面的内容：

①本次任务最好选择在果树落叶或萌芽前（也就是秋冬季）进行，此时没有叶片的遮挡，有利于学生更好地观察。

②在实施前教师最好先做好切片，便于观察花芽的分化状态。

③在实施过程中提醒学生注意安全。

【相关知识】

（一）果树一生的生长发育

果树是多年生植物，一生经历生长、结果、衰老和死亡的过程。在栽培上通常将果树分为幼树期、初果期、盛果期和衰老期四个年龄时期。

1. 幼树期

从果树定植至第一次开花结果为幼树期。特点是进行营养生长，生长旺盛，枝条多直立生长，节间长，组织不充实，越冬性差。栽培任务是尽快扩大营养面积，调整好各级骨干枝，注意树体结构。

2. 初果期

从第一次结果到大量结果前为初果期。特点是前期仍然是营养生长为主，枝条多直立生长，随着结果量增多，逐渐转为侧向生长，长枝比例下降，中短枝增多。栽培任务是维持树体结构，缓和树势，增加花芽比例，及早进入盛果期。

3. 盛果期

从大量结果到产量明显下降为盛果期。特点是离心生长基本停止，果实产量和果实品质达到一生中最高峰，新梢生长趋于缓和，花芽大量形成，此时稍不注意会出现大小年现象。栽培任务是处理好生长与结果之间的关系，既不衰弱树势，又能满足高产优质，尽量延长此期的时间。

4. 衰老期

从产量、品质明显下降到树体死亡为衰老期。特点是结果量和果实品质明显下降，树势衰弱，骨干枝死亡。栽培任务是更新复壮，无改良价值的及时砍伐，补栽新树。

（二）果树的年生长发育

果树的年生长发育随外界环境条件的变化出现生理与形态的变化并呈现一定的规律性。

北方落叶果树一年中主要分为生长期和休眠期两个阶段。生长期指从果树春季萌芽到秋季落叶的过程。在生长期中，果树形态变化明显，如萌芽、展叶、开花、结果。休眠期指从秋季落叶后到来年春季萌芽前的这段时期。在休眠期时，果树形态基本没有变化。

在一年中果树各器官在形态上和生理上的变化都和一年中的气候变化相关，有一定的规律性和气候性，这种果树器官随季节性气候变化而发生的外部形态规律性变化的时期称为生物气候学时期，简称为物候期。了解果树的物候期对于制定果树的栽培管理措施十分重要。

1. 根系的年生长规律

根系在年周期中没有自然休眠，只要条件适宜都可以生长。根的生长动态，因果树种类、砧穗组合、当年生长与结实状况、外界环境不同有所不同。根的生长是高峰还是低潮取决于以上因素综合作用的结果。见表1–1。

表1–1　　金冠苹果在不同物候期根系的生长动态

时间	物候期	土层深度	
		0~50cm	50~100cm
3~4月	萌芽	缓慢生长	缓慢生长
4~5月	初花	加快生长，发根数约60条	加快生长，发根数约40条
5~6月	枝条生长、果实生长	生长降低	生长降低
6~7月中	秋梢生长、花芽分化	发根约180条	发根约20条
7月中~8月	秋梢生长、花芽分化	发根数量降低	发根数量降低
8~10月	长梢停长、采收	基本不发新根	基本不发新根
10~12月	落叶	开始发新根约40条	开始发新根约60条
12~3月	休眠	根系停止生长	根系停止生长

2. 芽的生长发育

植物的生长、发育与芽的结构息息相关，芽的结构是植物生长的基础。因为芽是枝、叶、花的基础。芽的生长发育包括芽的形成和芽的萌发两个阶段。芽形成包括芽原基出现期、鳞片分化期、雏梢分化期。

芽萌发标志着果树休眠结束，生长开始。萌芽时，为满足雏梢分化和花器发育，需要把大量营养物质输送到生长点。此时果树还没有制造营养物质，所以主要利用的是贮藏的营养物质，因此，萌芽后抗寒力会显著下降。萌芽和萌芽早晚是综合作用的结果，休眠芽需刺激才能萌芽，早熟芽可多次萌发，晚熟芽一般集中在春季一次萌芽。温度也是因素之一，首先北方落叶果树需达到一定的低温量，而且春季温度上升到一定的高度才可萌芽。此外，树体贮藏营养充足、空气湿度适当偏小和土壤通气良好都利于萌芽。

3. 枝的生长发育

果树芽萌发后开始进行新梢生长，至新梢顶芽形成为止。包括加长生长和加粗生长。

（1）加长生长　是指通过顶端分生组织分裂和节间细胞的伸长实现的。开始主要依赖上年的贮藏养分，之后进入旺长期时所需能量主要是当年叶制造的养分。之后进入缓慢生长，生长速度逐渐降低和停止，转入成熟阶段。

（2）加粗生长　它是由于侧生分生组织即形成层不断进行细胞分裂、分化、增大的结果。加粗生长一般略晚于加长生长，一直到落叶后才停止。多年生枝条只有加粗生长没有加长生长。

4. 叶的生长

（1）叶的功能与分类　叶片是进行光合作用，制造有机养分的主要器官；也是进行呼吸作用和蒸腾作用的主要器官；对常绿果树而言，叶片也是贮藏养分的器官。此外，叶片还具有吸收矿质元素的功能，因而可以进行叶面施肥（根外追肥）。果树叶片大体可分为三类，一是单叶，如仁果类、核果类等；二是复叶，如草莓、树莓等；三是单身复叶，如柑橘类。

（2）叶的生长　以单叶为例，包括叶原基分化出叶片、叶柄和托叶，叶片展开、叶片停止增大。果树单叶面积大小取决于叶片生长期和迅速生长期的长短。梨生长期为16~28d，苹果为20~30d，葡萄为15~30d。

（3）叶幕的形成　不同树种、品种，不同树势、树龄，叶幕结构有所不同，但叶幕的结构及其在年周期内的动态是衡量果树丰产的重要指标。落叶果树的叶幕在春季萌芽后随着新梢的伸长、叶片不断增加形成。合理的叶幕结构是全树总叶面积最大，而又相互遮阳小。果树叶幕的疏密程度用叶面积指数来衡量，叶面积指数是指单位面积上所有果树叶面积总和与土地面积的比值。多数果树的叶面积指数以3~5较适宜，叶面积指数太高，叶片过多而相互遮阳，功能叶比例降低，果实品质下降；叶面积指数太低，光合产物合成量减少，产量降低。

（4）落叶与休眠

1）落叶　落叶是果树进入休眠的标志。果树的叶片并不能永久生存而是有一定寿命的，在一定的生活期终结的时候叶片就会枯死脱落。

树木的落叶有两种情况：一种是每当寒冷季节到来，全树的叶片同时枯死脱落，仅存秃枝；另一种是在春季新叶长出后，老叶才逐渐枯落，落叶不是集中在一个时期，从外表看来树木终年是绿的，因而称为常绿树，如荔枝树和柑橘树等。

树木的落叶是内外因共同作用的结果。内部原因是叶片经过一定时期的生理活动，细胞内积累了大量的代谢产物引起叶细胞功能衰退、衰老、直到死亡；外部原因是由于气候寒冷、水分供应不足等不良环境造成叶的枯落。植物体内存在植物激素脱落酸，能刺激叶片的脱落。随着秋天的到来，日照时间缩短，气温降低，脱落酸就大量生成并很快转移到有关部位，促使叶柄基部脱离层的产生，使叶片脱落。

2）休眠　果树整体或部分在某一时期生长和代谢暂时停滞的现象叫休眠。分为强迫休眠和生理休眠两种。强迫休眠是不利的环境条件引起的，生理休眠是由植物本身造成的。

5. 花的生长发育

花原基形成，花芽各部分分化成熟的过程，称为花芽分化。果树的生长点内开始区分出花（花和花序）原基时叫花的开始分化或花的发端。随之，花器各部分原基陆续分化和生长，叫花的发育。从花原基最初形成至各花器官形成完成叫形态分化。在此之前，进行着由营养生长向生殖生长的一系列生理、生化转变叫生理分化，见图1–11。

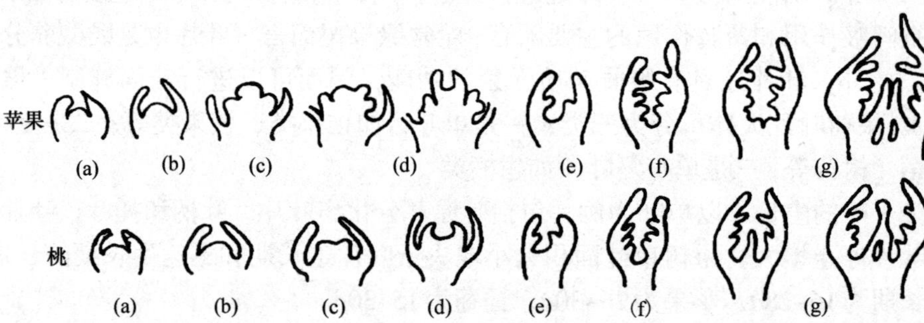

图1–11　果树花芽分化
（a）叶芽期　（b）分化初期　（c）花蕾形成　（d）萼片形成
（e）花瓣形成　（f）雄蕊形成　（g）雌蕊形成

不同种类和品种的果树花芽分化时期很不一致，即使同一品种，甚至同一植株也因树龄、枝条类型和各种外界条件而有所差异。在一定条件下，花芽分化时期又相对集中和稳定。

6. 果实的生长发育

果树从开花以后，受精的果实在生长期间，体积、果径、重量的增加动态，可以分为三个时期——果实迅速生长期、果实缓慢生长期、果实熟前生长期。影响果实增长的因素包括：

（1）有机营养　果实细胞分裂主要是原生质的增长过程，为蛋白质营养时期。这时需要有氮、磷和碳水化合物的供应。氮和磷除树体供应外，还可施肥加以补充；但幼果细胞分裂期合成蛋白质所需要的碳水化合物，只能由贮藏营养供应。因此，树体贮藏的碳水化合物可影响果实细胞分裂、影响细胞数量，进而影响果实的大小。

（2）矿质元素　有机营养向果实内运输和转化有赖于酶的活动，酶的活性与矿质元素有关。

（3）水分　果实内80%~90%为水分，含水量随果实膨大而增加，是果实体积膨大的必要条件。特别是细胞增大阶段，如果水分不足，影响果实体积增大，以后供水也不能弥补。水分也影响矿质元素进入果实，如干旱可引起果实缺钙。

（4）种子　果实内种子的数量和分布，会影响果实的大小和形状。如玫瑰香葡萄没有种子的果粒比有种子的果粒小得多，苹果、梨果实内没有种子的一面发育不良，果实呈不匀称形。

【任务实施】

1. 任务准备

（1）材料准备　在果树基地选择合适的果树，没有的树种选用果树标本，不同发育时期花芽切片。

（2）工具准备　绘图工具。

2. 实施过程

（1）果树各年龄期生长发育的观察　选择合适的果树确定果树的年龄期，观察树体结构特性，为今后的整形修剪打下基础。学生独立确定果树的年龄期，判断此年龄期果树的树体结构特性。

（2）果树各器官一年生长发育特点的观察　观察学习果树各器官在一年中的生长发育特点，包括根、芽、叶、花、果实等。

【评价与考核】

优：正确判定果树的年龄期，权重50%。

绘图说明各器官生长发育特点，绘图正确，权重50%。

良：正确判定果树的年龄期，误差1~2年，权重50%。

绘图说明各器官生长发育特点，绘图错误1处，权重50%。

中：能判定果树的年龄期，误差3~4年，权重50%。

绘图说明各器官生长发育特点，绘图错误2处，权重50%。

及格：能基本判定果树的年龄期，误差5~6年，权重50%。

绘图说明各器官生长发育特点，绘图错误3处，权重50%。

不及格：不能判定果树的年龄期，不能说明各器官生长发育特点，绘图不清晰。

【复习思考题】

（1）观察果树各器官的生长发育特点，确定名称。

（2）绘制花芽分化各时期图。

任务四 病虫害的初步认识

知识目标：初步了解主要果树病虫害的危害。
技能目标：能够独立识别各种主要果树病虫害。
德育目标：培养学生质量意识。

本次任务需要注意以下几个方面：

①实施时间可选择在生长季病虫害较为集中的季节进行，可结合果园病虫害防治及其他生产任务在全年进行学习，力求识别准确。

②可利用标本，也可用彩图或多媒体等教学手段，扩大识别范围，达到准确识别、巩固记忆的目的。

③在实施过程中，注意安全。

④合理安排实施时间，针对各时期不同的病虫害发生情况，安排实施。

【相关知识】

（一）果树虫害

1. 危害叶的虫害

（1）天幕毛虫　别名：天幕枯叶蛾、带枯叶蛾、梅毛虫。

1）危害特点　主要危害苹果、梨、桃、李、杏、梅、樱桃、海棠、沙果等。

刚孵化幼虫群集于一小枝杈，吐丝结成网幕，食害嫩芽、叶片。每龄幼虫脱皮后，下移至粗枝杈上结网巢，白天群栖巢内，夜出取食，4龄后期分散危害，严重时全树叶片吃光。

2）形态特征

①成虫：雌体长18~22mm，翅展37~43mm，黄褐色［见图1-12（a）］。

②卵：圆筒形，灰白色，200~300粒环结于小枝上粘结成一圈呈“顶针”状［见图1-12（b）］。

③幼虫：体长50~55mm，头蓝色，体上有多条黄、蓝、白、黑相间的条纹［见图1-12（c）］。

④蛹：椭圆形，长17~20mm，蛹体有淡褐色短毛。

⑤茧：黄白色，表面附有灰黄粉。

（2）苹小卷叶蛾　别名：苹卷蛾、棉卷蛾、远东褐带卷蛾。

1）危害特点　主要危害苹果、梨、山楂、桃、李、杏、柑橘等。

幼龄食害嫩叶、新芽，长大后卷叶，或贴叶片于果面，食叶肉呈纱网状和孔洞，并啃食贴叶果的果皮，呈不规则形凹疤，多雨时常腐烂脱落。

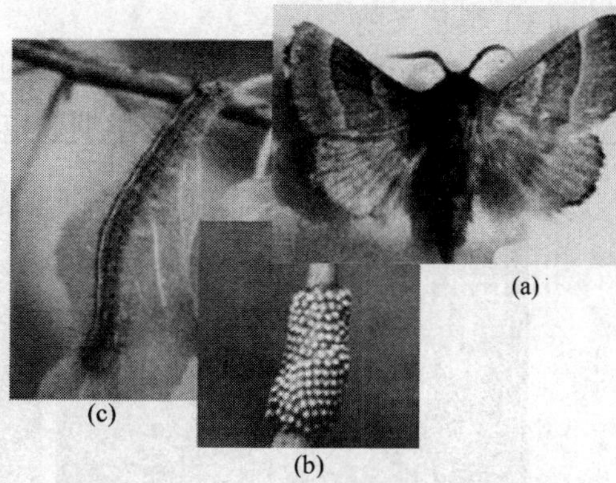

图1-12　天幕毛虫

2）形态特征

①成虫：体长6~8mm，翅展15~20mm，黄褐色［见图1-13（c）］。

②卵：扁平椭圆形，径长约0.7mm，淡黄色半透明，孵化前黑褐色，数10粒成块作鱼鳞状排列［见图1-13（a）］。

③幼虫：体长13~18mm，细长翠绿色［见图1-13（b）］。

④蛹：9~11mm，较细长，初绿色后变黄褐色［见图1-13（d）］。

图1-13　苹小卷叶蛾

（a）卵　（b）幼虫　（c）成虫　（d）蛹

（3）梨二叉蚜

1）危害特点　成、若蚜群集于芽、叶、嫩梢和茎上吸食汁液。梨叶受害严重时由两侧向正面纵卷成筒状，早期脱落（见图1-14）。

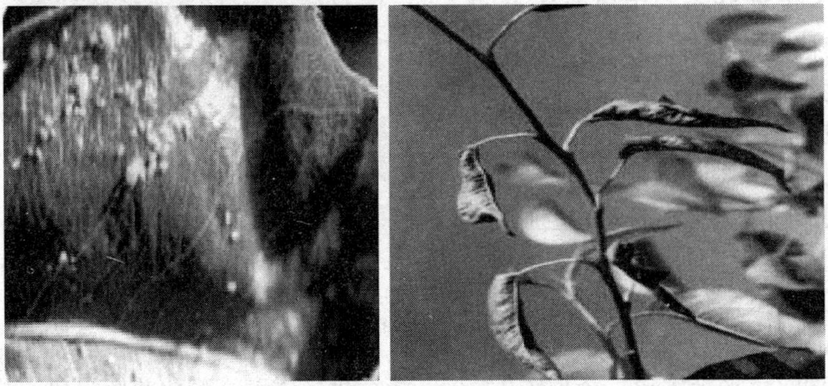

图1-14　梨二叉蚜

2）形态特征

①成虫：无翅胎生蚜体长约2mm，绿色或黄褐色，被有白色蜡粉。有翅胎生蚜体较小，灰绿色。

②卵：椭圆形，长约0.7mm，黑色有光泽。

③若蚜：无翅，绿色，体较小，形态与无翅胎生雌蚜相似。

（4）黄刺蛾

1）危害特点　分布广泛，食性杂，可危害多种果树。以夏秋季节为主，幼虫食害叶片。

2）形态特征

①成虫：体长13~16mm，体橙黄色；前翅黄褐色，后翅灰黄色［见图1-15（a）］。

②卵：扁平、椭圆形，淡黄色。

③幼虫：老熟幼虫体长19~25mm，体粗大；各节背线两侧有1对枝刺，枝刺上长有黑色刺毛［见图1-15（b）］。

(a)　(b)

图1-15　黄刺蛾

④蛹：椭圆形，黄褐色，体长12 mm。

⑤茧：椭圆形，质坚硬，黑褐色，有灰白色不规则纵条纹，极似雀卵。

（5）山楂叶螨　别名：红蜘蛛、大蜘蛛、大龙、砂龙等。

1）危害特点　分布广泛，食性杂，可危害100多种植物，果树上红蜘蛛种类较多。其寄生广泛，主要有山楂红蜘蛛、苹果红蜘蛛。

危害叶片为主，被害叶正面有失绿的黄斑，严重时变黄脱落。叶片背面可以看见许多小红点，即为成螨，严重时可见许多吐出的丝。

2）形态特征

①成螨：雌成螨深红色，体长0.5mm；雄成螨橙黄色，体长0.4mm（见图1–16）。

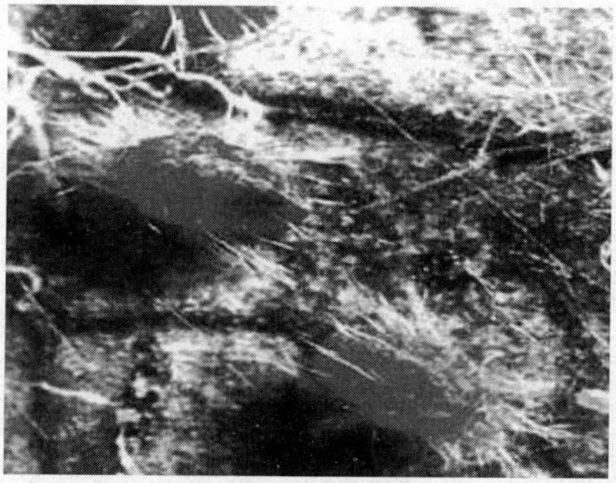

图1–16　山楂叶螨

②卵：越冬卵红色，非越冬卵淡黄色。

③幼螨：越冬代幼螨红色，非越冬代幼螨黄色。

（6）金纹细蛾

1）危害特点　危害苹果为主，其次为梨、桃、樱桃、海棠、李、沙果及山定子等果树。

幼虫潜食叶肉，形成明显虫斑。发生严重的果园，叶片上虫斑可达15~20个，致使叶面失去光合作用能力，造成早期落叶，严重影响树势。

2）形态特征

①成虫：体长2~3 mm，翅展约6mm；全身金黄色，上有银白色细纹（见图1–17）。

②卵：扁椭圆形，长径0.3mm，乳白色，半透明，具光泽。

③幼虫：幼龄幼虫淡黄绿色，末龄幼虫体长4~6mm，细纺锤形。

④蛹：长3~4mm，黄绿色。

图1-17　金纹细蛾

2. 危害果的虫害

（1）桃小食心虫　别名：苹果食心虫、桃蛀果蛾、桃蛀虫、豆沙馅、猴头果等。

1）危害特点　危害多种果树，苹果、梨、枣较严重。

桃小食心虫只危害果实。被害果果面有针头大小的蛀（入）果孔，由孔流出泪珠状汁液，干涸后呈白色蜡状物。幼虫取食果肉形成弯曲纵横的虫道，虫粪留在果内呈“豆沙馅”状。幼果被害后，生长发育不良，形成凹凸不平的“猴头果”；后期受害的果实，果形变化不大。被害果大多有圆形幼虫脱果孔，孔口常有少量虫粪，由丝粘连。

2）形态特征

①成虫：体长7mm左右，灰褐色。

②卵：椭圆形，初产时为橙红色，渐变为深红色。

③幼虫：初孵幼虫黄白色；老熟幼虫体背桃红色，体长约13mm（见图1-18）。

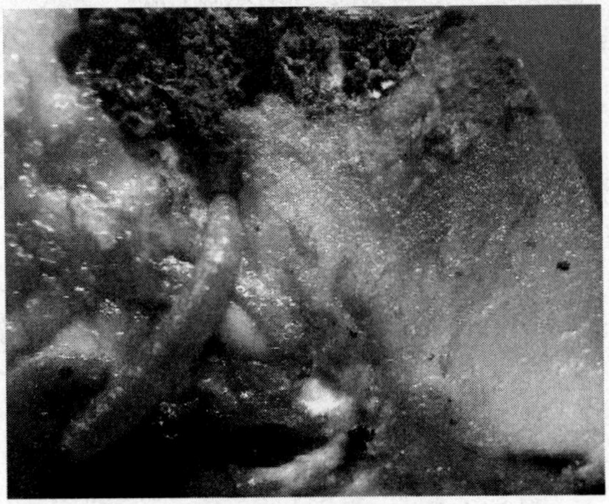

图1-18　桃小食心虫

④茧　分两种类型：一种为冬茧，即幼虫越冬时做的茧，冬茧圆形，稍扁，茧丝紧密；另一种为夏茧，即幼虫化蛹时做的茧，夏茧长纺锤形，茧丝松散。两种茧外都附着土粒。

⑤蛹　长约7mm，淡黄色至黄褐色，体表光滑无刺。

（2）梨小食心虫　别名：梨小蛀果蛾、桃折梢虫、小食心虫、桃折心虫等。

1）危害特点　危害梨、桃、苹果、李、樱桃、山楂。

春夏季节危害桃、李嫩梢，多从上部叶柄基部蛀入髓部，向下蛀至木质化处便转移，被害嫩梢渐枯萎，俗称“折梢”。夏秋季节危害梨树，幼虫危害果多从萼、梗洼处蛀入，早期被害果蛀孔外有虫粪排出，晚期被害多无虫粪。幼虫蛀入直达果心，高湿情况下蛀孔周围常变黑腐烂渐扩大，俗称“黑膏药”。苹果蛀孔周围不变黑。

2）形态特征

①成虫：体长5~7mm，全体灰褐色无光泽。

②幼虫：体长10~13mm，头、前胸盾、臀板均为黄褐色，胸、腹部淡红色或粉色（见图1-19）。

图1-19　梨小食心虫

③卵：长0.5mm，椭圆形，稍扁，黄白色，孵化前变黑褐色。

（3）桃蛀螟　别名：桃斑螟、桃蛀心虫等。

1）危害特点　危害桃、柿、核桃、板栗、无花果等。

幼虫主要蛀食果实，蛀道直达果心，果实表面的蛀果孔常被病菌侵入，腐烂变黑。

2）形态特征

①成虫：体长12mm，翅展22~25mm，黄至橙黄色［见图1-20（b）］。

②卵：椭圆形，长0.6mm、宽0.4mm，初乳白渐变橘黄、红褐色［见图1-20（a）］。

③幼虫：体长22mm，体色多变，有淡褐、浅灰、浅灰蓝、暗红等色［见图1–20（c）］。

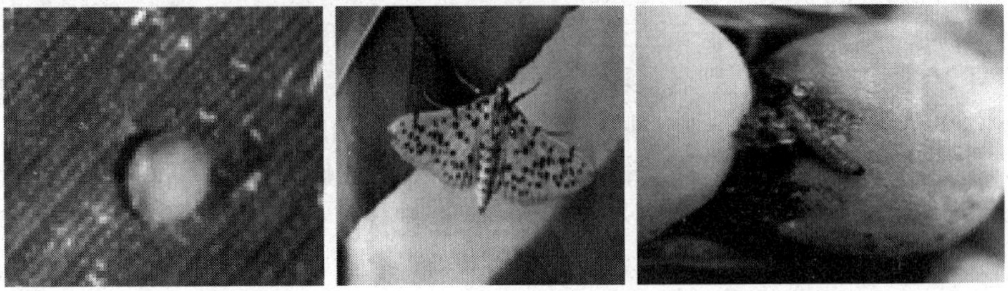

(a) (b) (c)

图1–20　桃蛀螟

（a）卵　（b）成虫　（c）幼虫

④蛹：长13mm，初淡黄绿后变褐色。

⑤茧：长椭圆形，灰白色。

（4）李实蜂

1）危害特点　李实蜂危害李树是在幼果长到黄豆粒大小时，幼虫蛀入果核内部危害，果内被蛀空，堆积虫粪，幼虫老熟后落地休眠（见图1–21）。

(a) (b)

图1–21　李实蜂

（a）幼虫　（b）果树被害状

2）形态特征

①成虫：体黑色，长5mm，李树花期成虫羽化，在晴天上午常集结在树冠上方飞翔。

②卵：乳白色。

③幼虫：长10mm，头部淡褐色，胸腹部乳白色。

④蛹：乳白色，裸蛹。

3. 危害枝干的虫害

（1）桃红颈天牛

1）危害特点　以幼虫蛀入树干进行危害，老熟幼虫蛀入木质部，虫道弯曲，多由上向下蛀食，木屑和虫粪堆积于树干基部。造成枝干萎蔫枯死，严重时全树死亡。

2）形态特征

①成虫：体长约28~37mm，体黑色发亮，前胸背面大部分为光亮的棕红色或完全黑色（见图1–22）。

图1–22　桃红颈天牛

②卵：卵圆形，乳白色，长6~7mm。

③幼虫：老熟幼虫体长42~52mm，乳白色，前胸较宽广；身体前半部各节略呈扁长方形，后半部稍呈圆筒形。

④蛹：体长35mm左右，初为乳白色，后渐变为黄褐色，前胸两侧各有一刺突。

（2）苹果小吉丁虫

1）危害特点　危害苹果、沙果、海棠、花红。

危害皮层，隧道内为褐色虫粪堵塞，皮层枯死、变黑、凹陷。

2）形态特征

①成虫：体长5.5~10mm，全体紫铜色，有光泽，体似楔状［见图1–23（a）］。

②幼虫：体长15~22mm，体扁平；头部和尾部为褐色，胸腹部乳白色；头大，

大部入前胸［见图1–23（b）］。

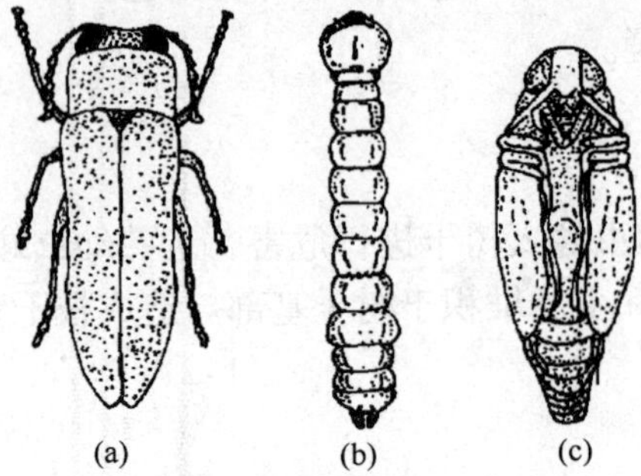

图1–23　苹果小吉丁虫
（a）成虫　（b）幼虫　（c）蛹

③卵：长约1mm，椭圆形，初产时乳白色，后逐渐变成黄褐色。卵产在枝条向阳面、粗糙有裂纹处。

（3）透翅蛾　别名：苹果小翅蛾、小透羽。

1）危害特点　危害苹果、桃、梨、李、杏等果树。

幼虫在树干枝杈等处蛀入皮层下，食害韧皮部，造成不规则的虫道，深达木质部，被害部常有似烟油状的红褐色的粪屑及树脂黏液流出，被害伤口容易遭受苹果腐烂病菌侵袭，引起溃烂。

2）形态特征

①成虫：体长10~18mm，全体黑色并有蓝色光泽，外形极似蜂类（见图1–24）。

图1–24　透翅蛾

②幼虫：体长20~25mm，头黄褐色，胸腹部乳白色中线淡红色。

③卵：长0.5mm，扁椭圆形，黄白色，产在树干粗皮缝及伤疤处。

（4）杏球坚蚧　别名：朝鲜球坚蚧、桃球坚蚧、杏虱子。

1）危害特点　危害杏、李、桃、梅等核果类果树。

终生吸取寄主汁液，受害后，寄主生长不良，虫口密度大时，使受害严重的寄主致死。

2）形态特征

①雌成虫：体近乎球形，初期介壳质软、黄褐色，后期硬化为黑褐色，表面皱纹不明显。

②卵：椭圆形，长约0.3mm，粉红色，半透明，附着一层白色蜡粉。

③若虫：初孵时，体椭圆形，体背面上隆起，体长0.5mm左右，淡粉红色，腹部末端有两条细毛，活动力强。

④蛹：裸蛹，体长1.8mm，赤褐色，腹末有一黄褐色的刺状突。

（二）果树侵染性病害

1. 苹果腐烂病

腐烂病，俗称烂皮病、臭皮病，是我国北方苹果树重要病害。主要危害结果树，造成树势衰弱、枝干枯死、死树，甚至毁园。华北、东北、西北地区发生普遍。

症状：有溃疡、枝枯和表面溃疡三种类型（见图1–25）。

图1–25　苹果腐烂病

（1）溃疡型　在早春树干、枝树皮上出现红褐色、水渍状、微隆起、圆至长圆形病斑。质地松软，易撕裂，手压凹陷，流出黄褐色汁液，有酒糟味。后干缩，边缘有裂缝，病皮长出小黑点。潮湿时，小黑点喷出金黄色的卷须状物。

（2）枝枯型　在春季2~5年生枝上出现病斑，边缘不清晰，不隆起，不呈水渍状，后失水干枯，密生小黑粒点。

（3）表面溃疡型　在夏秋落皮层上出现稍带红褐色、稍湿润的小溃疡斑，边缘不整齐，一般2~3cm深，后干缩呈饼状。晚秋以后形成溃疡斑。

2. 苹果锈果病

苹果锈果病又称花脸病，是国内检疫对象。在东北、西北、华北产区都有发生，以西北最为突出，陕西、晋中有些果园病株率高达60%~80%之多，辽宁以北部地区发生严重。

锈果病主要表现在果实上，随不同苹果种类和品种及环境条件症状有明显的差异。

（1）锈果型　晚熟品种如国光、鸡冠、青香蕉、印度等品种发生。果实上有5条与心室相对应的红褐色木栓化锈斑，由果顶沿果面向果柄呈放射状发展。病重时锈斑龟裂，甚至果皮开裂，果小畸形［见图1–26（a）］。

（2）花脸型　多发生在海棠、沙果、槟子及西洋苹果中的早熟品种如红魁、祝光、金红等。病果着色前症状不明显，着色后表现着色不匀，形成红绿相间的斑块，如花脸状，有时果面凹凸不平［见图1–26（b）］。

（3）锈果花脸复合型　某些中熟或中晚熟品种如红玉、元帅、倭锦等常出现以上两种症状类型的复合症状。着色前果顶或果面散生锈斑，着色后除锈斑外的部位着色不匀呈黄绿斑块［见图1–26（c）］。

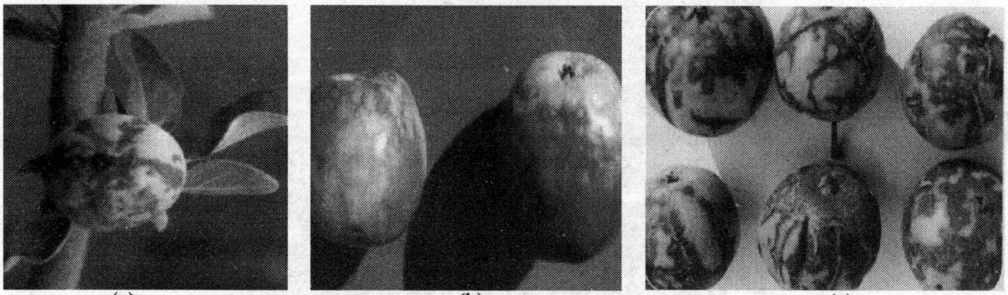

(a)　(b)　(c)

图1–26　苹果锈果病

（a）锈果型　（b）花脸型　（c）锈果花脸复合型

以上三种症状，以前两种为主。虽然上述各类症状在某些品种上有一定的稳定性，但有时也会出现同一品种在不同条件下甚至同一株上有几种类型。

锈果病除危害果实外，苗木和枝条也可受害，表现苗木矮小、叶片反卷、枝干发生锈斑或溃疡斑等症状。

3. 梨黑星病

梨黑星病又叫疮痂病，是南北梨区发生普遍、流行性强、损失大的一种重要病害。从落花期一直危害到果实成熟期。

梨黑星病可侵染梨树所有绿色幼嫩组织：花序、叶片、叶柄、新梢、芽鳞及果实等，其中以叶片、果实为主。

最典型的症状是在病部产生明显的黑色霉层，故又有黑霉病之称。叶片受害多发生在叶背，长出黑色霉斑，叶正面为多角形或圆形褪绿黄斑；严重时，叶正反面都长满黑色霉层，致使叶片干枯而脱落。叶柄受害，产生圆形或长条状霉斑造成落叶。嫩梢发病，除形成条状霉斑外，后期皮层龟裂呈粗皮状的疮痂。果实受害，初期为淡黄色斑点，逐渐扩大长出黑霉，以后病部凹陷木栓化，停止生长呈畸形易脱落。见图1–27。

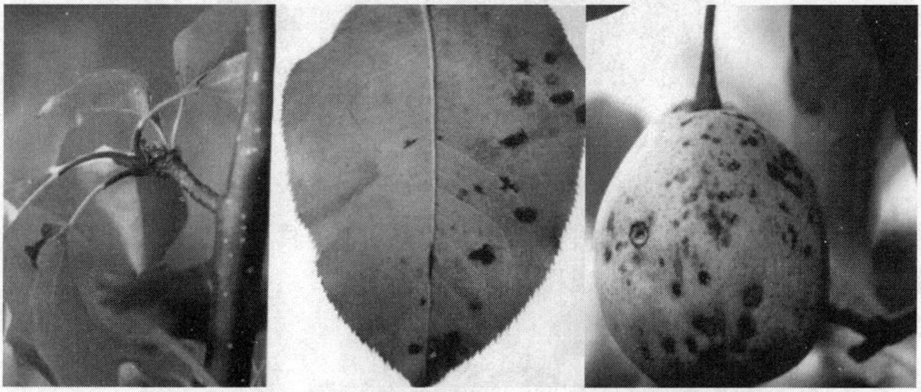

图1–27　梨黑星病（危害叶柄、叶片、果实）

4. 葡萄霜霉病

葡萄霜霉病在我国各地均有发生，以辽宁、山东沿海地区及华北、西北等春、夏、秋冷凉多雨时发病较重。

此病主要危害叶片，也危害新梢、叶柄、花、幼果、果梗及卷须等幼嫩部分。叶片受害初呈半透明水浸状小斑，以后扩展成黄色至褐色多角形大斑，边缘不清晰；天气潮湿时，病斑背面产生灰白色霜霉层；发病后期病斑干枯，叶片早落。新梢、叶柄、果梗、卷须等受害初期呈水浸状，后变为褐色凹陷病斑；潮湿时有白色霉层产生；病重时新梢扭曲，甚至枯死。幼果被害呈深褐色变硬下陷，生有霉层皱缩脱落。见图1–28。

5. 苹果轮纹病

苹果轮纹病又称粗皮病，是一种真菌侵染性病害。

苹果树的枝干，在1~2年生枝的皮孔上形成凸起的小瘤状物，在3~5年生枝上有典型瘤状物，直径在0.3~3cm不等，会以病瘤为中心形成近圆形至不正形的褐色病斑。患病部位与健康部位之间有较深的裂开，后期病组织干枯并翘起，在突起中央的周围出现散生的黑色小粒点（分生孢子器）。呈粗皮状，故也有称之

图1–28　葡萄霜霉病

为粗皮病。越冬枝干瘤皮病斑中的病菌分生孢子器，具有不断产生孢子的能力，这就是侵染果实的病菌来源，见图1–29。

图1–29　苹果轮纹病

6. 梨白粉病

梨白粉病分布较为普遍，近几年有发展的趋势。除危害梨树外，还危害桑、板栗、核桃等树木。

此病多危害老叶，发生在叶背面。初期病斑为白色霉状小点，逐渐扩展为近圆形白色粉斑。每片叶上霉斑数目不等，数斑相连形成不规则形粉斑，甚至扩及全叶，上覆白色粉状物（分生孢子）。后期在白色粉状物上，长出很多初为黄色逐渐变为黑色的小点（闭囊壳），严重时造成早期落叶。见图1–30。

7. 桃炭疽病

叶斑多始自叶尖或叶缘，半圆形或不定形，红褐色，边缘色较深，病健部分界明晰。果斑近圆形，稍下陷，初淡褐后转黑褐，病斑扩大并联合成斑块，常渗出胶液，终至软腐脱落。潮湿时患部表面出现朱红色小点病症（分孢盘及分生孢子）。见图1–31。

图1–30　梨白粉病

图1–31　桃炭疽病

8. 葡萄白腐病

见图1–32。

果梗和穗轴上发病处先产生淡褐色水浸状近圆形病斑，病部腐烂变褐色，很快蔓延至果粒，果粒变褐软烂；后期病粒及穗轴病部表面产生灰白色小颗粒状分生孢子器，湿度大时由分生孢子器内溢出灰白色分生孢子团，病果易脱落，病果干缩时呈褐色或灰白色僵果。

枝蔓上发病，初期显水浸状淡褐色病斑，形状不定，病斑多纵向扩展成褐色凹陷的大斑，表皮生灰白色分生孢子器，呈颗粒状；后期病部表皮纵裂与木质部分离，表皮脱落，维管束呈褐色乱麻状，当病斑扩及枝蔓表皮一圈时，其上部枝蔓枯死。

叶片发病多发生在叶缘部，初生褐色水浸状不规则病斑，逐渐扩大略成圆形，有褐色轮纹。

图1–32　葡萄白腐病

9. 桃细菌性穿孔病

全国各地，特别是在沿海、沿湖地区和排水不良的果园以及多雨年份，常严重发生。如果防治不及时，易造成大量落叶，减少营养的积累，影响花芽的形成。不仅削弱树势，当年减产，而且会影响第二年的结果，造成产量歉收。

叶片上出现水渍状、淡黄色小斑，后扩展成红色圆斑，继而变成褐色，边缘较中心色深，边缘周围有半透明的淡黄色晕圈，边缘容易产生离层，形成圆形穿孔斑，几个病斑连在一起，穿孔形状呈不规则形；严重时一张叶片有几十个病斑，病叶提早脱落（见图1–33）。

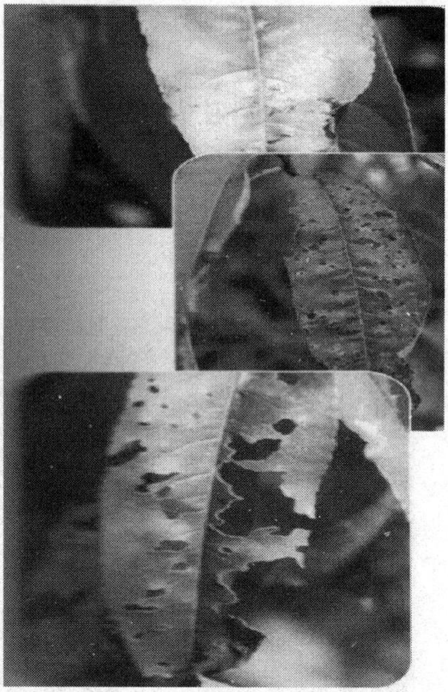

图1–33　桃细菌性穿孔病

果实受害后，产生油渍状褐色小点，以后病斑扩大，颜色加深，最后凹陷龟裂，以致腐烂。枝条初起出现水渍状，带紫褐色斑点，后来也凹陷龟裂。潮湿时，病斑上出现白色脓液。干枯时往往发生裂纹。

枝条受害后，有两种不同的病斑，一种称春季溃疡，另一种则称为夏季溃疡。

（1）春季溃疡　发生在上一年夏季生出的枝条上（病菌于前一年已侵入）。春季在第一批新叶出现时，枝条上形成暗褐色小疱疹，直径约2mm，以后扩展长达1~10cm，宽度多不超过枝条直径的一半，有时可造成枝枯现象。春末（开花前后）病斑表皮破裂，病菌渗出，开始传播。

（2）夏季溃疡　多于夏末发生，在当年的嫩枝上以皮孔为中心，形成水渍状暗紫色斑点；以后病斑变褐色至黑褐色，圆形或椭圆形，稍凹陷，边缘呈水渍状。夏季溃疡的病斑不易扩展，并且会很快干枯，故传播作用不大。

（三）果树生理病害

1. 果树小叶病

苹果小叶病发生后，表现为病枝春季发芽较晚，抽叶后生长停滞，质厚而脆，叶色浓淡不均且呈黄绿色，病枝节间短，叶缘向上卷，叶片细小且呈簇状。

苹果小叶病是由于树体锌元素含量不足引起的生理病害，因此，多采用补锌的方法来防治。但是苹果小叶病不仅仅是由于锌元素含量不足引起的，不合理的修剪措施，如去枝不当、重环剥等也能引起小叶病。

2. 果树缺铁黄叶病

苹果黄叶病又名黄化病或缺铁失绿病，是由于缺少铁素引起的生理病害。在pH高的果园普遍发生。

从新梢的幼嫩叶片开始，叶肉先变黄，叶脉保持绿色，呈绿色网纹状；后期全叶变成黄白色，叶焦枯；最后全叶枯死、早落。

3. 果树缺硼缩果病

苹果缩果病，我国各苹果产区均有发生，尤以山地和沙质偏碱果园发病较多。近年来，部分果园偏施氮肥，营养失调，缩果病呈上升危害趋势。

苹果缩果病主要表现在果实上，严重危害时，枝叶上也有症状表现。病果从落花到采收期均可发生，依品种和发病早晚常表现为三种类型的症状。

（1）干斑型　主要表现在幼果期。发病初期幼果背阴面出现近圆形水浸状斑，褐色，皮下果肉组织也变褐枯死。病部干缩凹陷，果实小而畸形，果肉质地坚硬。重病果常提前脱落。

（2）木栓型　落花后20d至采收前均有发生，生长后期较多。果肉发生水渍状病变，很快变为褐色，海绵状，并从萼筒基部沿果线扩展，使细胞木栓化。多呈条状分布在果肉任何部位，果面略有凹凸不平。幼果期发病，果小而畸形，易脱落。

（3）锈斑型　常发生在元帅等感病品种上，果实扁圆形或长筒形，沿果柄周围果面变褐，形成细密横形条斑，锈斑干裂。

枝叶发病在初夏，当年生新梢上常发生由上往下的枝枯型。有时在春季发芽时，叶芽不能萌发或发出纤细枝条，从生呈帚枝型。有时也可导致新梢节间缩短，叶丛生，窄小质脆，叫簇叶型。

4. 果树缺素症

苹果缺钙症（苦痘病、痘斑病），叶尖或叶缘变黄、焦枯坏死，植株早衰，嫩叶先沿中脉及叶尖产生红棕色坏死区，逐渐扩大；缺钙严重时，枝条尖端以及嫩叶似火烧状斑坏死，并迅速向下发展，致使许多小枝完全死亡。

缺钙果实在成熟期和贮运期间症状明显。发病程度与品种有关，以国光、新红星为重。病果胴部、下部出现圆形、稍凹陷的变色斑。绿色或黄色果面以皮孔为中心呈深绿色，红色果面以皮孔为中心呈暗红色，周围有紫红或黄绿色晕；果皮下面的组织坏死，变褐色，呈海绵状，深3~5mm，一个病果可能出现几个至数十个痘斑，病组织味微苦。

【任务实施】

（一）任务准备

（1）材料准备　各种病害和虫害的危害状标本、玻片标本、针插标本和液浸标本或实物等。

（2）工具准备　放大镜、显微镜、镊子、挑针、载玻片、培养皿、刀片、滴瓶、盖玻片等。

（二）实施过程

1. 虫害识别

（1）室内识别　主要通过标本、彩图进行识别，包括食心虫类、叶螨类和其他重要害虫识别，观察其形态和危害状。

（2）果园虫害识别　选择夏季果园虫害较多时现场观察鉴别。

2. 病害识别

观察各种病害特点，通过标本或实物观察病状特点。

3. 生理性病害识别

观察生理性病害特点，通过标本或实物观察病状特点，掌握形态特征。

【评价与考核】

优：能够准确识别果树的常见病虫害90%以上。

良：能够准确识别果树的常见病虫害80%~90%。

中：能够准确识别果树的常见病虫害70%~80%。

及格：能够准确识别果树的常见病虫害60%~70%。

不及格：识别果树的常见病虫害60%以下。

【复习思考题】

（1）果树常见虫害有哪些？

（2）果树常见病害有哪些？

（3）果树常见缺素症有哪些？

【归纳总结】

果树感性认识模块通过四个任务的实施，使学习者了解果树生产的基础知识，认识简单的果树器官和结构，为以后的学习奠定基础。

学习的重点应根据学生的实际情况，以识别和基础知识为主。应尽可能的在生产园完成，使学生早接触生产，了解生产情景，熟悉生产过程。同时注重培养学生职业道德和职业素质。

模块二　单项技能训练

项目一　苗 木 生 产

任务一　实生苗生产

知识目标：了解实生苗特点、苗圃的建立、种子休眠及打破休眠方法。
技能目标：能够完成种子采收、层积处理、播种等生产环节。
德育目标：培养学生耐心细致的工作作风和岗位责任意识。

在生产上实生苗主要作为砧木应用，如山定子、秋子梨、杜梨、山桃、毛桃等。实生苗生产主要环节为种子采集、层积处理、播种和播后管理。

生产中利用实生苗进行嫁接，以提高苗木的抗逆性，如利用山定子砧木以提高苹果的抗寒性；还有利用砧木改变生长特点，如矮化、早熟、耐盐碱等。

【相关知识】

（一）实生苗特点

实生苗是种子繁殖所得的苗木。

实生苗繁殖方法简单易行，繁殖系数高，苗木根系发达，抵抗不良环境的能力强，生长旺盛；但果实品质一般较差，并且实生苗变异大，生长不一致，有童期、童性，所以进入结果期较晚。

在生产中，一般不直接应用实生苗建园。有些地区利用实生苗直接建园，成活后再进行嫁接，可以降低建园的苗木费用。

（二）种子成熟与休眠

1. 种子成熟

种子成熟分为生理成熟和形态成熟两个阶段。

生理成熟指种子的种胚已发育完全，这类种子很易发芽，但是不易贮藏。

形态成熟是指种胚已发育完全，内部物质向不溶解物质转换，较易长期贮藏。

2. 种子休眠

北方果树种子在采收后，将种子放在适宜的条件下也不萌发，这种现象称之为“休眠”，也称自然休眠。由于得不到发芽所需要的外界条件而不萌发，为被迫休眠。

造成种子休眠的原因主要是：种胚发育的不完全、种皮或果皮的结构障碍、种胚尚未通过后熟。在这种情况下，为了能使种子萌发，提高出苗的整齐度，我们一般在播种前要对有休眠现象的果树种子进行层积处理，使其在较低的温度下，水分进入内部，种皮软化或种壳胀裂，改善种皮通气状况，使种胚通过一系列生理生化作用，进入旺盛的生理活动过程，打破休眠。

（三）苗圃的建立

1. 苗圃地的选择

苗圃是培育和生产果树苗木的地方，苗圃地的环境对今后能否生产出优质苗木非常重要。在确定地点时，应该从以下几个方面来考虑。

（1）地点　应设立在需求苗木地区的中心，交通便利的地方。这样所育的苗木对当地适应性好，栽植成活率高，特别是对环境适应性强。

（2）地势　选择背风向阳、能灌能排、地势较高的地方。而低洼地水位高，不适合作苗圃地。

（3）土壤　要求土层深厚、肥沃的沙质壤土和轻黏壤土，这类土壤透气性好，适合苗木生长，并且起苗时伤根少。土壤酸碱度以微酸性至微碱性为宜。另外，重茬地和长期种植烟草、玉米、马铃薯等地块，由于使用除草剂，不能作为苗圃地。周围种植玉米作物的地块，由于有除草剂的药害，也不适合作苗圃。

（4）水源　种子萌发和苗木生根、生长都需要充足的水分，所以应选择灌溉方便的地块，保证水源充足，水质好。

2. 苗圃地的规划

具有一定规模的苗圃地，应做好规划设计工作。苗圃地应根据苗木的性质、种类，结合当地的气候条件和所选地块的土质、地形进行规划。一般包括母本园、繁殖园及配套设施。

（1）母本园　是生产苗木繁殖材料的基地，如实生苗的种子、自根苗的繁殖材料。要求母本树品种纯正，树种标牌清晰。

（2）繁殖园　是苗圃地最重要的地方，应选用最好的地块。根据繁殖苗木种类的不同，分为实生苗培育区、嫁接苗培育区、自根苗培育区。也可以根据树种，分为梨育苗区、苹果育苗区、葡萄育苗区、桃育苗区等。

（3）道路　大型苗圃地道路主要分为三种类型：干路、支路、小路。小型苗圃可根据具体情况而定。

（4）排灌系统　苗圃需要建立排水和灌水系统，可根据地形和道路统一设置。

（5）防护林　苗圃可根据当地气候条件设置防护林，防护林品种最好选用当地野生树种，并且与所要培育的苗木没有共同的病虫害。

（6）房舍　大型苗圃地有的需要设置一些房舍，如办公区、农药配置区、水泵站等，这些需根据设置目的合理安排，尽量不要占用好的地块。

【任务实施】

（一）任务准备

（1）材料准备　果树常用砧木种子、染色剂、干净河沙。

（2）工具准备　天平、镊子、刀片、解剖针、烧杯、量筒、培养皿、水桶、挖土工具。

（二）实施过程

1. 种子的采集

为保证种子质量，选择采种母树非常重要。通常采种的母树要求类型纯正，生长健壮，无明显病虫害。

种子采收主要在形态成熟时进行。根据苗木生产需要，选择相应的砧木种类，组织学生采收，可在课余时间安排。一般进行堆沤，使果肉腐烂，淘洗出种子。

2. 种子贮藏

种子采收后要进行处理，一般经过精选、分级、阴干。在贮藏过程中要注意种子的含水量、温度，贮藏条件的好坏直接影响种子的寿命和种子的生活力。

3. 种子发芽试验

在种子层积、播种、购买前都应进行种子生活力检验，确定种子的质量及播种量。种子检验的方法主要有染色法和发芽试验法。

种子发芽试验法是取种子各50粒，进行重复三次。首先将沙子或吸水纸放入发芽皿内，厚度约1cm，把沙子表面刮平，徐徐滴入凉水，使细沙达到饱和湿润状态；然后将种子排列在沙面上，种子间保持与种子大小相仿的距离，轻度按下，使其与沙面相平；在发芽皿外贴上标签；放入发芽箱内发芽，保持湿润，把发芽温度保持在25~30℃；从次日起，每天观察记录一次（见表2-1）。

表2-1　　种子发芽试验记载表

编号	
品种名	
种子数量	
发芽持续时间	
正常幼苗	
硬实种子	
不正常种子	
死种子	
正常幼苗比例/%	
	调查人：

4. 种子形态观察和染色法鉴定

（1）形态观察法　是根据种子外观和内部的形态来确定种子的好坏。

好种子的标准是：外观完整、发育正常的饱满种子；种子虽然不饱满，但其大小不小于正常种子的1/3；部分胚乳或子叶受损伤，但还保存2/3以上的种子，且胚完整；胚乳和子叶颜色新鲜。

（2）染色法　是使用化学药剂对种子进行处理，根据种子的颜色变化来确定种子好坏。

5. 种子层积处理

层积处理指有休眠现象的果树种子，其种子在适宜的条件下，完成种胚的后熟过程，解除种子休眠，促进萌芽的一项措施。

层积处理的时间，多在冬季进行。不同树种种子的层积时间不同，一般种皮无硬壳的种子需1~2月；种皮有硬壳的，根据其种壳的厚薄需2~4月；但其中有些树种特殊，如山楂需要经过两个冬季的层积。但是通过一些措施破除种壳，都可在1~2月内打破休眠。

层积时要求低温高湿的环境。多数种子层积的温度要求为2~7℃。层积的方法是在层积前先将种子进行浸泡1~3d，每天换水并搅拌，使种子能充分吸水。选择地形较高、排水良好的地块挖坑，一般深60~100cm、宽100cm左右。在挖好的坑里先铺一层湿沙，然后将沙子与种子分层堆放或者混合堆放，放入坑中，上面覆上沙子，周围挖上排水沟。做好标记。

如混合堆放，将种子与沙子按1∶3~5的比例混匀，加水搅拌，使含水量达到50%，即手握成团指缝不滴水为宜，可在坑中插入玉米秆透气。少量种子可拌好沙子后装入编织袋，也可放于瓦盆中埋入地下层积。总之，与湿沙共同贮藏在低温高湿的环境下即可。

6. 播种

（1）播种地的准备　选壤土或沙壤土作为播种地，施入腐熟的有机肥，每亩2000kg，整地，做畦或垄。

（2）播种量计算　指单位面积所用的种子量，既影响产苗的数量和质量，还与成本有关系。

$$\text{每亩播种量（kg）}=\frac{\text{每亩计划育苗数}}{\text{每千克种子粒数}\times\text{种子发芽率}\times\text{种子纯度}}$$

生产上点播的毛桃用种量30kg/亩，撒播山定子用种量1~1.5 kg/亩。

（3）播种时期确定　播种可在秋季和春季进行。一般冬季严寒或种子耐寒力差的适合春播；但无灌溉条件的干旱地区最好采用秋播，秋播可省去沙藏、催芽的工序。

（4）播种方法选择　多雨地区或地下水位较高地区选高畦播种，有利于排水；气候干旱或地下水位较低地区选用低畦播种；也可以垄播。根据种子大小，可采用点播、撒播、条播的方式。

播种深度要适宜，太深，氧气含量低，不利于出苗，影响整齐度；太浅，水分不足，也影响出苗率。一般覆土厚度为种子直径的1~3倍。

7. 生产管理

（1）除草　在苗木出土后进行中耕除草，保持土壤疏松，为苗木生长创造良好的条件。也可以使用除草剂。

（2）排灌　播种地应保持湿润，为防止春季地温偏低，以小水灌溉为好。秋季应减少灌水，注意排水，防止徒长。灌溉以喷灌和滴灌效果较好。

（3）施肥　一般追肥1~2次。第一次在5~6月，以速效氮肥为主；第二次在7月，以复合肥为好。

（4）病虫害防治　苗期虫害主要有地老虎、蛴螬、蝼蛄、蚜虫、黄刺蛾等，防治上注意土壤处理和肥料处理，7~8月喷施一次菊酯类农药。苗期病害主要有白粉病、立枯病等，防治上注意减少土壤湿度和加强通风。

【评价与考核】

按任务要求，每名学生必须完成任务的各项步骤，经过教师检查，按照以下标准考核。

优：实生苗出苗率达到90%以上。

良：实生苗出苗率达到80%~90%。

中：实生苗出苗率达到70%~80%。

及格：实生苗出苗率达到60%~70%。

不及格：实生苗出苗率达不到60%。

【复习思考题】

（1）层积处理的步骤有哪些？

（2）实生苗的用途有哪些？

（3）怎样提高出苗率？

【知识拓展】

砧木种子的采收时间，应根据种子成熟度确定（见表2-2）。主要树种嫁接的常用砧木、中间砧和矮化砧，可以根据地区不同而灵活选用（见表2-3）。

表2-2　主要砧木种子采集时间

砧木	采集时间	砧木	采集时间
山定子	9~10月	西伯利亚杏	6~7月
海棠	9~10月	青肤樱	6~7月
西府海棠	9~10月	酸樱桃	6~7月
沙果	8~9月	毛樱桃	6~7月
杜梨	9~10月	吉赛拉（樱桃砧木）	6~7月
秋子梨	9~10月	山楂	8~10月
褐梨	9~10月	山里红	8~10月
山桃	7~8月	核桃楸	9月
毛桃	8月	柿	11月
中国李	7~8月	君迁子	11月
辽杏	6~7月	酸枣	10月

表2-3　主要树种的砧木

树种	砧木	矮化砧	中间砧
苹果	山定子、海棠、西府海棠、沙果	MM_{106}、M_4、M_7、M_9、M_{26}	GM_{256}、S_{20}、S_{60}
梨	杜梨、秋子梨、褐梨	PDR_{54}、S_2、S_5	
桃	山桃、毛桃	毛樱桃	
李	山桃、毛桃、中国李、杏	毛樱桃	
杏	山杏、辽杏、杏		
樱桃	中国樱桃、酸樱桃、山樱桃、青肤樱	吉赛拉、毛樱桃	李
葡萄	贝达、山葡萄		
山楂	山楂、山里红	软籽山里红	
核桃	核桃、核桃楸		
柿	君迁子、柿		

【职业技能考核项目】

种子层积：

（1）准备1kg的果树种子，沙子，水，铁锹，花盆。

（2）在花盆内进行种子层积处理，20min内完成操作。

（3）要求完成花盆垫底；铺底沙；种子与湿沙混合并在花盆内堆放；用沙土

填平盆口；培土高于盆面；移入地窖。

任务二　嫁接苗生产

知识目标：了解嫁接的原理及嫁接苗的生产应用。
技能目标：能够培育出嫁接苗；具备果树育苗工岗位能力。
德育目标：培养学生的团队合作精神和岗位责任意识。

果树嫁接苗是通过嫁接方法繁殖的苗木。要求学生在规定时间内，熟练的进行操作，完成规定的生产任务。

【相关知识】

（一）嫁接繁殖的基本原理

将一植株上的枝或芽移接到另一植株的枝干或根上，接口愈合形成一个新植株的技术，称为嫁接。

用于嫁接的枝或芽称为接穗或接芽；承受接穗的部分称为砧木。

嫁接时，具有亲和力的接穗和砧木在伤口处形成愈伤组织，几天后双方的愈伤组织连通，在愈伤组织的保护下，砧木和接穗的形成层分生出新木质部和新韧皮部，形成新的输导组织，连接双方，标志嫁接成活。在愈伤组织的外部形成新的周皮，愈合成新的植株。

（二）影响嫁接成活的因素

1. 砧木和接穗的亲和力

亲和力指砧木与接穗结合之后能否成活和正常生长发育的能力，这是决定嫁接成活的主要因素。亲和力是由砧木和接穗在内部组织结构、生理和遗传特性方面差异程度的大小造成的。差异越大，亲和力越弱，嫁接成活的可能性越小。

亲和力一般和植物的亲缘关系远近有关。同品种或同种间的亲和力最强，嫁接最容易成活。同属异种间的嫁接亲和力和果树种类有关，如苹果接于山定子、海棠、沙果等砧木上，梨接于杜梨上，杏、李子接于毛桃上，甜樱桃接于山樱桃上，都有很好的嫁接亲和力；但是有些果树嫁接亲和力不高，如甜樱桃接于毛樱桃上，中国板栗接于日本板栗上。果农归纳为“核接核，仁接仁”。

2. 环境条件

嫁接成活率和气温、土温、湿度、光照、空气等条件有关。一般温度在20~25℃，相对湿度95%以上，光照强不利于愈伤组织的形成。

3. 砧木与接穗质量

砧木与接穗的质量对嫁接成活率有较大影响。砧木选择生长健壮、发育充实、粗度适宜、无病虫害的实生苗嫁接成活率高。接穗选择生长良好、营养充足、木质化程度高、芽体饱满新鲜的枝条嫁接成活率高。

4. 嫁接技术

嫁接速度、削面平滑度、形成层对齐及包扎紧密等技术环节是影响嫁接成活率的关键。

（三）砧木选择

一般在砧木距地面5~10cm处，选光滑部位嫁接。高接时在靠近大枝10~20cm处，选光滑部位嫁接。嫁接时要避开枝节的部分，以防止切口不整齐。

（四）接穗选择

选择生长健壮的当年生新梢或一年生枝作接穗。枝接的接穗可以在冬季修剪和嫁接前采集。休眠期应在0~5℃的低温、80%~90%的相对湿度及适当的透气条件下存放。可以在露地进行地下沙藏或在地窖内沙藏，一般可以保存到春季果树萌芽期。

夏秋季芽接所用的接穗一般都是在接前采集，从树上采下接穗后立即除去叶片，保留叶柄，注名品种名称，用湿布包好，放在嫁接地附近阴凉处，或将接穗下端插入水中或插入湿沙中，随接随取。一般水藏和沙藏的时间为7d左右，在凉爽的地窖和深井中可保存的时间为15d左右，利用冷库进行水藏和沙藏可保存的时间为30d左右。

（五）嫁接的时间

果树嫁接在北方以生长季为主。

春季进行枝接和芽接，时间在3~5月。枝接以砧木树液流动至萌芽前，接穗芽不萌发为适宜时期；芽接以砧木刚萌发，接穗芽活动为适宜时期。

夏季进行绿枝接和芽接，时间在5~6月。以嫁接后到秋天苗木能够正常木质化成熟为适宜时期。东北部地区一般应在7月1日前进行嫁接。

秋季进行芽接，时间在8~9月。以嫁接后愈合良好，接穗芽当年不萌发为适宜时期。

（六）剪砧与除萌

嫁接成活后，将接芽上部的砧木剪断，使接芽处于顶端优势的位置，称为剪砧。一般在春、夏季嫁接，剪砧在成活后一至二周进行；秋季芽接，可以在翌年春季萌芽前进行。剪砧部位在芽上0.5cm左右。

嫁接成活后，避免砧木和接穗竞争养分，将砧木上萌发的定芽、不定芽等萌蘖抹除叫除萌。由于砧木芽陆续萌发，一般要进行除萌2~3次。砧木的芽生长势强，接穗的芽生长势弱，相同条件下，砧木的芽竞争力强，除萌晚或次数少，接穗生长不良，影响苗木成苗率。

【任务实施】

（一）任务准备

（1）材料准备　砧木、接穗、塑料条、接蜡。

（2）工具准备　剪枝剪、枝接刀、芽接刀、手锯、磨石。

（二）实施过程

1. 芽接

使用接穗的芽片（接芽）进行嫁接叫芽接。生产上主要用“T”字形芽接、嵌芽接。

（1）“T”字形芽接（盾状芽接）（见图2-1）“T”字形芽接多在夏秋季进行，接穗和砧木离皮时较好（果树的形成层在生长季活动，使皮层能容易剥离，在生产上叫离皮）。具体操作如下：

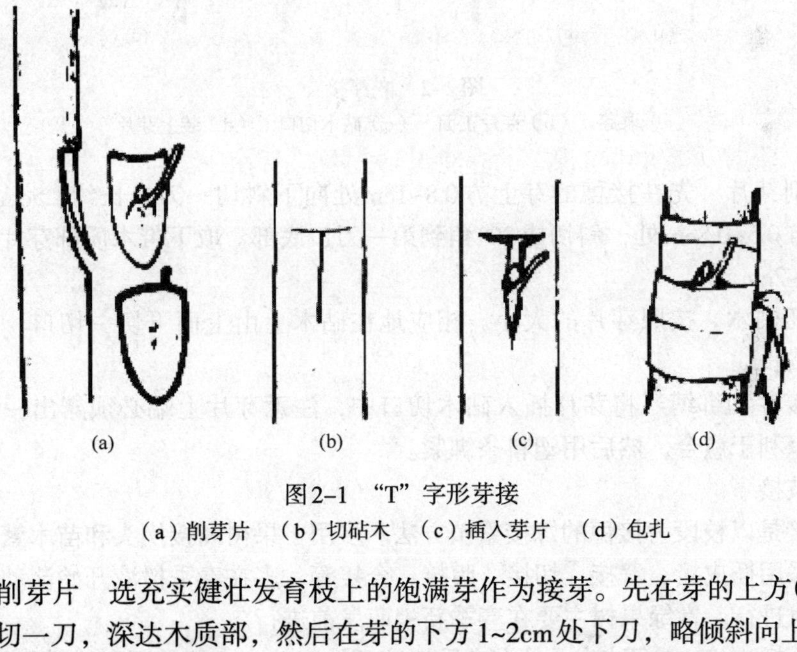

(a)　(b)　(c)　(d)

图2-1　“T”字形芽接

（a）削芽片　（b）切砧木　（c）插入芽片　（d）包扎

①削芽片　选充实健壮发育枝上的饱满芽作为接芽。先在芽的上方0.5cm左右处横切一刀，深达木质部，然后在芽的下方1~2cm处下刀，略倾斜向上推削到横切口，用手捏住芽的两侧，左右轻摇掰下芽片。芽片长度约为1.5~2.5cm、宽0.6~0.8cm，不带木质部。

②切砧木　砧木选择光滑的部位作为芽接处，用刀切一“T”字形切口，深达木质部。横切口应略宽于芽片宽度，纵切口应短于芽片。当苹果和梨芽接时，纵切口可只用刀点一下即可。

③接芽和绑缚　用刀轻撬纵切口，将芽片顺“T”字切口插入，芽片的上边对齐砧木横切口，然后用塑料条绑紧，但要求芽眼露出。

④检查成活率　芽接后10d左右进行成活率检查。凡接芽呈新鲜状态，叶柄一触即落者表示成活；而芽和叶柄干枯不易脱落者说明未活，可及时进行补接。

（2）嵌芽接（见图2–2）　是带木质部芽接的一种方法。常于春季芽接或秋后接穗和砧木离皮困难时应用。具体操作如下：

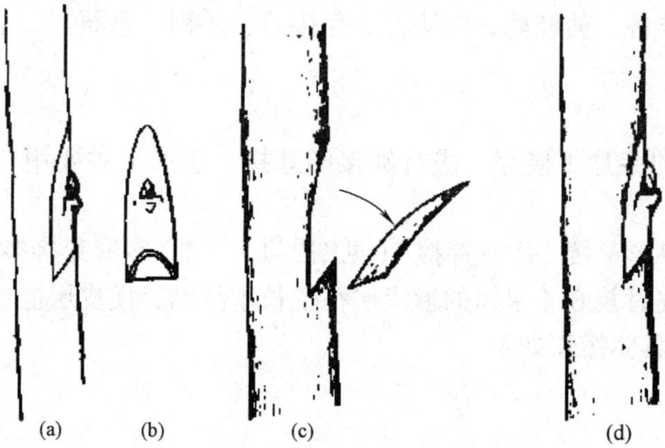

图2–2　嵌芽接

（a）取芽　（b）芽片正面　（c）砧木切口　（d）装上芽片

①削芽片　先在接穗的芽上方0.8~1cm处向下斜切一刀，长约1.5cm，然后在芽下方0.5~0.8cm处，斜切成30°角到第一刀口底部。取下带木质部芽片，芽片长约1.5~2cm。

②切砧木　按照芽片的大小，相应地在砧木上由上而下切一切口，长度应比芽片略长。

③接芽和绑缚　将芽片插入砧木切口中，注意芽片上端必须露出一线砧木皮层，以利于愈合，然后用塑料条绑紧。

2. 枝接

枝接是以枝段为接穗的嫁接繁殖方法。多用于果树高接换头和苗木繁育，生产上常采用插皮接、劈接、切接、腹接、合接等。多在春季树液开始流动、芽尚未萌发时进行。常绿果树主要在春季新梢萌发前进行。

（1）插皮接（皮下接）　是在春季树液开始流动，皮层易剥离时进行的嫁接。

①削接穗　在接穗基部削成单面舌状削面，长度3cm左右，在其对面下部削0.2~0.3cm的小削面。

②切砧木及嫁接　砧木截去上部，用切接刀在皮层纵切一刀，深达木质部，然后将砧木皮层稍撬开，以便插入削好的接穗。注意接穗削面应微露白，以利愈合。用塑料条绑紧包严。

（2）劈接　适合砧木较粗时的嫁接方法（见图2–3）。

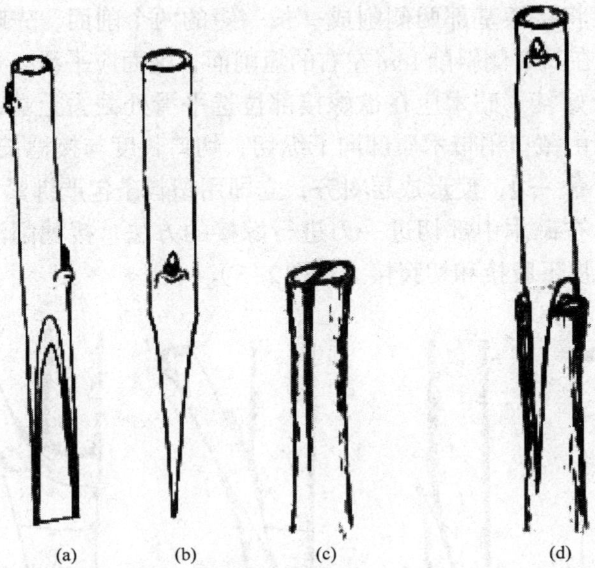

图2-3　劈接
（a）接穗侧面　（b）接穗正面　（c）劈砧木　（d）插入接穗

①削接穗　在接穗基部削成两个长度相等的楔形切面，切面长3cm左右。切面应平滑整齐，一侧的皮层应较厚。

②切砧木及嫁接　将砧木截去上部，削平断面，用刀在砧木断面中心处垂直劈下，深度应略长于接穗面。将砧木切口撬开，把接穗插入，必须使砧、穗形成层对齐，接穗削面基部要露出砧面0.1cm，然后用塑料条绑紧包严。

（3）切接　适合砧木比接穗略粗时的嫁接方法（见图2-4）。

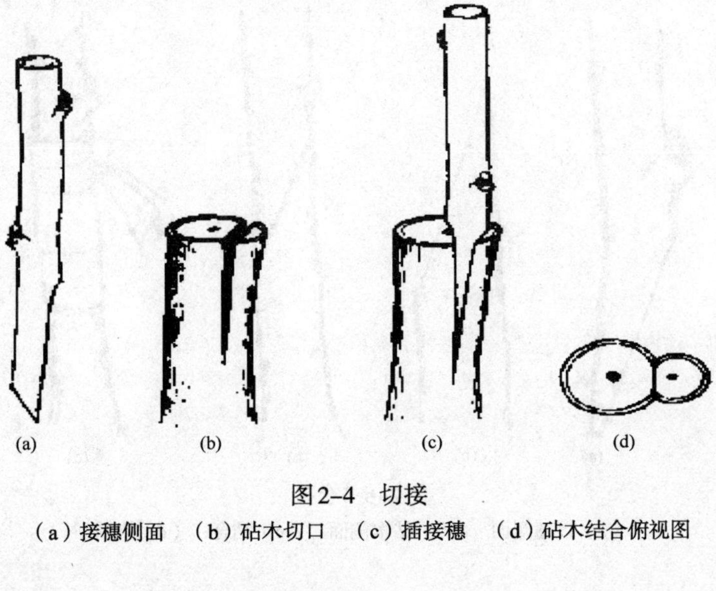

图2-4　切接
（a）接穗侧面　（b）砧木切口　（c）插接穗　（d）砧木结合俯视图

①削接穗　将接穗基部两侧削成一长一短的两个削面，先略斜切长削面长达3cm左右，再在其对侧斜削1cm左右的短削面，削面应平滑。

②切砧木及嫁接　砧木应在欲嫁接部位选平滑处截去上端，削平截面，选皮层平整光滑面由截口稍带木质部向下纵切，切口长度与接穗长削面相适应；然后插入接穗，紧靠一边，使形成层对齐，立即用塑料条包严绑紧。

（4）腹接　在砧木中部切进一刀进行嫁接的方法，接穗削法同切接接穗的削法。它可分为皮下腹接和切腹接（见图2–5）。

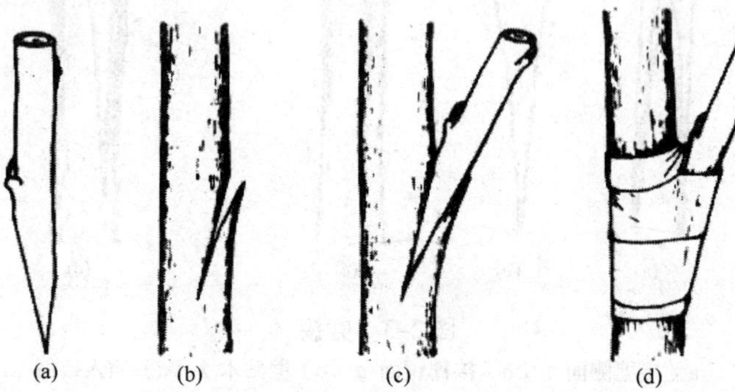

图2–5　腹接

（a）接穗侧面　（b）砧木切口　（c）插接穗　（d）绑缚

（5）合接（搭接）　适合砧木和接穗的粗细相同时的嫁接方法（见图2–6）。将接穗基部削成长3~4cm的单面舌状切面；砧木截去上端，选平滑整齐面削一与接穗相同的单面舌状切面；然后，相互对准成一根枝条，用塑料条绑紧包严。为使接口便于包扎，也可以在砧木和接穗两个切面中间切进一刀，使之搭合在一起。

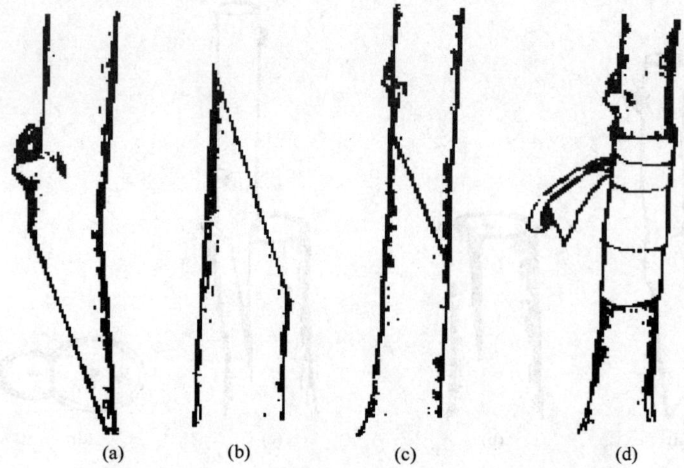

图2–6　合接

（a）接穗侧面　（b）砧木侧面　（c）结合　（d）绑缚

3. 绿枝接

绿枝接是生长季枝接的一种重要方法。常在夏季或常绿果树上应用。果树的形成层在生长季活跃，嫁接愈合良好，成活率高，选择半木质化的砧木和接穗效果最好。具体操作方法同劈接。

【评价与考核】

优：每小时完成枝接40个或芽接60个，符合生产岗位要求。嫁接成活率应在实际苗圃考核，达到速度要求的学生方能进行实际嫁接育苗。嫁接成活率一般应在90%以上。

良：每小时完成枝接35个或芽接50个，嫁接成活率一般应在85%~90%。

中：每小时完成枝接30个或芽接40个，嫁接成活率一般应在80%~85%。

及格：每小时完成枝接24个或芽接30个，嫁接成活率一般应在80%~85%。

不及格：每小时不能完成枝接24个或芽接30个，嫁接成活率一般应在70%以下。

【复习思考题】

（1）嫁接成活的原理。

（2）怎样提高嫁接成活率?

（3）不同时期可采用哪些嫁接方法?

【知识拓展】

1. 接穗蜡封处理

蜡封接穗就是用石蜡将接穗封起来，使接穗的表面均匀的粘附一层薄薄的蜡膜。蜡封处理后，接穗水分蒸发量可减少90%以上，能明显提高嫁接成活率和延长接穗的保存时期。

蜡封接穗的方法是：将工业用石蜡切成碎块，放入铁桶、盆或锅内，当石蜡加热到75~80℃时熔化，手持数根接穗的一端，将另一端浸入蜡液并立即抽出，然后手拿已封蜡的一端，将另一端快速浸入蜡液，使整条接穗表面粘附一层薄蜡。操作中为保持蜡液的温度，可以用隔水加热的方法。如果温度过高或接穗在蜡液中的时间过长，会烫伤接穗皮层，影响成活；蜡液温度过低时，接穗封蜡过厚，容易产生裂纹，蜡层容易脱落，封蜡效果不好，且增加石蜡用量。

2. 安全操作

果树高接和枝接中，应注意安全。

使用嫁接刀要双臂靠近身体，自内向外削接穗，幅度不能过大，防止误伤他人。劈砧木时，较细的枝条，可以用刀直接操作，但应用拇指抵住刀背，防止劈入过深。砧木较粗时，可以使用手锤敲击刀背，达到要求的深度。

使用镰刀时，削接穗要双臂靠近身体，自内向外削接穗，幅度不能过大，防止误伤他人。削砧木时，一般是自外向内削，更要注意安全。

嫁接用刀要求锋利，根据用途不同，磨刀时对刀刃有不同的要求。枝接刀的刀刃应长一些、宽一些，芽接刀的刀刃应窄一些。可以购买成品或自制，日本式的弧形刀使用手感较好。工具使用后，应擦洗干净，涂凡士林油保养。

包扎材料，过去利用树皮和马莲等，需要在外部用细的湿土进行保湿；现在多用塑料条进行包扎，以大棚膜较好。

【职业技能考核项目】

嫁接技术考核：

（1）准备接穗、砧木、嫁接刀、修枝剪、塑料条。

（2）至少采用两种以上的嫁接方法嫁接5组。

（3）10min以内完成嫁接。

任务三　自根苗生产

知识目标：了解自根苗的类型，适合的培育方法及生产应用。

技能目标：能够进行扦插、压条、分株等育苗工作，能够生产出合格的自根苗。

德育目标：培养学生学会生存，培养学生岗位责任意识。

自根苗是采用扦插法、压条法和分株法培育的苗木。

自根苗能保持母体的遗传特性而变异较少，生长一致，进入结果期较早，繁殖方法简便。但自根苗无主根且根系分布较浅，适应性和抗逆性均不如实生苗和实生砧嫁接苗。

自根苗根据树种和品种的不同，采用不同的育苗方法，在生产上根据不同情况也可以灵活掌握。比如葡萄在生产上可以采用扦插法、压条法、分株法、嫁接等多种育苗方法。

组织培养苗也是自根苗的一种。

【相关知识】

（一）扦插

将果树部分营养器官插入土壤（基质）中，使其生根、萌芽、抽枝，成为新的植株的方法称为扦插。如葡萄、无花果等枝条扦插生根容易，多采用扦插法育苗。

（二）压条

压条苗在枝条不与母体分离的状态下压入土中，促使压入部位发根，然后剪离母体成为新植株的繁殖方法。生根不容易的榛子、枣、苹果矮化砧等可以压条育苗。

1. 直立压条（培土压条）

适用于苹果矮化砧、葡萄、石榴、醋栗等果树（见图2–7）。

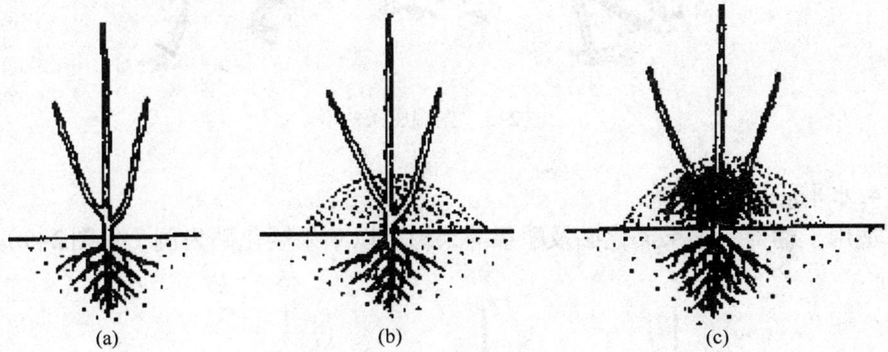

图2–7　果树直立压条

（a）单株果树　（b）土埋枝条　（c）长出新根

萌芽前，对供压条母株距地面15~20cm短截，促使萌芽新梢。当新梢半木质化时，在基部进行第一次培土，培土高度为新梢长的1/2。为增加生根部位，在第一次培土后20~30d，新梢基部进行第二次培土。两次培土总高度约为25~30cm。培土前应先灌水，培土后注意保持土堆湿润。新梢到秋季便成为带有根系的小植株，在秋末冬初即可分株起苗。起苗时先扒开土堆，从新梢基部靠近母株处剪断。

2. 曲枝压条

适用于葡萄、猕猴桃等果树，一般在春季萌芽前进行。以葡萄为例说明。

从供压条母株中选择靠近地面的一年生枝条，在其附近挖沟，沟与母株的距离以枝条的中下部能弯曲在沟内为合适，沟的深度和宽度为15~20cm。将枝条中部弯曲向下，靠在沟底，用带分叉的枝棍固定，并在弯曲处进行环剥。枝条顶部露出沟外。在枝条弯曲部分压土填平，使枝条埋入土中部分生根，露在地面部分生长新梢。秋末冬初将生根枝条与母株剪离，即成一独立新植株。

3. 先端压条法

果树中的树莓，其枝条既能长新梢又能在新梢生根。通常在早春将枝条上部剪截，促发较多新梢，在夏季新梢尖端停止生长时，将先端压入土中。压入太晚根系生长差。压条生根后，即可在距地面10cm处剪离母体，成为独立的新植株（见图2-8）。

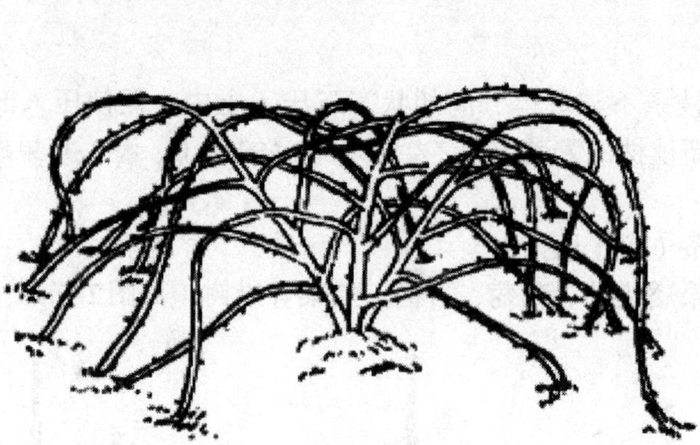

图2-8　先端压条法

4. 水平压条

适用于葡萄、苹果矮化砧及醋栗等果树。以苹果矮化砧为例（见图2-9）。

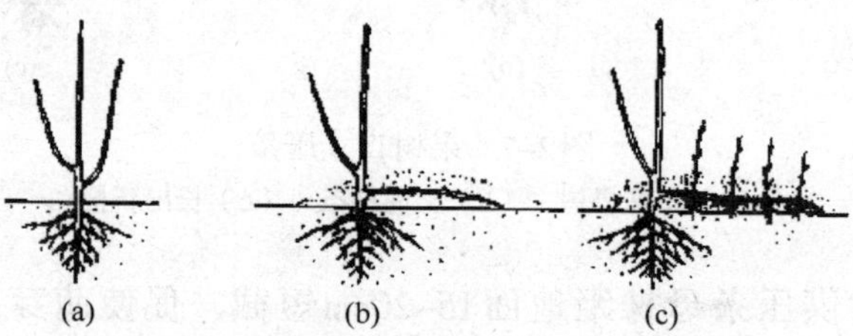

图2-9　果树水平压条

（a）单株果树　（b）压倒枝条　（c）长出新植株

采用水平压条时，母株按行距1.5m、株距30~50cm定植。定植时顺行向与沟底呈45°倾斜栽植。压条时将枝条呈水平状态压入5cm左右的浅沟，用枝杈固定，上覆浅土。待新梢生长至15~20cm时第一次培土，培土高约10cm、宽约20cm。1个月左右后，新梢长到25~30cm时，第二次培土，培土高15~20cm、宽约30cm。枝条基部未压入土内的芽处于优势地位，应及时抹去强旺萌蘖。至秋季落叶后分株，靠近母株基部的地方，应保留一两株，供来年再次水平压条用。

（三）分株

利用母株的营养器官在自然条件下生根后，切离母株形成新植株的无性繁殖方法，称为分株。如草莓、树莓等可以分株育苗。

1. 根蘖分株育苗法

适用于根系容易长出根蘖苗的树种，如山楂、枣、树莓、榛子、樱桃、李、石榴等。

生产上多利用自然根蘖进行分株繁殖，为促进多发根蘖，也可进行人工处理。在休眠期或发芽前将母株树冠外围部分根切断或创伤，诱发根蘖，当长出根蘖苗后，施以肥水，促进生长，培养到秋季或翌年春季挖出分离栽植。

2. 匍匐茎分株育苗法

草莓地下茎的腋芽，于生长的当年可萌发成一种细的、匍匐于地面的茎，称为匍匐茎，在匍匐茎上可发出叶簇、芽和根，长成一新的幼株，与母体分开，形成新植株。

3. 吸芽分株法

香蕉、菠萝等用此法繁殖。

香蕉在生长期可以从母株地下茎抽生吸芽并发根生长到一定高度后与母株分离栽植。

菠萝的地上茎叶腋间能抽生吸芽，选其健壮、有一定大小的吸芽切离母株扦插栽植。

4. 根状茎分株法

草莓根状茎分蘖与发新根的能力比较强，可进行分株繁殖。

（四）影响自根苗成活的因素

1. 内部因素

（1）种和品种　果树因树种不同，其枝上发不定根或根上发生不定芽的难易也不同。山定子、秋子梨、枣、李、山楂、核桃等，其枝条再生根的能力很弱，而根再生不定芽的能力强，因此进行枝插不易成活；葡萄、穗状醋栗则枝插易成活，根插难成活。同属不同种的果树，枝插发根难易也不一样，欧洲葡萄和美洲葡萄比山葡萄、圆叶葡萄发根容易。同一果树不同品种枝插发根难易也不同，如美洲葡萄中的杰西卡和爱地朗发根比较难。

（2）树龄、枝龄、枝条部位　难发根的树种如从实生幼树上剪取的枝条扦插较易发根，随着树龄的增大，越难发根。一般枝龄较小，扦插容易成活，因其皮层的幼嫩分生组织的生活力强，通常用一年生枝扦插发根容易。但有的树种，如醋栗大多数的品种，用二年生枝扦插易生根，主要原因是，醋栗的一年生枝过于纤细，营养物质含量较少。

（3）营养物质　枝条所贮藏的营养物质多少与扦插和压条生根成活有密切的关系。在营养物质中首先是碳水化合物对发根有良好的作用，如葡萄插条中淀粉含量高的发根率达63%，含量中等的为35%，而含量低的仅为17%。其他的如色氨酸、天门冬氨酸、脯氨酸也对发根起促进作用。

在生产上，剪取外围的健壮枝条，或剪取枝条之前几周对果树进行环剥、环缢等都可以促进营养物质的积累，从而促进发根。

（4）植物生长调节剂　不同类型的生长调节剂如生长素、细胞分裂素、GA_3、脱落酸（抑制剂）对根的分化有影响。生长素对植物茎的生长、根的形成和形成层细胞的分裂都有促进作用。吲哚乙酸、吲哚丁酸、萘乙酸都有促进不定根形成的作用。细胞分裂素对促进形成不定芽有作用。

（5）维生素　试验表明一些维生素也对植物生根有作用，如维生素B、维生素C和烟酸等。维生素和生长素混合用，对促进发根有良好的效果。

2. 外部因素

（1）温度　硬枝扦插或压条时，白天气温达21~25℃，夜间约15℃，就能满足生根的需要。在北方春季气温升高快于土温，所以解决春季扦插成活的关键是采取措施提高土温，使插条先生根后发芽，以利于根系的水分吸收和地上部的水分消耗趋于平衡。插条生根的最适宜土温为15~20℃或略高于平均气温3~5℃。但各树种插条生根对温度要求不同，如葡萄在20~25℃的土温条件下发根最好，中国樱桃则为15℃为最适宜。

（2）湿度　土壤湿度和空气湿度对扦插压条成活影响很大。插条发根前，芽的萌发往往比根的形成早，而细胞的分裂、分化，根原体的生成，都需要一定的水分供应，所以扦插或压条后，土壤含水量最好稳定在田间最大持水量的50%~60%。空气湿度也以越大越好。

（3）光照　扦插发根及发根初期，强烈的光照加剧土壤及插条的水分消耗，易使插条干枯，因此应避免阳光强烈照射。对带叶嫩枝插，适当的光照有利于嫩枝继续进行光合作用，制造养分，促进生根，但要避免强光，生产上多搭棚遮阳。

【任务实施】

（一）任务准备

（1）材料准备　葡萄插条、吲哚乙酸、吲哚丁酸、萘乙酸、河沙、地膜。

（2）工具准备　剪枝剪、嫁接刀、水桶、整地工具。

（二）实施过程（以葡萄硬枝扦插繁殖为例）

1. 扦插时期

葡萄在春季发芽前，当土壤15~20cm深处达到10℃以上时，进行露地扦插。

2. 插条准备

北方春季扦插葡萄所用插条，可结合冬季修剪，选择发育充实的一年生枝蔓，剪为约50~80cm长的枝段，每50~100条扎成一捆，挂标签注明品种名称及数量。

再选地势高燥处挖一贮藏沟，沟的大小按贮藏枝条的数量多少而定，每隔一定距离放上一束秸秆，以利通气，最后在上面覆上一层约15~30cm的土进行防寒，覆土具体厚度根据当地气候条件决定。在贮藏期中应定期检查温度及沙的湿度，使其保持较低温度和适当的湿度，贮藏到第二年春季扦插。

3. 插条剪裁

扦插前将葡萄枝条剪成具2~4个芽的插条。上端在芽上2cm处平剪，下端在芽下1cm处斜剪成马耳形剪口。

4. 催根处理

为了提高扦插成活率，也可在扦插前进行催根处理。其方法是：

（1）机械处理

①剥皮　对枝条木栓组织比较发达的果树如葡萄，对其较难发根的种和品种，插前先将表皮木栓层剥去，对发根有良好的促进作用。剥皮后能加强插条的吸水能力，幼根也容易长出。

②纵刻伤　用手锯在插条基部1~2节的节间刻划5~6道纵伤口，深达韧皮部，在通常的节部发根外，还可以在节间纵伤沟中发出不定根。

③环状剥皮　枝条的某一部位剥去一圈皮层，宽3~5mm，可以促进生根。环剥时间有两种，一种是压条繁殖时进行，在欲压入土的枝条上环剥；另一种是剪插条前15~20d对欲作插条的枝梢环剥。在其环剥伤口长出愈合组织而未完全愈合时，剪下枝条进行扦插。

（2）黄化处理　在新梢生长初期用黑布或纸等包裹基部，有利于根原体的分化和生根。处理时间一般在扦插前的3周左右。在桃树、苹果等难生根的树种上，有成功的报道。

（3）加温处理　早春扦插常因土温不够而生根困难，可以采用土炕加温、电热温床加温等处理，促进生根。

（4）药剂处理　对不易发根的树种、品种，可以采用药剂处理的方法。常用的植物调节剂有吲哚乙酸、吲哚丁酸、萘乙酸。将插条基部浸于5000mg/L吲哚乙酸（或5000mg/L萘乙酸，或两者混合）的溶液中浸2~3s，或于50~100mg/L吲哚乙酸或萘乙酸中浸泡12~24h，然后取出扦插。

5. 扦插方法

根据具体条件采用垄插或畦插。

一般先施基肥，整平后，再按行距50cm开沟，把插条按15cm株距倾斜插入，使插条上部芽与地面平齐，然后覆土。覆土一半时在沟内灌水，待水渗下后，继续覆土至插条上部芽处为止。

如当地春季较干旱，应加厚覆土层，使覆土高于插条顶部2cm左右，这样可减少蒸发，保持湿度，有利于芽萌发。如用塑料薄膜覆盖，能增温保湿，扦插成活率高。

【评价与考核】

根据实施条件，选择葡萄扦插育苗进行操作，完成任务后进行考核。

优：达到每小时扦插葡萄60个的速度，符合生产岗位要求，成活率在90%以上。

良：达到每小时扦插葡萄60个的速度，符合生产岗位要求，成活率在80%~90%。

中：达到每小时扦插葡萄50个的速度，符合生产岗位要求，成活率在80%~90%。

及格：达到每小时扦插葡萄40个的速度，符合生产岗位要求，成活率在80%~90%。

不及格：达不到每小时扦插葡萄40个的速度，成活率在80%以下。

【复习思考题】

葡萄扦插程序。

任务四 苗木出圃

知识目标：了解果树苗木出圃的程序、质量标准及检疫要求。
技能目标：能够鉴定苗木质量，进行苗木出圃工作。
德育目标：教育学生以诚待人，培养良好团队意识。

完成任务需要做的准备工作有：苗木的抽样调查及检查苗木的质量；制定出圃计划，保证苗木出圃工作的顺利进行；制定操作规程，如劳力组织、工具准备、苗木检疫、挖苗的要求、包装、假植等程序；进行苗木销售工作，通过多种渠道搞好营销，出圃前与购苗和运输单位联系好，及时包装运输，缩短时间，保证质量。

建议该任务在完成嫁接苗生产和扦插苗生产后进行。依照果树种类和地区灵活掌握起苗时间，一般北方落叶果树在落叶后进行，此时顶芽已经形成，新梢停止生长并木质化，最好在土壤上冻前结束起苗。

【相关知识】

（一）苗木分级

苗木起出后，要根据苗木的大小、质量优劣进行分级，一般分为三级。

出圃的苗木总体标准是：品种纯正，砧木正确，枝条健壮，芽体饱满、充实，无病虫害，根系发达，须根多。但由于苗木种类繁多，不同类型的苗木有不同的标准要求。

（二）苗木检疫

苗木检疫是苗木在调运过程中，为防止危险病虫害扩大蔓延的一项国家制度，由国家或地方政府制定，由检疫单位强制执行。果树苗木检疫对象是指对果树危害严重、防治困难、可通过人为方式传播的病虫种类，一般会随苗木、包装材料、运输工具输入和输出。

目前列为检疫对象的有苹果锈果病、苹果花叶病、苹果根头癌肿病、苹果黑星病、苹果棉蚜、苹果小吉丁虫、苹果果蝇、地中海实蝇、梨园蚧、梨根头癌肿病、桃根头癌肿病、樱桃根头癌肿病、葡萄根头癌肿病、梨胴枯病、板栗胴枯病、核桃枯萎病、葡萄根瘤蚜、葡萄蔓割病、桃线虫病、葡萄线虫病、美国白蛾等。对感染检疫对象的苗木，要立即拔除，集中烧掉。凡发现有检疫对象的苗木都不能外运。

（三）苗木假植

苗木贮藏，习惯称为假植。在起苗后，不能及时栽植的苗木，必须进行假植，防止失水和受冻。

1. 临时性短期假植

已分级包装不能及时运走或不能及时栽植的苗木，可以进行短期假植。

可就近开沟，成捆立于沟内，用湿土覆盖根部；或整捆码放于阴凉处，喷洒清水，用塑料布包盖根部。

2. 越冬长期假植

应选择避风背阳、高燥平坦、无积水的地块挖沟假植。

南北向开沟，沟宽1m、深50~80cm，沟长随苗木数量而定。假植时，将包装材料除去，打开捆绳，摊开散置，苗干向南倾斜45°，整齐紧密排放于沟内，摆一层苗，埋一层土，使根系与土壤密接，培土应达到苗木干高的一半。

【任务实施】

（一）任务准备

（1）材料准备　包装材料、消毒药剂、标牌。

（2）工具准备　挖土工具、修枝剪。

（二）实施过程

1. 起苗和假植

起苗有带土坨和不带土坨两种方式。一般北方落叶果树在休眠期时起苗，可不带土坨。

挖苗时，两人一组，不从树苗基部起土，而是根据要留的根系长度，确定挖土位置，斩断根系，将苗木周围土壤刨松，起出苗木，抖落泥土。将伤根修理一下，集中在阴凉湿润处，将苗木假植。

2. 包装和运输

在远途购苗运输过程中，苗木暴露在阳光之下长时间被风侵袭，会因失水过多，造成果树苗木质量下降、甚至死亡，所以要注意苗木的包装与运输。苗木运输前，应先消毒，在质检部门检疫后，可包装待运。包装时根据苗木种类、级别进行分类，一般50~100 株一捆。常用的包装材料有：草包、聚乙烯袋、不透水的麻袋、纸袋等。

北方一般在落叶后裸根起苗，包装时先将湿润物放在包装材料上，然后将苗木根靠根放在上面，并在根间加些湿润物（如苔藓、湿稻草、湿麦秆等），或将苗木根上蘸上泥浆，再包装成捆。在包装外面贴上标牌，注明树种、苗龄、等级、苗圃名称等。

苗木运输过程中要做好保温、保湿工作。城市交通情况复杂，而苗木往往超长、超宽、超高，应事先办好必要手续。运输途中运输人员要与司机配合好，尽量使车平稳。短途运苗不应停车休息，要一直运至施工现场。长途运苗应在途中给根部洒水，中途停车应停到有树荫处，遇到绑树绳松散、盖布不严、树梢拖地等情况要及时停车处理。在运输途中经常检查温度湿度条件，如温度过高，要通风降温，更换湿润物；如湿度低，要洒水，有条件的可用冷藏车运输。

【评价与考核】

优：小组合作良好，工作有秩序；起苗计划的调查和制定正确；起苗的合格率为95%~100%；规定时间完成分级和假植任务。

良：小组合作良好，工作有秩序；起苗计划的调查和制定正确；起苗的合格率为90%~95%；规定时间完成分级和假植任务。

中：小组合作较好，工作有秩序；起苗计划的调查和制定基本正确；起苗的合格率为85%~90%；规定时间完成分级和假植任务。

及格：小组合作一般，工作秩序有轻微混乱；起苗计划的调查和制定基本正确；起苗的合格率为80%~85%；规定时间完成分级和假植任务，但效果一般。

不及格：小组合作出现问题，工作秩序有轻微混乱；起苗计划的调查和制定基本正确；起苗的合格率达不到80%或规定时间不能完成分级和假植任务。

【复习思考题】

（1）果树苗木出圃的标准。

（2）苗木假植的方法。

【知识拓展】

苗木出圃外销必须经过检疫，检疫合格后由当地植保站出具苗木质量检验证书（见表2–4）。检疫法规定应实施检疫的植物材料和物品包括植物（苗木）、植物产品（种子、果实、枝条等）、运载工具及包装铺垫材料等。具体程序是提出引种或调运计划和检疫要求，报主管部门审批后，持审批单和检验单到检疫部门检验，确认无检疫对象的，发给检疫合格证，准予引进或调出。

表2–4　苗木检验证书

编号：		
苗圃名称＿＿＿＿	抽样地点＿＿＿＿	
树种＿＿＿＿	苗木种类＿＿＿＿	苗龄＿＿＿＿
本批苗木数量＿＿＿＿株	抽样数量＿＿＿＿株	
质量等级＿＿＿＿	依据标准＿＿＿＿	
起苗日期＿＿＿＿	检验日期＿＿＿＿	
检验员＿＿＿＿	检验单位（盖章）＿＿＿＿	负责人＿＿＿＿

【归纳总结】

果树苗木是果树生产的物质基础。果树苗木的质量直接影响果树成活率、果园整齐度和果园经济效益，所以育苗工作既关系到育苗生产者的当前利益，也涉及果树生产者将来的经济效益。因此，果树生产应重视果树苗木的质量。

果树生产中主要应用嫁接苗，应以嫁接苗生产作为学习重点。

项目二　土肥水管理

任务一　土壤管理

知识目标：了解果园生产中对土壤的要求和土壤改良的方法。
技能目标：能够进行土壤管理工作。
德育目标：培养学生吃苦耐劳的品格。

土壤是果树生长与结果的基础，是水分和养分的源泉。土壤深厚、土质疏松、通气良好，则土壤中微生物活跃，就能提高肥力，从而有利于根系的生长和吸收，对提高果实产量和品质有重要作用。

土壤管理，主要指不同的果园采用适宜的各种土壤耕作制度。重点是提高土壤肥力，即提高有机质含量，以实现保水保肥的目标。

主要工作包括深翻、增施有机肥、翻压绿肥以及培土、掺沙等措施。

【相关知识】

（一）果园深翻

1. 作用

深翻改善土壤的理化性质，增加水分及土壤的孔隙度，增加土壤微生物含量；果园深翻可以加深土壤耕作层，为根系生长创造条件，促使根系向纵深伸展，根量及分布深度均显著增加；深翻提高果树抗寒抗旱能力，促进树体健壮；深翻可促进果树生长发育，提高果实产量。

2. 时期

果园深翻的最佳时期是在秋季，宜在早秋进行。一般在果实采收前后结合秋施基肥进行。此时地上部生长较慢，养分开始积累，深翻后正值根系秋季生长高峰，伤口易愈合，如结合灌水，可使土粒与根系迅速密接，有利根系生长。因此秋季是果园深翻最佳时期。

3. 深度

深翻深度应略深于果树主要根系分布层，同时考虑土壤结构和土质状况。如山地土层薄、下部为半风化岩石，或滩地浅层有砾石层或黏土夹层，或土质较黏重时，深翻的深度一般要求达到60~100cm。如与上述情况相反，或为平地砂质土壤、且土层深厚，则可适当浅些。

（二）培土与掺沙

1. 作用

培土具有增厚土层、保护根系、增加养分、改良土壤结构等作用；在沙地果园，培土有防风固沙的作用；掺沙在土质黏重的果园能增加通气性。

2. 时期

北方寒冷地区一般在晚秋初冬进行，可起保温防冻、保墒的作用。

3. 厚度及注意事项

培土厚度要适宜，过薄起不到培土的作用，过厚对果树根系生长不利。“沙压黏”或“黏压沙”时要薄一些，一般厚度为5~10cm；连续多年压土，土层过厚会抑制果树根系呼吸，从而影响果树生长和发育，造成根颈腐烂，树势衰弱。所以，在果园压土时，为了防止接穗生根和对根系的不良影响，应露出根颈。

（三）增施有机肥料

1. 肥料种类

生产上常用的有机肥料有厩肥、堆肥、禽粪等。

2. 作用

有机肥料不仅能供给果树所需要的营养元素和某些生理物质，还能增加土壤的腐殖质。其有机质又可增加土壤的孔隙度，改良黏土的结构，提高土壤的保水保肥能力，缓冲土壤的酸碱度，从而改善土壤的水、肥、气、热状况。

3. 有机肥的肥料特点

首先，有机肥分解缓慢，在整个生长期间，可以持续不断的发挥肥效；其次，施用有机肥后土壤溶液浓度没有忽高忽低的急剧变化，特别是在大雨和灌水后不会发生养分流失；此外，可缓和施用化肥后的不良反应（引起土壤板结、元素流失或使磷、钾变为不可利用态），提高化肥的肥效。

4. 时期

视不同的有机肥种类而定。一般绿肥多在夏季施用，其他的有机肥多在秋季施用。

（四）应用土壤结构改良剂

近年来，在不少国家已开始运用土壤结构改良剂，以提高土壤肥力，使沙漠变良田。

土壤结构改良剂分有机、无机及无机—有机三种。

改良剂可改良土壤理化性及生物活性，可保护根系，防止水土流失，提高土壤透水性，减少地面径流，调节土壤酸碱度等。

（五）成年果园土壤管理制度

1. 清耕法

清耕法是指园内不种作物，全年保持土壤疏松通气的土壤管理方法。

清耕法一般在秋季深耕，春夏季进行多次中耕，使土壤保持疏松通气，促进微生物繁殖和有机物分解，短期内可显著地增加土壤有机态氮素。耕翻松土，能起到除草、保肥、保水作用。但长期采用清耕法，土壤有机质迅速减少，还会使土壤结构受到破坏，影响果树的生长发育。

2. 生草法

生草法是指除树盘外，在果树行间播种禾本科、豆科等草种的土壤管理方法。

生草法在土壤水分条件较好的果园可以采用，但应选择优良草种，关键时期补充肥水，控制生草高度。在缺乏有机质、水土易流失的果园，生草法是较好的土壤管理方法。

3. 覆盖法

覆盖法是在树冠下或稍远处覆以杂草秸秆、沙砾、淤泥或地膜等的土壤管理方法。

覆盖法在不同果园应根据土质情况就地取材。果园以覆草最为普遍，效果也最好，覆草厚度约10~15cm，覆后逐年腐烂减少，要不断补充新草。

覆盖法可以防止果园水土流失，抑制杂草生长，减少蒸发，防止返碱，积雪保墒，缩小地温变化幅度；覆草能增加有效态养分和有机质含量；覆草能防止磷、钾和镁等被土壤固定而成无效态，对土壤团粒结构形成有显著效果，有利于果树根系的吸收和生长。但覆草也有招致鼠害和虫害，使果树根系变浅等不利影响。

4. 免耕法

免耕法是采用除草剂进行果园除草，不对土壤进行耕翻的管理方法。

免耕法有降低果园用工，避免土壤结构破坏，防止水土流失的作用。一般在人工费用高的地区应用。主要使用的除草剂有草甘膦、百草枯。

【任务实施】

（一）任务准备

（1）材料准备　农家肥和化肥、除草剂、准备深翻的果树。

（2）工具准备　深翻工具、喷雾器、镰刀、卷尺、水桶。

（二）实施过程

每组学生进行1行株果树的操作，根据需要采用合适的土壤管理方式进行。

1. 深翻

（1）扩穴深翻（放树窝子）　幼树定植数年内，逐年向外深翻扩大栽植穴，直至株间全部翻遍为止。适合劳力较少的果园。但每次深翻范围小，需3~4次以上才能完成全园深翻。深翻可结合施入有机肥料。

（2）隔行深翻　即隔一行翻一行。山地和平地果园因栽植方式不同，深翻方式也有差别。等高撩壕的坡地果园和梯田果园，深翻应与修整梯田等工作相结合。平地果园可实行隔行深翻，分两次完成，每次只伤一侧根系，对果树生长的影响较小，行间深翻便于机械化操作，同时结合施入有机肥料。

（3）全园深翻　将栽植穴以外的土壤一次深翻完毕。这种方法一次需要劳动力较多，但翻后便于平整土地，有利果园耕作。

2. 土壤耕作

分别进行清耕法、生草法、覆盖法、免耕法的土壤耕作。

【评价与考核】

优：完成任务规定的深翻和土壤耕作工作量，质量达到标准，工作态度端正，小组协作好。

良：完成任务规定的深翻和土壤耕作工作量，质量达到标准，工作态度端正。

中：完成任务规定的深翻和土壤耕作工作量，质量基本合格。

及格：完成任务规定的深翻和土壤耕作工作量；在教师指导和纠正错误后，质量基本合格。

不及格：不能完成任务规定的工作量，质量达不到标准。

【复习思考题】

比较不同土壤耕作制度的优缺点。

【知识拓展】

• 影响根系生长的因素

在田间条件下，许多果树的吸收根只能存活1~2周，引起死亡的原因，除遗传因素外，主要是不良的环境条件造成的。和地上部相比，根系对不良的外界条件更敏感。

1. 内部因素

根系的生长、养分与水分的吸收和运输以及有机物质的合成，都依赖于地上部充分供应碳水化合物，发根的高潮多在枝梢缓慢生长、叶片大量形成之后。根系的生长高峰是与地上部新梢生长、果实发育、花芽分化错开的，这是果树地上部与根系之间相互平衡的结果。在土壤条件适宜时，果树根群的总量主要取决于地上部输送的有机物质的数量。当果树结果过多或叶片受损时，根系生长受抑，此时采用疏果或保叶措施，能明显促进根系的生长。

2. 外部因素

（1）土壤温度　每种果树的根系生长都有最适宜的生长温度，不同树种、品种的果树，其根系最适温度都不一样。根系的适宜生长温度为20~25℃，原产于北方的果树要求的温度较低，而原产于南方的果树要求的温度较高。土壤温度对根系生长的影响主要是在低温条件下，原生质黏性增大，根的生理活动减弱，同时水的扩散变慢，会影响吸收率；土壤温度过高则会造成根系的灼伤与死亡。

（2）土壤的水分和空气含量　土壤水分是否充足直接影响根系生长，当干旱时，土壤可利用水分下降，造成细胞伸长降低，然后停止生长，木栓化和自疏现象加重。但是，轻微的干旱却有利于根系的生长，此时土壤通气改善，同时干旱抑制了地上部的生长，使较多的碳水化合物优先用于根群的生长。土壤通气不良会影响根系的生理功能和生长。氧气不足时，根和根际环境中的有害物质增加，细胞分裂素合成下降；土壤氧气环境，苹果要求10%以上、桃12%以上、葡萄14%以上、柿子15%以上，果树根系才能正常生长。除了氧气浓度外，还应考虑到土壤中二氧化碳的含量对根系生长的影响，一般当土壤中二氧化碳的含量达到5%时，根系的生长就会受到抑制。

（3）土壤营养　通常情况下，土壤的营养状况不像水分、温度和通气条件那样成为果树根系停止生长甚至死亡的因素，但根总是向着肥多的地方生长，在肥沃的土壤或施肥条件下，根系发达、细根密、活动时间长。施用有机肥可促进果树吸收根的发生，施用氮肥、磷肥可刺激果树根系的生长；但过量的氮肥会引起枝叶的徒长，反而削弱了根系的生长。硼、锰等对根系生长也有良好的促进作用。土壤缺钾时，对根系的抑制比对地上部枝条的影响严重，钙、镁的缺乏也会使根系生长不良。

任务二　果园施肥

知识目标：了解果树肥料的种类、施肥的方法及时期。
技能目标：能够确定合适的施肥方法，完成果树的施肥工作。
德育目标：培养学生吃苦耐劳的精神和脚踏实地的工作作风。

果树生产上要求生产者可以根据果园实际，科学合理的制定施肥计划，根据计划落实施肥工作任务。并且在操作中根据单株果树的具体情况进行相应的变化，达到施肥的良好效果。相关的准备工作是调查果树生长情况，包括树势强弱、土壤养分高低、产量高低、花芽量多少等。一般在春季制定全年的施肥计划并实施。

果树生产上可以根据往年的施肥经验，制定初步施肥计划，结合当年的果树实际进行调整。

【相关知识】

（一）果树营养特点与施肥

1. 果树具有多年生与多次结果的特性

果树生命周期与草本植物相比要长得多，它在一生中明显经历着营养生长、结果和衰老的不同阶段，在各个阶段中果树有其独特的生理特点和营养要求。

幼树阶段果树以营养生长为主，此期主要任务是完成树冠和根系骨架的建成，此时氮肥应是营养主体以保证树体正常生长。此外，还要适当补充钾肥和磷肥，以促进枝条成熟达到安全越冬。

结果期果树转入以生殖生长为主，结果量由少到多而后又由多变少，而营养生长逐步减弱。此期氮肥仍是不可缺少的营养元素，应随结果量增加而逐年增加。除氮肥外，钾肥对果实膨大作用明显，因此，也应随结果量增加提高钾肥施用量；磷对果实品质关系密切，为提高果实品质应注意磷肥使用；盛果期果树容易出现微量元素贫乏症，在肥料中也应注意补充。

衰老期果树生长和结果明显衰退，此时应结合地上部更新修剪，增施氮肥，促进营养生长恢复，以延长结果寿命。

果树与草本植物相比具有多次结果特点，多数果树在结果前一年就形成花芽，并在树体内部贮备养分以备来年春季生长之需，所以头一年营养状况对翌年生长结果关系密切。故果树生产既要注意采前管理，还要加强采后管理，为来年丰收打下基础。

2. 多数果树对立地条件要求严格

除草莓、香蕉等草本果树外，多数果树为根深、体大的木本植物，在生长发育过程中需要养分的数量很大，因此，要考虑果树立地条件。

须选择土层深厚、质地疏松、通气良好、酸碱度适宜的土地进行栽培。同时，在建园前还应进行园地土壤改良，以改善其根系生长的营养条件。

由于果树长期生长于一地，根系不断地从土壤中选择性吸收某些元素，常使土壤环境恶化，造成某些营养元素贫乏。因此，需要定期进行园地深翻并重视有机肥料以及富含多种营养元素的复合肥料施用，以不断改善土壤理化性状，创造果树生长与结果的良好环境条件。

3. 无性繁殖与养分吸收

为维持果树品种特性，多数果树采用无性繁殖，嫁接是最常用的方法。

果树吸收营养与砧穗组合关系密切，不同砧穗组合会明显影响果树生长结果，并能改变果树根系对养分的吸收。

4. 果树结果特点与施肥关系

在果树年周期中，营养生长的同时进行着开花、结果与花芽分化。为使果树连年获得高产，就必须注意营养生长与生殖生长的平衡，也就是要保证当年达到一定产量的同时，还要维持适量的营养生长。

如结果过量，枝梢生长势削弱，叶果比下降，果形变小，品质变劣，贮藏养分降低，花芽形成减少，而导致大小年。

如营养生长过旺，则引起梢果养分竞争，破坏内部激素平衡，导致落果而减产；同时过量营养生长，造成树冠郁闭，冠内光线变劣，影响花芽分化和果实品质。因此，果树施肥需严格注意果树营养生长与生殖生长的动态平衡，因园因树制定施肥方案。

（二）确定施肥量

1. 计算公式

计算施肥量前应先确定目标果园产量，测出果树各器官每年从土壤中吸收各营养元素量。一般采用如下公式：

$$\text{施肥量（kg/亩）}=\frac{\text{计划产量}}{\text{平均果穗重}\times\text{萌芽率}\times\text{成枝率}\times\text{果枝率}\times\text{结果系数}}\times 100\%$$

2. 影响施肥量的因素

果树是多年生植物，与立地条件关系密切，因此施肥量也要因树制宜。确定施肥量时应考虑以下因素：

（1）树体　当年生长和结果情况。

（2）土壤　土壤种类、土层厚度、有机质含量、土壤酸碱度、表土与心土的性质、土壤结构以及土壤三相比例关系。

（3）气候　降水量和气温。

（4）农业技术　主要是土壤管理制度、灌溉制度，以及园内间作物等。

总之，施肥量的确定，应参考优质丰产果园的施肥量，结合营养诊断和当地果树生长结果情况（树相）、土壤肥瘠、灌溉条件以及土壤管理制度等多方面分析研究决定，并不断加以调整。

（三）施肥时期

1. 基肥时期

基肥是较长时期供给果树多种养分的基础肥料，以有机肥料为主。如腐殖酸类肥料、堆肥、厩肥、复合肥、长效肥以及绿肥。

基肥在秋季施入，秋施基肥正值根系第二或第三次生长高峰，此时伤根容易愈合，施肥时切断一些细小根，能起到根系修剪的作用，促发新根。若施肥时加入适量速效性氮肥（占总量1/3），则效果更好。此时，果树地上部新生器官已渐趋停止增生，树体吸收和制造的营养物质以积累贮备为主，可提高树体贮藏营养水平和细胞液浓度，有利果树越冬，有利来年果树萌芽、开花和新梢早期生长。

果树春季萌芽、开花和枝梢生长，消耗的主要是树体贮存养分。树体贮存营养水平高，花芽质量好，这样可提高坐果率；同时，贮存营养水平高能促进幼果细胞分裂，使单果内细胞个数增多，为果实膨大和高产提供基础。秋施基肥有机物腐烂分解时间较长，矿质化程度高，翌春可及时供根系吸收利用，并有利果园积雪保墒，提高地温，防止根系冻害。

2. 追肥时期

追肥是生长季根据树体需要而追加补充的速效性肥料。

基肥发挥肥效平稳缓慢，当果树需肥急迫时必须及时补充肥料，才能满足果树生长发育的需要。追肥提供当年壮树、高产、优质的营养需要，又给来年生长结果打下基础，是果树生产中不可缺少的施肥环节。

追肥次数和时期与气候、土质、树龄等有关。高温多雨地区或砂质土，肥料易流失，追肥宜少量多次；反之，追肥次数可适当减少。幼树追肥次数宜少，随树龄增长结果量增多，长势减缓，追肥次数也应增多，以调节生长和结果的矛盾。目前生产上对成年结果树一般每年追肥约2~4次。但需根据果园具体情况，酌情增减。主要追肥时期有：

（1）花前追肥　果树萌芽开花需消耗大量营养物质，但早春土温较低，吸收根发生较少，吸收能力也较差，主要消耗树体贮存养分。果树萌芽后开花前追肥，可以解决树体营养水平较低，氮肥供应不足的问题，减少落花落果现象。

（2）花后追肥　是在落花后坐果期施用，此时也是果树需肥较多时期。此期追肥可促进新梢生长，幼果迅速生长，扩大叶面积，提高光合效能，有利于碳水化合物和蛋白质的形成，减少生理落果。

花前肥和花后肥可互相补充，如花前追肥量大，花后也可不施。但这次肥必须根据树种、品种的生物学特性酌情施用，才能提高氮肥利用率和坐果率。

（3）果实膨大和花芽分化期追肥　此期部分新梢停止生长，花芽分化开始。追肥可提高光合效能，促进养分积累，提高细胞液浓度，有利于果实膨大和花芽分化。这次肥既保证当年产量，又为来年结果打下基础，对克服大小年结果有利。

（4）果实生长后期追肥　这次肥主要解决大量结果造成树体营养物质缺乏和花芽分化的矛盾。尤以晚熟品种追肥更为必要。

【任务实施】

（一）任务准备

（1）材料准备　根据需要准备农肥、化肥的品种和数量。

（2）工具准备　施肥工具、称量工具。

（二）实施过程

1. 土壤施肥

土壤施肥必须根据根系分布特点，将肥料施在根系集中分布层内，便于根系吸收，发挥肥料效用。果树的水平根一般集中分布于树冠外围稍远处，而根系又有趋肥特性，其生长方向常以施肥部位为转移。因此，将有机肥料施在距根系集中分布层稍深、稍远处，诱导根系向深广生长，形成强大根系，扩大吸收面积，提高根系吸收能力和树体营养水平，增强果树的抗逆性。一般的幼树使用复合肥0.5kg，结果树使用复合肥1.5~2kg，农家肥按生产1kg果施用1kg肥的标准施用。

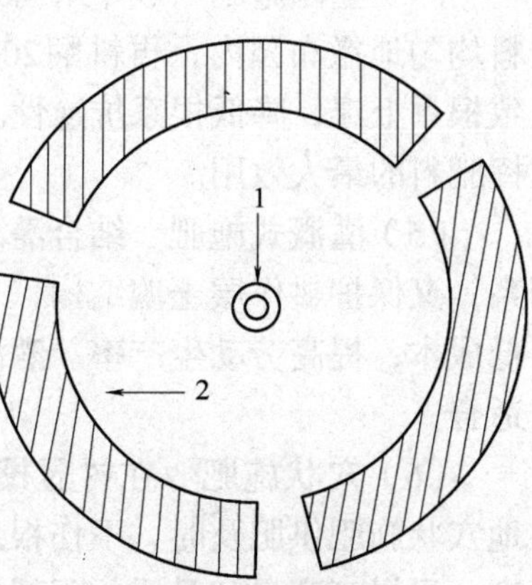

图2–10　环状施肥
1—树干　2—施肥区

（1）环状施肥（轮状施肥）　是在树冠外围稍远处挖环状沟施肥（见图2–10）。施肥沟深60~80cm，宽30~50cm。此法具有操作简便、经济用肥等优点，但易切断水平根，且施肥范围较小，一般多用于幼树。每组完成2~3株果树。

（2）放射沟施肥　以树干为中心，挖数条放射状沟施肥（见图2-11）。施肥沟应该里浅外深、里窄外宽。这种方法较环状施肥伤根较少，但挖沟时也要少伤大根，可以隔次更换放射沟位置，扩大施肥面，促进根系吸收。每组完成2~3株果树。

（3）条沟施肥　在果园行、株间或隔行开沟施肥（见图2-12）。施肥沟深60~80cm，宽30~50cm。也可结合土壤深翻进行。每组完成2~3株果树。

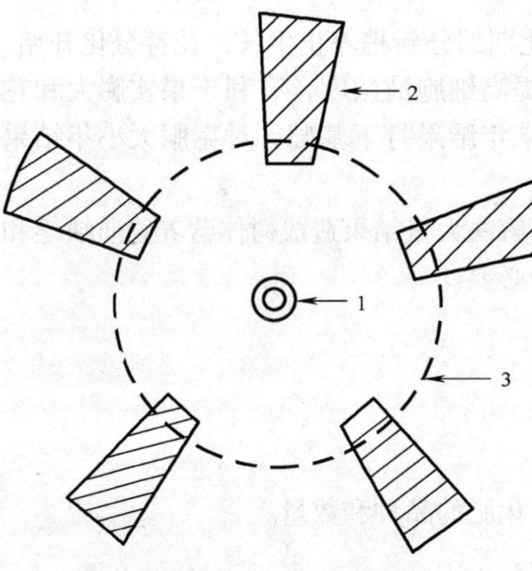

图2-11　放射沟施肥

1—树干　2—施肥区　3—树冠

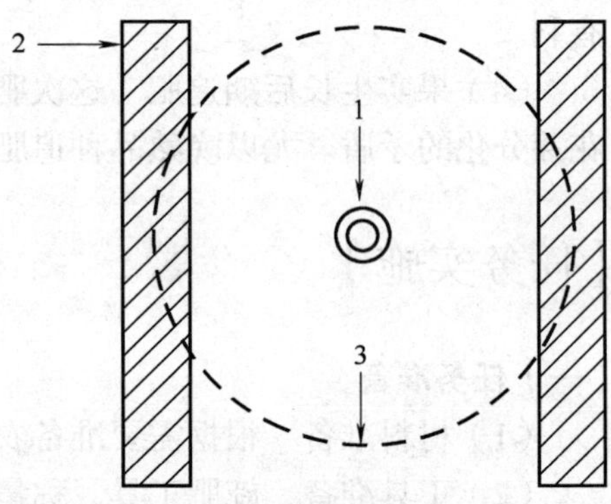

图2-12　条沟施肥

1—树干　2—施肥区　3—树冠

（4）全园施肥　成年果树或密植果园，根系已布满全园时多采用此法。将肥料均匀地撒布园内，再耕翻20~30cm，使肥料和土壤混合。但因施入较浅，常导致根系上浮，降低根系抗逆性。此法若与放射沟施肥隔年更换，可取长补短，发挥肥料的最大效用。

（5）灌溉式施肥　结合灌溉进行施肥。供肥及时，肥料分布均匀，既不伤根系，又保护耕作层土壤结构，节省劳力，肥料利用率高，可提高产量和品质，降低成本，提高劳动生产率。灌溉式施肥对树冠相互交叉的成年树和密植果园更为适合。

（6）穴状施肥　在树冠投影范围内挖数个穴，结合埋入草把进行施肥。山地穴状施肥供肥及时，不伤根系，保护耕作层土壤结构，节省劳力，肥料利用率高，可提高产量和品质，降低成本，提高劳动生产率。山地和缺乏灌溉条件果园更为适合。每组完成2~3株果树。

2. 根外追肥

又称叶面喷肥。将肥料溶解后，进行叶面喷施。此方法简单易行，用肥量小，发挥作用快，可及时满足果树的需要，并可避免某些元素在土壤中化学的或生物的固定作用。

根外追肥最适温度为18~25℃，湿度大时效果好。因而喷施时间最好于夏季上午10时以前和下午4时以后，尿素或磷酸二氢钾浓度为0.3%~0.5%。每组完成2~3株果树。

【评价与考核】

优：完成任务规定的施肥工作，质量达到标准，速度快，工作态度端正；每组选择几种施肥方式，在一个工作日内完成5株果树的施肥。

良：完成任务规定的施肥工作，质量达到标准，速度快，工作态度端正；每组选择几种施肥方式，在一个工作日内完成4株果树的施肥。

中：完成任务规定的施肥工作，质量达到标准，速度快，工作态度端正；每组选择几种施肥方式，在一个工作日内完成3株果树的施肥。

及格：完成任务规定的施肥工作，质量达到标准，速度快，工作态度端正；每组选择几种施肥方式，在一个工作日内完成2株果树的施肥。

不及格：不能完成任务规定的工作量或质量达不到标准。

【复习思考题】

比较不同施肥方式需要的工作量，分析施肥成本。

任务三　果园灌水和排水

知识目标：了解果树生长结果对水分的要求。
技能目标：能够完成果园的灌水和排水工作。
德育目标：培养学生的节水意识。

水是果树生长健壮、高产稳产、连年丰产和长寿的重要因素。要充分发挥水分对果树的良好影响，必须适时地进行灌水与排水，以满足果树生长发育的要求。由于水分是通过土壤供给果树根系吸收的，所以土壤质地将直接影响果树对水分的吸收。因此，果园的灌水与排水，必须建立在优先改良土壤的基础上，否则，不但增加灌水排水的投入，而且也降低果树对水的吸收效果。

水分管理和当地的降雨情况关系密切，在任务实施中要特别注意。北方一般在春季和春夏相交季节容易发生干旱，而在夏秋季节容易雨水过多。根据果园、果树、天气、土壤湿度等因素来确定果园灌水和排水的方案。进行灌排后，应该调查和评估实际效果，提出参考性的果园水分管理意见。

不同果树对水分的要求也明显不同，如桃、杏等耐干旱，但是怕涝；葡萄、梨等耐涝性明显强。试验表明，夏季的桃树在雨后排水不良地块，流动水3d受害，死水1d受害；梨树在流动水7d受害，不流动水3d受害。

【相关知识】

（一）果树需水特性

作物需水包括生理需水和生态需水两方面。生理需水是作物生命过程中的各项生理活动（如蒸腾作用、光合作用等）所需的水分；生态需水是指发育过程中，为作物正常生长发育创造良好生活环境所需要的水分。这两方面需水常通过叶面积蒸腾和株间蒸发来表示。作物的叶面蒸腾量与株间蒸发量之和称为作物需水量。

1. 灌溉对果树的重要性

（1）水是果树的重要组成部分　果树的叶枝根等部位的含水量约占50%左右，而鲜果含水则高达80%~90%以上。果树在年生长发育中，如缺水则会影响新梢的生长、果实的增大和产量的增加。如严重缺水，则因果实的水势比叶片的水势低得多，因而叶片从果实中夺取水分，使果实体积缩小。如遇骤雨，果实吸收过快，常造成裂果，甚至脱落。水是果树生命活动的重要原料，树体光合作用、蒸腾、物质运输、代谢均需要水分供应。

（2）水具有调节树温的作用　果树借助蒸腾作用调节树温，使叶片和果实不致因阳光强烈的照射而引起“日灼”。

（3）水是调节果树生长环境的重要因素　水对果园的土壤和气候环境有良好的调节作用，如在干旱的土壤上，灌水可改善微生物的生活状况，促进土壤有机质分解。

高温季节对果园进行喷灌，除降低土温外，还可降低树体温度，同时提高空气湿度。冬季土壤干旱，易引起或加重果树的冻害，如施行冬灌，既可提高土温和满足果树微弱蒸腾作用的需要，又可减轻甚至避免冻害。因此，正确的灌溉，对果树有多方面的良好作用。但不正确的灌溉，则会给果园带来地面侵蚀，破坏土壤结构，导致营养物质流失，土壤盐渍化，果树生长失调等。

2. 水分不足的影响

（1）对新梢生长的影响　果树萌动后6周内树体水分盈亏状况决定新梢生长状况。早春干旱对新梢生长的影响最大，要使新梢生长良好，必须此时在土壤中贮藏足够的水分。夏秋干旱，树干的生长受阻，干径增长量减少。根系的生长也受土壤水分多寡的影响，在接近凋萎点时，根系生长受阻；凋萎点以下时，根系停止生长。

（2）对花芽分化的影响　在干旱或半干旱年份，果树将形成较多的花芽，翌年则花量大，产量高。在果树缺水时，进行适度的灌溉可以缓和大小年幅度，在春季灌水有利于花芽的发育和坐果，但过量灌溉可以造成春梢旺长而增加落花落果。

（3）对果实生长的影响　果实对水分逆境的反应不同，它取决于缺水开始的时间。由于果实有不同的生长模式，当水分供应稳定时，苹果、梨果实的生长速度直到成熟期都是均匀的；桃果实体积的大小，主要受采前30d水分状况所影响；而樱桃果实的体积则主要受最后25d的水分状况所影响。采前果实体积增大快的时期称作后膨大期。板栗果实生长后期对水分的丰缺反应十分明显，采前20~30d浇水，可促使板栗果实肥大。

多数果实由于根系或果实皮层快速吸收水分，而使果肉急剧增长而果皮增加较慢造成裂果。果实生长经过一个时期干旱而停滞后，又迅速吸水将造成严重裂果。

不论哪种果树，当水分降低到凋萎点以下，将降低产量和品质，当果树处于大年时，更需要有充足的水分。采前大量灌溉会降低苹果、葡萄、梨、桃、李等的含糖量和提高含水量，因而汁多味淡，而且降低果实贮藏能力。因此，过多的灌溉十分有害。

（4）对叶片生长的影响　缺水使果树叶片早落，光合能力下降，影响产量和树体生长。长期干旱后如果突然降雨，又会加速生长，甚至长出二次叶和花，因而造成翌年减产。

（二）果园灌水

1. 灌水时期

正确的灌水，不能等果树已从形态上显露出缺水状态（如果实皱缩、叶片卷曲等）时才进行灌溉，而是要在果树未受到缺水影响以前进行，否则，果树的生长和结果将会受损失。确定灌水时期的依据：

（1）根据土壤含水量　用测定土壤含水量的方法确定具体灌水的时期，是较可行的方法。

土壤能保持的最大水量称为持水量。一般认为，当土壤含水量达到持水量的60%~80%时，土壤中的水分与空气状况最符合果树生长结果的需要。土壤水分下降到水分当量时（土壤内水分减少到不能移动时的水量，称为“水分当量”），果树吸收水分会受到障碍，树体就陷入缺水状态。所以，必须在土壤达到水分当量前及时进行灌溉。如果土壤水分减少至某一临界值，此时植物生长困难，终至枯萎，此时灌水植物也不能恢复生长，这个临界值称为“萎蔫系数”。

（2）仪器测定　用仪器测定结果指示果园的灌水时间和灌水量，早已在生产上采用。用于果园指导灌水的仪器，最普遍采用的是张力计（又称土壤水分张力计）。

2. 灌水量

最适宜的灌水量，应在一次灌溉中，使果树根系分布范围内的土壤湿度达到最有利于果树生长发育的程度。只浸润土壤表层或上层根系分布的土壤，不能达到灌溉目的，且由于多次补充灌溉，容易引起土壤板结、土温降低，因此，必须一次灌透。深厚的土壤，需一次浸润土层1m以上；浅薄土壤，经过改良，亦应浸润0.8~1.0m。

根据不同土壤的持水量、灌溉土壤湿度、土壤体积质量（容重）、要求土壤浸润的深度，计算出一定面积的灌水量，即

灌水量＝灌溉面积 × 土壤浸润深度 × 土壤容重 ×（田间持水量－灌溉前土壤湿度）

在每次灌水前均需测定土壤湿度；而田间持水量、土壤容重、土壤浸润深度等项，可数年测定一次。

3. 灌溉方法

灌水时间、灌水方法和灌水量是达到灌水目的三个不可分割的因素，如仅注意灌水时间和灌水量，而方法不当，常不能获得灌水的良好效果，甚至带来严重危害，因此灌水方法是果园灌水的一个重要环节。

（1）沟灌　在果园行间开灌溉沟进行灌溉。沟深约20~25cm，并与配水道相垂直，灌溉沟与配水道之间有微小的比降。灌溉沟的数目，可因栽植密度和土壤类型而异，密植园每一行间开一条沟即可；稀植园如为黏重土壤可在行间每隔100~150cm开沟，如为疏松土壤则每隔75~100cm开沟。灌溉完毕，将沟填平。

沟灌的优点：灌溉水经沟底和沟壁渗入土中，对全园土壤浸湿较均匀，水分蒸发量与流失量均较小，经济用水；防止土壤结构被破坏；土壤通气良好，有利于土壤微生物的活动；减少果园中平整土地的工作量；便于机械化耕作。因此，沟灌是地面灌溉的一种较合理的方法。

（2）分区灌溉（水池灌溉、格田灌溉）　把果园划分成许多长方形或正方形的小区，纵横做成土埂，通常每一棵树单独成为一个小区。此法的优点是保证每株果树可以均匀灌溉，对全园土壤浸湿较均匀，水分流失量均较小；缺点是易使土壤表面板结，破坏土壤结构，做许多纵横土埂，既费劳力又妨碍机械化操作。

（3）穴灌　在树冠投影的外缘挖穴，将水灌入穴中，以灌满为度。穴的数量依树冠大小而定，一般为8~12个，直径30cm左右，穴深以不伤粗根为准，灌后将土还原。干旱期穴灌，也有将穴覆草或覆膜而长期保存，以利于下次灌溉。此法用水经济，浸润根系范围的土壤较完全而均匀，不会引起土壤板结。在水源缺

乏的地区，采用此法为宜。

（4）喷灌　喷灌是利用管道和喷头进行灌溉。喷灌系统一般包括水源、动力、水泵、输水管道及喷头等部分。喷灌与地面灌溉相比，有以下优点：

①喷灌基本不产生深层渗漏和地面径流，可节约用水20%以上，对渗漏性强、保水性差的砂土，可节省60%~70%的水。减少对土壤结构的破坏，可保持原有土壤的疏松状态。

②可调节果园的小气候，减免低温、高温、干风对果园的危害。在辐射霜冻时，可使叶温提高1.1~2.2℃；平流霜冻时，可使叶温提高0.5~1.1℃，从而收到防霜效果。

③节省劳力，工作效率高。便于田间机械作业，为施用化肥、喷施农药和除草剂等创造条件。

④对平整土地要求不高，地形复杂山地亦可采用。

喷灌的缺点：可能加重某些果树感染真菌病害；风速在3.5m/s以上时，喷灌难做到灌水均匀，并增加水量损失。喷灌设备价格高，增加果园的投资。

（5）滴灌　滴灌是机械化与自动化结合的先进灌溉技术，是以水滴或细小水流缓慢地施于植物根域的灌水方法。从滴灌的劳动生产率和经济用水的观点来看是很有前途的。滴灌的优点：

①节约用水　滴灌仅湿润作物根部附近的土层和表土，因此大大减少水分蒸发。

②节约劳力　滴灌系统可以全部自动化，将劳动力减少至最低限度。滴灌系统还适用于丘陵和山地。

③有利于果树生长结果　滴灌能经常地对根域土壤供水，均匀地维持土壤湿润，不过分潮湿和过分干燥；同时，可保持根域土壤通气良好。

④可提高果树产量并改善果实品质　滴灌结合施肥，则更能不断供给根系养分；在盐碱地采用滴灌，还能稀释根层盐液。因此，滴灌可为果树创造最适宜的土壤水分、养分和通气条件，促进果树根系及枝、叶生长，从而提高果树产量并改进果实品质。

滴灌的缺点：需要管材较多，投资较大；管道和滴头容易堵塞，要求良好的过滤设备；滴灌不能调节气候，不适于冻结期应用。

（6）渗灌　渗灌是借助于地下的管道系统使灌溉水在土壤毛细管作用下，自下而上湿润作物根区的灌溉方法，也称作地下灌溉。

（三）果园排水

1. 排水不良对果树的危害

排水不良的果园首先是果树的呼吸作用受到抑制。根呼吸作用是果树吸收养分和水分进行生长所必需的动力源，当土壤中水分过多缺乏空气时，则迫使根进行无氧呼吸，引起根系生长衰弱以至死亡。

其次，如土壤通气不良，则妨碍微生物活动，特别是好气细菌的活动，从而降低土壤肥力。

再次，在黏土中，大量施用硫酸铵等化肥或未腐熟的有机肥后，如遇土壤排水不良，由于这些肥料进行无氧分解，使土中积累一氧化碳或甲烷、硫化氢等有害物质而影响果树生长。

2. 排水时间

在果园中发生下列情况时，应进行排水：

①一次降雨过大造成果园积水成涝，应挖明沟排水。

②雨季时地下水位高于果树根系分布层，应设法排水。可在果园开挖深沟，把水引向园外。排水沟应低于地下水位，以便降低地下水位，避免根系受害。

③在根系分布区下有不透水层时，由于黏土土壤孔隙小，透水性差，易积涝成害，必须搞好排水设施。

④土壤含盐量高，会随水的上升而到达表层，若经常积水，果园地表水分不断蒸发，下层水上升补充，造成土壤次生盐渍化。因此，必须利用灌水淋洗，使盐分向下层渗漏，汇集排出园外。

进行土壤水分测定，是确定排水时间较准确的方法：

①对深土层积水达到土壤最大田间持水量时，必须进行排水。

②各种果树耐涝的强弱，亦可作为排水时间的参考。一般来说，桃、无花果、樱桃的耐涝力弱，而葡萄、梨的耐涝力强，发现土壤过湿时，对耐涝力弱的果树要先排水。

3. 排水系统

一般平地果园的排水系统，分明沟排水与暗沟排水两种。

（1）明沟排水　是在地面挖成的沟渠，广泛地应用于地面和地下排水。地面浅排水沟通常用来排除地面的灌溉贮水和雨水，这种排水沟排地下水的作用很小，多单纯作为退水沟或排雨水的沟；深层地下排水沟多用于排地下水并当作地面和地下排水系统的集水沟。

（2）暗沟排水　多用于汇集和排出地下水，在特殊情况下，也可用暗沟排泄雨水或过多的地面灌溉贮水。当需要汇集地下水以外的外来水时，必须采用直径较大的管子，以便排泄增加的流量并防止泥沙造成堵塞；当汇集表水时，管子应按半管流量进行设计。采用地下管道排水的方法，不占用土地，也不影响机械耕作，但地下管道容易堵塞，成本也较高，适用于条件好的果园。

【任务实施】

1. 任务准备

（1）材料准备　需要灌溉的果树、地膜。

（2）工具准备　挖土工具、水管、滴灌和喷灌设备、水桶。

2. 实施过程

（1）根据果园条件确定灌水方案。

（2）灌溉设备的安装使用或参观，有条件的可让学生参与灌溉设备的安装或使用，不具备条件的可参观。

（3）分组实施灌溉。

【评价与考核】

优：完成任务，质量达到标准，工作态度端正；选择不同灌溉方式，在一个工作日内完成10株果树的灌溉。

良：完成任务，质量达到标准，工作态度端正；选择不同灌溉方式，在一个工作日内完成9株果树的灌溉。

中：完成任务，质量达到标准，工作态度端正；选择不同灌溉方式，在一个工作日内完成8株果树的灌溉。

及格：完成任务，质量达到标准，工作态度端正；选择不同灌溉方式，在一个工作日内完成7株果树的灌溉。

不及格：不能完成任务规定的工作量，质量达不到标准。

【复习思考题】

（1）果园灌溉对果树的影响有哪些？

（2）分析果树不同灌水方法的优缺点。

【归纳总结】

我国果园的土肥水管理主要包括土壤管理、肥料管理和果园排灌管理。由于果园多数建立在丘陵、山地等土壤瘠薄地区，所以普遍存在有机质含量低、土壤不肥沃的情况，我国果园有机质含量一般在1%左右（国外高产果园的有机质含量高于3%）。在加强整形修剪、疏花疏果等地上管理的前提下，土肥水的管理成为影响果园高产的关键。

由于水资源的日益紧缺，果园节水生产也越来越重要，应在果园设计、土壤管理等方面充分考虑。

项目三 花果管理

任务一 保花保果和疏花疏果

知识目标: 了解果树保花保果和疏花疏果的意义。
技能目标: 能够计算果树产量，进行花果管理工作。
德育目标: 培养学生竞争意识。

按照生产要求，果园必须进行保花保果和疏花疏果工作。在各种不同的方法中，可以采用其中的一项进行实施，以达到熟练操作的目标。

【相关知识】

(一)结果过多的不良后果

首先，结果过多易造成树体营养消耗过大，果实不能进行正常的生长发育，导致果实偏小，着色不良，含糖量降低，风味变淡，严重影响果实的商品品质。

其次，在超量结果的情况下，幼果内种胚产生过多数量的生长激素，使营养物质集中于幼果，影响花芽分化所需的营养积累，导致第二年花芽减少，严重减产而成为小年。大小年现象是生产中必须避免的不良现象。

再次，过量结果使树势明显削弱。树体内营养水平低，新梢、叶片及根系的生长受到抑制，不利于同化产物的积累和矿质元素的吸收。超量负载的苹果大年树，其根系第二、三次生长明显减弱，或缺乏第二次生长高峰，活跃的吸收根数量较小年树约少70%~75%，对以后几年的生长都会产生不良影响。

(二)疏花疏果的作用及意义

1. 可使果树连年稳产

花芽分化和果实生长往往是同时进行的，当营养条件充足或花果负载量适当时，既可保证果实肥大，也可促进花芽分化；而营养不足或花果过多时，则营养的供应与消耗存在竞争，过多的果实抑制了花芽分化，易削弱树势出现大小年结果现象。因此，合理疏花疏果，是调节生长与结果的关系，达到连年稳产的必要措施。不然，即使肥水充足，因受根和叶功能及激素水平的限制，坐果过多，就会导致大小年。

2. 提高坐果率

疏花疏果疏去了一部分花果，节省了养分的无效消耗，减少了由于养分竞争而出现的幼果自疏现象，并且减少了无效花，增加有效花比例，从而可提高坐果率。

3. 提高果实品质

由于减少了结果数量，使留下的果实肥大，整齐度增加。此外，疏果疏掉了病虫果、畸形果和小果，提高了好果率。

4. 使树体健壮

开花坐果过多，消耗了树体贮藏营养，叶果比小，树体的养分制造和积累下降，影响次年生长。疏去多余的果实可以提高树体营养水平，有利于枝、叶和根系生长，树体健壮。

（三）花果数量的调节

确定某一树种的适宜负载量较为复杂，它依品种、树龄、栽培水平、树势和气候条件而不同。通常确定果树的适宜负载量应考虑三个条件：

第一，保证当年果实数量、质量及最好的经济效益。前提是知道该品种的果实大小，是花果管理的关键。

第二，不影响下一年花芽形成的数量和质量。

第三，维持当年的健壮树势并具有较高的贮藏营养水平。

（四）落花落果的原因

造成落花的原因：贮藏养分不足，花器官败育，花芽质量差；花期遇不良的气候条件，如霜冻、低温、阴雨及干热风等。由于上述原因，导致花朵不能完成正常的授粉受精而脱落。

落果的主要原因：前期落果主要由于授粉受精不良，子房所产生的激素不足，不能调足够的营养物质促进子房继续膨大而引起落果；六月落果主要由于树体同化营养不足，器官间养分竞争加剧，果实生长得不到应有的营养保证而脱落；采前落果主要与树种、品种的遗传性有关。此外，土壤干湿失调、病虫害等也可引起果实脱落。

（五）提高坐果率的措施

1. 加强综合管理，提高树体水平

良好的肥水管理条件、合理的树体结构和及时防治病虫害，是保证果树正常生长发育，增加养分积累，改善花器发育状况，提高坐果率的基础措施。

2. 创造良好的授粉条件

对异花授粉品种，应合理配置授粉树，并辅之以下措施，以增强授粉效果，提高坐果率。

（1）人工辅助授粉　在缺乏授粉品种或花期天气不良时，应进行人工授粉。其常用方法有：

1）蕾期授粉　在花前2~3d，可用花蕾授粉器进行花蕾授粉，将喷嘴插入花瓣缝中喷入花粉。花蕾授粉对防治花腐病有效。

2）开花授粉

①人工点授　将花粉人工点在柱头上。为了节省花粉用量，可加入填充剂稀释，一般比例为1（花粉并带花药外壳）: 4［填充剂（滑石粉或淀粉）］。

②机械喷粉　此法比人工点授所用花粉量多。喷时加入50~250倍填充剂，用农用喷粉器喷粉，宜现配现用。

③液体授粉　把花粉混入10%的糖液中，糖液可防止花粉在溶液中破裂（如混后立即喷授，可不加糖），用喷雾器喷洒。配制比例为水10kg : 砂糖1kg : 花粉500mg，使用前加入硼酸10g，可增加花粉活力。配好后在2h内喷完，喷洒时间宜在盛花期。

④掸子授粉　在长杆一端用稻草绑成掸子状，外面用毛巾包紧，用毛巾端于花期在授粉品种和主栽品种之间交替滚动，以达到授粉目的。此法简便易行，速度快，但效果不及人工点授。

（2）花期放蜂　大多数果树为虫媒花，花期放蜂对提高坐果率有明显作用，一般可提高坐果率20%左右。通常每亩放蜂1箱。放蜂期间果园切忌喷农药，阴雨天气影响放蜂效果。

3. 喷施植物生长调节剂和矿质元素

落花落果的直接原因是果柄离层的形成，而离层形成与内源激素（如生长素）不足有关。此外，外界条件如光照、温度、湿度、环境污染等都可引起果柄基部产生离层而脱落。应用生长调节剂，可以弥补内源激素的不足，调节不同激素间的平衡关系，从而提高坐果率。在生理落果和采收前是生长素最缺乏的时期，这时在果树上喷生长调节剂，防止果柄产生离层，减少落果。但生长调节剂种类选择、用量、使用时间等，应根据具体条件和对象进行必要的预备试验。生长调节剂主要有GA_3和6–BA。

用于喷施的矿质元素主要有尿素、硼酸、硼酸钠、硫酸锰、硫酸锌、钼酸钠、硫酸亚铁、磷酸二氢钾。

4. 高接授粉花枝或挂罐插花枝

当授粉品种缺乏或不足时，可在树冠内高接带有花芽的授粉品种枝组。对高接枝于落花后需做疏果工作，以保证当年形成足量的花芽，不影响来年授粉效果。

也可在开花初期剪取授粉品种的花枝，插在水罐或瓶中，挂在需要授粉的树上。此法简便易行，但只能作为局部补救措施。

5. 其他措施

通过摘心、环剥和疏花等措施，调节树体内营养分配转向开花坐果，使有限的养分优先输送到子房或幼果中去，以促进坐果。此外，预防花期霜冻和花后冷害，也是保花保果的必要措施。

【任务实施】

（一）任务准备

（1）材料准备　大量结果的果树。

（2）工具准备　疏果剪。

（二）实施过程

疏花疏果必须严格依照负载量指标确定留果量，以早疏为宜。具体方法分为人工疏花疏果和化学疏果两种。应预先判断待疏果树的产量，可以按照干周法或干截面积定量法的公式进行计算。

1. 确定负载量

负载量应根据果树历年产量和树势以及当年栽培管理水平确定。生产实践中，人们经多年的研究探索，积累了较为丰富的经验，并提出一些指标依据，应用于生产。

一般在生产上根据果树枝量确定负载，如富士苹果负载量按枝果比5~6∶1，巨峰葡萄负载量按枝果比1~2∶1。

枝果比是依据叶果比来确定负载量的。据日本果树学家研究，梨树一片标准叶片，可以负载10g的果实产量，如苹果梨平均单果重200g，需要20片叶片，苹果梨的一个中短枝大约5~7片叶，则苹果梨的枝果比为3~4∶1。其他果树可以参考此项标准。

核果类果树一般按照距离法确定负载量，中型果按照6~9cm留一个果，大型果按照8~12cm留一个果。

2. 疏花疏果操作

人工疏除花果可从花前复剪开始，以调节花芽量，开花后可行疏花和疏幼果，直到6月落果以前结束，若发现负载量仍然偏多时，则于6月落果后再定果一次。疏果应于幼果第一次脱落后及早进行。

（1）叶果比法或枝果比法　按叶果比、枝果比确定负载量。如红富士苹果负载量标准为叶果比40~50∶1或枝果比5~6∶1为宜。

（2）干周法或干截面积定量法　据中国农业科学院果树研究所汪景彦等（1993）研究，苹果树干的粗度可作为苹果确定负载量的指标，并提出$Y=0.2C^2$计算公式。式中Y为单株留果数，C为树干周长（cm）。

（3）距离法　按照结果枝的长度确定负载量的方法。以苹果为例，中型果15~25cm留一个果，大型果20~30cm留一个果。

【评价与考核】

优：完成任务规定的工作量，质量达到标准，工作态度端正，一个工作日内完成5株果树的疏果工作。错误率控制在3%~5%。

良：完成任务规定的工作量，质量达到标准，一个工作日内完成5株果树的疏果工作。错误率控制在5%~10%。

中：完成任务规定的工作量，质量基本合格，一个工作日内完成5株果树的疏果工作。错误率控制在10%之内。

及格：完成任务规定工作量的一半，一个工作日内完成3株果树的疏果工作。错误率控制在10%之内。

不及格：不能完成任务规定的工作量，质量达不到标准。

【知识拓展】

（一）种子数量和果实大小的关系

除去有单性结实能力的少数品种外，一般果实的坐果需要有胚和胚乳的正常发育。由于某种原因，使胚和胚乳停止发育，果实往往发育不全，呈畸形，易脱落。胚和胚乳停止发育是六月落果的重要原因（见表2-5）。

表2-5　　种子发育与坐果的关系

品种名	坐果情况	每果心室数/（平均数/果）	每果平均种子数/（粒/果）	发育良好的种子数/（粒/果）	胚变色或死亡种子的百分比/%
祝	落果	4.18	6.4	2.23	65.04
祝	坐果	4.60	7.1	4.0	16.22
红星	落果	3.87	5.3	1.32	75.15
红星	坐果	4.91	8.45	8.45	0
红玉	落果	4.15	5.7	0.45	92.10
红玉	坐果	4.0	6.0	5.75	4.16
倭锦	落果	4.17	5.0	1.19	69.0
倭锦	坐果	4.14	6.12	6.12	0

缺乏胚发育所必需的营养物质，如缺乏碳水化合物和氮素以及水分，常是胚停止发育引起落果的主要原因。

使胚引起伤害的低温也会导致落果。如苹果胚遇 −1.7℃低温即受伤害。

（二）花芽分化条件

1. 内在条件

（1）营养物质　据研究，果树体内氮素和碳水化合物供应充足，且比例适当，花芽分化旺盛，开花结果多。如果因光照不足或因病虫危害、干旱等导致叶片受损、脱落，则碳水化合物积累少，花芽不能形成；如果施氮肥过多或不足，也影响营养物质的积累，进而影响花芽分化。

（2）激素　很多试验表明，GA_3、CTK、ABA、IAA、乙烯等对果树花芽的形成都有影响。GA_3抑制花芽分化；CTK对花芽分化有明显的促进作用；ABA与GA_3拮抗，引起枝条停长，有利于糖的积累，对花芽形成有利；IAA能诱导荔枝、龙眼、菠萝的花芽分化，但对大多数果树有抑制作用；乙烯能促进花芽的形成。Luck will（1974）提出激素平衡学说，认为来自叶和根系的促花激素和来自种子、茎尖和幼叶的抑花激素平衡，才能促进花芽分化。

（3）遗传物质　遗传物质RNA、DNA控制成花的理论越来越受到人们的关注。对苹果、柑橘、葡萄、油橄榄等的研究证实，RNA/DNA高，有利于花芽分化。

2. 外界环境条件

光是影响花芽分化的重要因子，在多种果树上都已证明遮光会导致花芽分化率降低。

果树的花芽分化，要求一定的温度条件，过高过低都不利于花芽分化。温度既影响果树生长，也影响果树体内一系列生理过程及激素平衡，间接影响花芽分化的时期、质量和数量。

水分和花芽分化有非常密切的关系。在花芽分化临界期前，适当控制水分（田间持水量的60%），使营养生长受到抑制，碳水化合物易于积累，精氨酸增多，IAA、GA_3含量下降，ABA和CTK相对增多，有利于花芽分化。

3. 花芽分化的调控途径

新建果园时，应采取大穴，施用大量有机肥以改良土壤；大苗定植，促进幼树水平根的发生，迅速扩大树冠，加速养分的积累和花芽的形成，实现幼树早果丰产。

采取深翻扩穴，加强肥水供应和病虫害防治，使枝梢充实，树势健壮，促进营养物质的合成与积累，促进花芽形成。

采用适当的修剪措施，如幼树、旺树采用轻剪、长放、拉枝等措施以缓和生长势，可以促进成花；采用环剥、环割、倒贴皮等措施也有明显的促花效果。通过修剪，可以改善树冠内膛的光照条件，能促进花芽分化，达到“内外结果”。

在花芽生理分化期适当控制灌水，合理增施氮、磷、钾肥，能有效地增加花芽量。

合理疏花疏果，调节养分分配，减少养分消耗，有利于花芽形成。

因地制宜地选用矮化砧木，使树体矮化，可以提早形成花芽，提早结果。

合理应用多效唑（PP_{333}）等植物生长调节剂，能使树势缓和，从而促进成花。

【复习思考题】

（1）果树落花落果的时期和主要原因。

（2）果树疏花疏果的方法有哪些？

任务二 果实管理

知识目标：了解果树生产中提高果实品质和果实套袋的意义。
技能目标：能够完成套袋工作。
德育目标：培养学生产品质量意识及商品意识。

果实管理是为提高果实品质而采取的技术管理措施，其中套袋是最有效的措施之一。果实品质包括内在品质和外观品质，内在品质以肉质粗细、风味、香气、果汁含量、糖酸含量及其比例和营养成分为主要评价依据；外观品质，主要从果实大小、色泽、形状、洁净度、整齐度、有无机械损伤及病虫害等方面评定。对有些树种和品种还应考虑其耐贮性和加工特点。

应选择合适的树种和品种进行套袋。如梨中的早酥梨、苹果梨、水晶梨，苹果中的富士、金冠等大型果适宜套袋；梨中的尖把梨，苹果中的金红、K9等小型果不适宜套袋。

另外，果实容易受到污染和果皮薄的适宜套袋，如葡萄等。

果实套袋可以提高品质，预防病虫害，生产绿色果品，是生产中重要的技术措施。

生产企业熟练工人可以日均套袋2000个以上。

【相关知识】

• 提高果实品质的措施

（一）增大果个，端正果形

果实大小是评价果实外观品质的重要指标，常以单果重或果实直径衡量。在优质果品商品化生产中，果实应达到该品种果实的标准大小，且果形端正。小于标准的果实和果形不正者，果实品质和商品价值均低。

果实体积的大小主要取决于果实内细胞的数量和细胞体积以及细胞间隙。一切有利于增加果实细胞数量和体积的栽培措施及环境条件，都可促进果实生长和发育，增加标准果率，提高果实品质。

1. 人工辅助授粉

人工辅助授粉除可提高坐果率外，还有利于果实增大和端正果形。因人工授粉促使受精良好，尽快促进子房的发育和促长激素的合成，增加幼果在树体营养分配中的竞争力，果实生长快，单果重增加；人工授粉还可增加果实中种子形成的数量，使种子在各心室中分布均匀，使果实的生长均匀端正，减少和防止果实畸形。

2. 合理负载量

树体负载量过多，对果实的个体发育影响很大，造成单果重降低，畸形果增多。生产上应严格按照合理负载量的指标留果，根据不同树种、品种和树势，达到合理的叶果比和枝果比，维持良好的营养生长和生殖生长平衡，满足果实的发育。

留果的位置对果实的大小和形状具有较大的影响。许多研究结果表明，苹果留花序的中心果，梨留花序基部的一、二序位的果，表现果形端正，特征明显，果实较大。

3. 应用植物生长调节剂

果实的大小和形状很大程度上受本种和本品种的遗传因素所控制，而应用生长调节剂，可使当年果实的某些特征发生较大的改变。利用生长调节剂改变果实的大小、形状、色泽和成熟期已成为果树生产中的常规技术。

（二）改善果实色泽

果实的颜色是评价外观品质的另一重要指标。色泽发育是复杂的生理代谢过程，并受很多因素的影响，如光照（光强、光质）、温度、土壤水分、树体内矿质营养水平、果实内糖分的积累和转化以及有关酶的活性影响。在栽培措施方面应根据不同种类、品种果实的色泽发育特点和机理，进行必要的调控，制定和实施有效的技术措施，增加果实的着色度，达到该品种的最佳色泽程度，这对着色品种尤为重要。

1. 创造良好的树体条件

良好的树体条件，是增进果实着色的前提和保证，能够更好地发挥增进着色措施的效果。

（1）合理的群体结构　果园的结构与光照条件密切相关。结构合理，光照条件好，光能利用率高，有利于果实着色。

（2）良好的树体结构和健壮的树势　在合理留枝量的前提下，树体骨干枝宜少，角度要开张，大、中、小型结果枝组数量和配置适当，叶幕层不宜太厚。这样才能保证果实生长发育期间获得充足的光照，新梢生长量适中，且能及时停止生长，树势保持中庸健壮，叶内矿质元素含量达到标准值，有利于果实着色。

（3）合理的果实负载量，适宜的叶果比　留果过少，常导致树势偏旺，果实贪青晚熟，着色不良；过量结果，同样影响果实色泽的正常发育。生产上应根据不同树种、品种的适宜负载量指标，确定产量水平。适宜的叶果比，主要是有利于果实中糖分的积累，从而增加果实着色度。

2. 科学施肥，适时控水

增加果树有机肥的施入，提高土壤有机质含量，均利于果实着色。矿质元素与果实色泽发育密切相关，国内外研究表明，过量施用氮肥，可导致干扰花青素的形成，影响果实着色，故果实生长后期不宜追施以氮素为主的肥料。

果实生长的后期（采前10~20d），保持土壤适度干燥，有利于果实增糖着色，故成熟期前应控制灌水。如此时灌水或降雨过多，均将造成果实着色不良，品质降低。

（三）果实套袋技术

进行果实套袋，是提高果实品质的主要技术措施之一。近年来，我国在苹果、柑橘、梨、桃、葡萄等果树栽培中，推广了套袋技术，因其外观品质改善，市场竞争力和售价明显提高。

套袋技术除能改善果实色泽和光洁度外，还可减少污染和农药的残留，预防病虫和鸟类的危害，避免枝叶擦伤。

纸袋选择：纸袋的纸质需是全木浆纸，具有耐水性较强，耐日晒。

（四）摘叶和转果

摘叶的目的是提高果实的受光面积，增加果面对直射光的利用率。通常摘叶时期与果实着色期同步，我国北方红富士苹果的摘叶期约在9月中、下旬。摘叶过早虽着色好，但对果实增大不利，影响产量，还会降低树体贮藏营养水平；摘叶过晚，则因直射光利用量减少而达不到预期目的。摘叶的对象是果实周围遮阳和贴果的1~3个叶片。摘叶处可占果实着色面积15%左右。

在正常的光照条件下，果实的阳面着色较好，阴面着色较差，通过转果，可改变果实自然着生的阴阳位置，增加阴面受光时间，达到全面着色的目的。苹果转果的时间可在果实采收前20~40d进行。转果的方法是：将果实的阴面轻轻转向阳面，必要可夹在树杈处以防回位，或用细透明胶带固定于附近合适的枝条上。

（五）树下铺反光膜

反光膜的主要作用是改善树冠内膛和下部的光照条件，主要解决树冠下部果实和果实萼洼部位的着色不良问题，从而达到果实全面着色的目的。

生产上常用的反光膜有银色反光塑料薄膜和GS－2型果树专用反光膜。铺膜时间在果实着色期，套袋苹果在除袋后立即进行。铺膜前5d清除铺膜地段的残茬、硬枝、石块和杂草，打碎大土块，把地整成中心高、外围稍低的弓背形。铺膜面积限于树冠垂直投影范围。密植果园可于树两侧各铺一长条幅反光膜，要求膜面平展，与地面贴紧，交接缝及周边盖土。果实采收前，去掉膜面上的树枝、落果、落叶等，小心揭起反光膜，卷起来，用清水漂洗晾干后，放入无腐蚀性室内，以备下年重复使用。

（六）应用植物生长调节剂

应用生长调节促进果实着色，一直受到栽培者的高度重视，也是目前应用于果树生产的一项新技术。目前使用的增色剂主要是以微量元素为主的肥料，如氨基酸复合肥、光合复合肥、稀土微肥。PBO（生长调节剂）是苹果生产上常用的增色剂。

除上述提高果实着色的技术外，适当推迟采收期、采前喷水降温等方法，也有增加果实中糖分积累和促进着色的效果。如把果实采下后进行人工着色处理，也可取得较好的效果，但操作麻烦。

【任务实施】

（一）任务准备

（1）材料准备　不同类型的果袋、农药。

（2）工具准备　疏果剪、喷雾器。

（二）实施过程

任务实施为苹果或梨套袋。

1. 纸袋选择

纸袋的纸质需是全木浆纸，具有耐水性较强、耐日晒、不易变形、经风吹雨淋不易破裂等优点。纸袋若经药剂处理，还可防止病虫危害果实。

对较难着色的红色品种，如长富2、秋富1、北海道9号、北斗等，宜选套双层纸袋。外层袋的外表面为灰、绿等颜色，里表面为黑色；内层袋为蜡质红色袋，不封底筒。

对较易着色的品种，如元帅系短枝品种、新乔纳金、千秋、嘎拉等，可选用单层纸袋。其外表面为灰、绿等颜色，里表面为黑色；也可用外层为灰、绿色，内层为蜡质黑色的双层袋。

对于黄、绿色品种，如金冠、金矮生、王林、白龙等及梨的一些品种，为了保持果实表皮细嫩及防止果锈等，多选用具有透光性能的蜡质黄褐色条纹纸袋，也可用蜡质白色纸袋。

梨套袋应选择果实大的品种，可以采用单层袋。

2. 套袋技术

套袋时间在定果后宜早进行，于15d内完成套袋工作。

套袋前2~3d应向果面喷一次杀虫杀菌剂。有康氏粉蚧危害的果园，同时加入25%螨蚧克1500~2000倍液。

套袋前3~5d，将整捆果袋用报纸包好，埋入湿土中，以湿润袋体使之柔韧；也可在套袋前将整捆纸袋口浸一下水。

一般情况下，果实套袋应在天气晴朗的上午和下午进行。具体做法是：先小心除去附在幼果上的花瓣及其他杂物，然后用左手托住纸袋，右手撑开袋口，或用嘴吹开袋口，使袋体膨胀，袋底两角的通气放水孔张开，手执袋口下2~3cm处，将果实放入袋内，使果柄置于袋口中央纵向切口基部，然后将袋口两侧按“折扇”方式折叠于切口处，用捆扎丝扎紧袋口。

3. 摘除果袋

按时摘除果袋也是果实套袋的关键技术之一。应根据品种、果袋类型选择适宜的时间摘袋。摘袋时间主要由苹果品种确定。

一般红色中熟及中晚熟品种如新红星、新乔纳金采前10~20d除袋，红色晚熟品种采前20d左右除袋较为合适。

黄绿色品种可连袋采收，装箱时解袋。具体时间以阴天或多云天气为好。

摘袋的方法是：摘除红色内袋的双层纸袋，可先去外袋，过2~3d后再去内袋，具体时间在10~16时进行；摘除黑色内袋的双层纸袋，先将外袋底口撕开，取出内袋，使外袋呈伞状罩于果实上，6~7d后，再摘除外袋；摘除单层袋和内外连体双层袋时，先在12时前或16时后撕开底部呈一伞形罩于果实，或背光面撕破通风，4~6d后再摘袋。

【评价与考核】

优：完成任务规定的工作量，质量达到标准，工作态度端正，一个工作日内完成5株果树的套袋工作。错误率控制在3%之内。

良：完成任务规定的工作量，质量达到标准，一个工作日内完成5株果树的套袋工作。错误率控制在3%~5%。

中：完成任务规定的工作量，质量基本合格，一个工作日内完成5株果树的套袋工作。错误率控制在5%~10%。

及格：完成任务规定工作量的一半，一个工作日内完成3株果树的套袋工作。错误率控制在10%之内。

不及格：不能完成任务规定的工作量，质量达不到标准。

【复习思考题】

（1）提高果实品质的方法有哪些？

（2）苹果套袋和解袋的时期。

【知识拓展】

1. 果实的色泽发育

果实的色泽因不同种类、品种各异。不论鲜食或加工，色泽都是品质分级标准之一。

决定果实色泽发育的色素主要有叶绿素、胡萝卜素、花青素以及黄酮素等。一般果实都是随着果实生长，绿色减退，花青素增多。但也有随果实生长接近成熟，果实内花青素下降的，如菠萝。

影响红色发育的条件除去遗传的原因外，主要有如下几方面因素：

（1）可溶性碳水化合物的积累　花青素的形成需要有糖的积累。在一定限度内，在叶片不使果实过度遮阳的情况下，叶面积越大，着色越好。影响叶果比的措施，也会影响着色。果树徒长，枝叶停止生长晚，虽然叶果比增大，但碳水化合物消耗于枝叶生长，则不利于着色。总之，有利于糖分在果肉积累的因素，往往也有利于着色；不利于糖分积累的因素，也不利于着色。

（2）光照 光的作用是与碳水化合物形成有关，也可直接刺激诱导花青素的形成。但是由于果树种类、品种不同，也有不直接接受日光照射而着色好的，如苹果的一些浓红型芽变，新红星、红皇后等品种，在散射光下着色也好。葡萄也有在直射光下着色好的品种叫直光着色品种，如玫瑰香、红蜜；也有无须直射光照射着色的品种叫散光着色品种，如白玫瑰香、巨峰等。

2. 改善果面光洁度

在果实生长和成熟过程中，常因管理措施不当，及果实受外界条件影响，导致果实表面粗糙，形成锈斑、微裂或磨伤，影响果实的外观，降低商品价值。造成表面不洁净的因素是多方面的，提高果面光洁度的途径可从以下几个方面入手：

（1）果实套袋 套袋可有效地保护果实免遭病虫危害、空气和药剂污染及枝叶摩伤，使果皮光洁、细嫩，色泽鲜艳，减少锈斑，且果点小而少。

（2）合理施用农药和其他喷施物 农药及一些叶面喷施物施用时期或浓度不当，往往会刺激果面变粗糙，甚至发生药害，影响果面光洁和果品性状。如金冠苹果幼果期喷施波尔多液或尿素，可加重果锈的发生；梨幼果期喷施代森锰锌，也易导致果实表皮粗糙。实践表明，多种药剂搭配，均会带来果面不光洁的后果。

（3）喷施果面保护剂 苹果喷施500~600倍高脂膜或200倍石蜡乳剂等，均可减少果面锈斑或果皮微裂，对提高果实的外观品质明显有利。

任务三 果实采收

知识目标：了解果实成熟度的判断标准。
技能目标：能够根据不同的果实类型制定采收方案并实施采收。
德育目标：培养学生吃苦耐劳的精神和团队意识。

果实采收是果树生产中的重要环节，也是本门课程需掌握的关键技能之一，它需要注意以下几个方面的内容：

①本次任务应在秋季基地内大部分果实成熟时进行，如有提前成熟的，可另行安排时间或与其他项目结合进行。

②果实采收方法很多，教师应针对各种果树选择适当的采收方法分别进行。

③有的采收方法需要用到剪枝剪等工具，操作过程中要提醒学生注意安全。

④合理安排实施时间，使学生有充足时间学习并实践。

【相关知识】

（一）果实采收的意义

果实采收是果园管理的一个关键环节。如果采收不当，不仅降低产量，也会影响果实的耐贮性和产品质量，甚至对来年的果树生产带来负面影响。因此，要根据市场需求和果实成熟度适时的正确采收。

（二）确定采收期的依据

采收过早，会造成果实产量低，品质差；采收过晚，果实虽已充分成熟，果实品质高，但耐贮性和耐运性下降，并且造成果树养分降低。因此，只有确定正确的采收时间，才能获得品质好、产量高、耐贮运的优良果品。确定采收期主要是根据果实成熟度，所以首先介绍一下果实成熟度的类型和成熟度的判断方法。

1. 果实成熟度

根据果实采后用途，果实的成熟度可分为以下三类：

（1）可采成熟度　此时果实大小已定，果实基本成熟，只是应有的品质如香气、糖分等还未充分表现出来，果实较硬。但此时的贮藏性和运输性是最好的，所以异地销售的果实在此期进行采收最佳。

（2）食用成熟度　此时果实已充分成熟，应有的品质如香气、糖分等也充分表现出来，各种营养价值也达到该品种指标，风味最好。但此时因为已充分成熟，果实含水量较多，果肉一般也较软，所以贮藏性和运输性较差，此时果实适合当地销售，或做果类产品加工的原料，不适合长途运输或长期贮藏。

（3）生理成熟度　主要指果实的种子充分成熟，具有发芽能力。不同的果实类型会有差异，水果类果实在生理达到成熟时，一般食用品质已达到最差，表现为果肉松软，含水量下降，一些化学成分已分解，风味、香气降低，甚至腐烂，此时果实已经不宜食用，营养价值与食用价值下降，多用于采种；干果类果实则恰恰相反，因为食用的是种子，所以此时采收，果实（种子）粒大、饱满，营养价值高，品质最佳。

2. 判断果实成熟度的方法

（1）依据果皮的颜色　依据果皮颜色的变化可以判断果实成熟度，一般果实在成熟时会由开始的青涩逐渐变得柔和或呈红色（也有特殊情况，如澳洲青苹），所以很多水果是根据果皮颜色来判断采收期的，这种方法较为简便。如：红富士苹果果面绯红色时进行采收；葡萄等浆果是有色品种开始着色，无色品种果肉开始变软进行采收；桃的果皮底色开始由绿色转黄绿色或白色时进行采收；红色李子品种当果面彩色占全果4/5时采收，黄色李子当果面颜色由绿色转为淡黄色时进行采收。

（2）依据果肉硬度　果实在成熟过程中，果肉会逐渐变软，也可作为采收依据。如：红富士苹果一般在果肉硬度为6.36~7.26kg/cm^{2}时可采收；浆果一般在果粒不再变化，果肉变软，富有弹性时进行采收；桃、李、杏也可在变软时进行采收。

（3）依据含糖量　有的果实也依据果实中可溶性固形物（主要为糖分）含量的高低来确定果实成熟度。如红富士苹果可溶性固形物含量达14%以上可采收。

（4）依据果实脱落　有时果实在成熟时，果柄与果枝间会形成离层，稍有用力，即可脱落，故可以据此判断成熟度。如核果类、仁果类果实。

（5）依据果实生长日数　在一定的气候条件下，果实成熟时间是可以确定的，可作为采收的依据。如我国北方葡萄成熟期为7月下旬至10月下旬，一般品种为8~9月份。通常果实从着色开始到完全成熟需20~30d。

（6）依据种子颜色　成熟的果实种子颜色变深，饱满，可据此判断成熟度。

在实际生产中，果实的成熟度不能仅靠一个方面来确定，往往需综合考虑。

（三）确定采收期

采收期主要根据果实成熟度来判断，但有时还要从市场需求和用途、劳动力的安排、气候条件等方面综合确定采收日期。

如苹果就会因为品种和用途不同采收时间有所不同。辽南地区鲜食的苹果，红富士10月中下旬采收，国光10月下旬采收，金冠10月上旬采收；辽北地区寒富10月上旬采收。而用于加工和长期贮藏的应适当提前采收。

葡萄采收也根据葡萄的用途、品种特性、当年的气候条件等确定。鲜食品种是有色品种充分表现出该品种固有的色泽，无色品种果粒透明状采收；酿造品种根据不同酒类所要求的含糖量采收；制汁、制干品种含糖量达到最高时采收。

（四）采收方法

1. 人工采收

对于需要分批采收的果实采用人工采收的方法。在人工采收时应注意以下几个问题：

（1）防止造成机械损伤　在人工采收时，很有可能因为操作不当损伤果面，如造成指甲伤、擦伤、碰伤、压伤等。因为一旦果实有伤口，微生物就会侵入，造成腐烂，影响耐贮性，所以采收人员要剪短指甲，并且最好戴上手套。尤其在采收李子、葡萄等果实时，因为果肉汁多、软且果面有霜，为保证果品质量应做好防护措施。同时，盛果用的容器内应垫软物（如麻袋片、泡沫等），尽量减少倒筐的次数，以减少机械损伤。

（2）防止降低来年产量　在人工采收过程中，尽量不要折断果枝，不要碰掉花芽、叶芽，以免影响次年产量。

（3）果柄的处理　不同种类果实对果柄的要求不同，仁果类果树果柄与果枝较易分离，应保留果柄，否则会降低果品等级，且不耐贮藏；核果类果树果柄、果枝、果实也较易分离，但一般不保留长果柄，因为这类果实果肉软且多汁，果柄很容易扎伤果面，造成腐烂，影响耐贮性。对于与果枝不易分离的如葡萄、柑橘等，可用剪刀采果，果柄尽量短留，且摆放时注意不要碰伤果实。

（4）采收顺序　通常按照先下后上、先外后内的顺序进行采收，以免碰落其他果实，降低人为损失。

（5）特殊方法　对于干果类果实，我们通常采用木杆由内向外顺枝震落的方法。最好在采收前将地面清理干净，也可铺上塑料布，防止有些果实滚落到杂物中，不能全部捡拾。

2. 机械采收

只对某些果实不易损伤或用于加工的果实采用这种方法。主要方法有以下几种：

（1）振动法　用拖拉机附带机械夹住树干，用振动器将果实振落，振落的果实用下面收集架的滚筒收集到箱内。不同的果品采用不同类型的振动器和收集架，不同树种所需振幅与频率也不同。对于果柄不易松动的果实类型，在进行机械采收前，应用化学物质处理，促使果柄松动，然后振动采收。

（2）使用台式机械　采果者站在可升降的采果台上完成采果任务，这种方法国外应用得较为普遍。

（3）使用地面拾果机　用机器将落在地面上的果实拾起来，如核桃、巴旦杏、榛子、山核桃等有硬果壳的果实。这种机器包括两个滚筒，前面的滚筒离地面1.70~2.54cm，顺时针转，后面的滚筒离地面0.46~1.77cm，反时针转，两个滚筒同时转，将落地果子拾起，传送到收集器里（见图2–13）。

图2–13　果实机器采收

（五）包装

包装按材料分主要有木箱、纸箱、编织筐、编织袋等。

坚果类对包装要求不严格，以美观和符合商品化即可；苹果、梨等大量果品以木箱、纸箱为好；设施栽培的樱桃、无花果、蓝莓、草莓等高档果品，需精心采收，采收后应按果实大小和着色程度分级包装，根据市场的要求确定包装的形式，采收的果品市场价格较高时，每盒内应装0.5~1.0kg为宜。

采收和包装要在短时间内完成，最好在2℃的温度条件下预冷后再运输。

（六）洗果

苹果、梨等果实采收后，在分级包装前进行洗果，可洗去果面附着的水锈、药斑及其他污染物，保持果面洁净光亮。

（七）打蜡

打蜡是在果实表面涂一层半透性薄膜（果蜡）。材料为液体蜡，具有保护果面、抑制呼吸、延迟和防止皱皮、抵御病菌侵染作用，增加果实外观品质，提高果实保质期。

数量少时可以用软刷人工刷涂。大量的可用涂蜡分级机处理，可同时完成清洗、分级、打蜡工序。

【任务实施】

（一）任务准备

（1）材料准备　从实习基地选择果实成熟的果树。

（2）工具准备　装果容器、手套、泡沫、剪枝剪、采果梯。

（二）实施过程

1. 判断果实成熟度

按组分树，学生分别判断出可采成熟度、食用成熟度、生理成熟度，并说明原因。

2. 实施果实采收

（1）人工采收　根据果实类型确定采收方法，使学生每种采收方法都能训练一遍。

（2）机械采收　有条件的可采用机械采收，让学生操作。如没有可到校外基地参观，或采用视频、多媒体等教学辅助手段让学生有直观认识。

【评价与考核】

优：正确判断果树的采收期，采收中出现错误在1~2处（采收顺序、速度、方法、运输等）。

良：正确判断果树的采收期，采收中出现错误在3~4处。

中：正确判断果树的采收期，采收中出现错误在5~6处。

及格：正确判断果树的采收期，采收中出现错误7处。

不及格：不能准确判断果实采收期，不能完成任务。

【复习思考题】

请自行选择一个果树品种，制定其采收方案。

【归纳总结】

果树的果品质量是生产中影响经济效益的重要因素，随着果树生产的发展，质量越来越被重视，而果品质量的提高在于合理的负载量。疏花疏果是提高果品质量的重要措施，能够正确地判断果树负载量和进行疏花疏果是学习的重点。

随着市场对果品质量的要求越来越严格，果实套袋成为生产的常规技术措施，熟练进行套袋操作，也是岗位必备的技能。

项目四　整形修剪

任务一　整形修剪基本方法的操作

知识目标：了解果树整形修剪的意义，知道果树整形修剪的主要理论和依据。
技能目标：能够进行果树的整形修剪的基本操作。
德育目标：培养学生团队合作的精神。

初学者学习整形修剪的难度较大，关键技术的学习应按由浅入深的规律进行分解。明确果树整形修剪的意义，熟练整形修剪的基本方法和技能，在实际果园的果树上应用整形修剪的方法，体会修剪反应。

要求学习者能够先绘制树体结构图、树形简图、修剪技术示意图，然后根据实际果树的特点对比示意图确定修剪方案，逐步判断正误方法，才能达到熟练整形修剪的培养目标。

【相关知识】

（一）整形修剪概念

1. 整形

果树整形是通过修剪，把树体塑造成需要的形状和结构。也叫果树整枝。

2. 修剪

果树修剪是指利用技术手段，对果树进行处理，实现目标树形，达到主枝、枝组的培养与更新，生长与结果的平衡等目的。

广义的修剪包括整形。

果树是多年生植物，在其生命周期中由于存在生长与结果、衰老与更新等多种竞争关系，容易在生产中经常出现适龄不结果、树冠密闭、落花落果及高产低质等现象，只有通过整形修剪才能保证优质、早果、丰产、稳产。所以整形修剪是果树生产上最有特色的关键技术，对生产有重要作用。

（二）整形修剪的生物学基础

果树的生物学特性是修剪的重要依据，修剪应符合果树的生长结果特性，通过各种修剪方法及其相互配合，充分利用修剪反应特点，完成整形任务，实现早果、优质和丰产。

修剪直接作用于枝和芽，枝芽特性是指导整形修剪的重要依据，既可依其特性进行修剪，也可通过修剪对其进行调节。

1. 芽异质性的利用

剪口下需要萌发壮枝时可在饱满芽处短截；需要削弱时，可在春、秋梢交接处或基部瘪芽处短截。

2. 芽早熟性的利用

具有芽早熟性的树种，利用其一年能发生多次副梢的特点，可通过夏季修剪加速整形，增加枝量和早果丰产。

3. 芽的潜伏力与更新

芽的潜伏力强，有利于修剪发挥更新复壮作用。如李树利用潜伏芽进行大枝更新，剪锯口可以萌发4~6个新枝。反之，桃树芽潜伏力弱，更新时常常只有1~2个新枝。

4. 萌芽率和成枝力与修剪

萌芽率和成枝力强的树种和品种，长枝多，整形选枝容易，但树冠易郁闭，修剪多采用疏剪、缓放。萌芽率高和成枝力弱的，容易形成大量中、短枝和早结果，修剪中应注意适度短截，有利于增加长枝数量。萌芽率低的，应通过拉枝、刻芽等措施，增加萌芽数量，修剪对萌芽率和成枝力有一定的调节作用。

（三）工具使用

果树修剪中，应注意安全，提前进行安全教育。使用梯子等登高工具时，应有人在地面扶持，并且应安放牢固。学生上树操作时，应防止树枝劈落，要求最少有两个支撑点，特别要注意病虫枝干和干枯枝容易断裂。落头和锯除大枝时应防止砸伤，拉枝时也应防止枝条弹回伤人。

用剪枝剪修剪小枝，枝条粗度不要超过剪口开展的宽度，剪截时，要使剪口迎着树枝分叉方向或侧方。剪较粗的枝条时，应一手握剪子，另一手握住枝条向剪刃切下的方向柔力轻推，使枝条迎刃而断。剪口一般用平剪口，在寒冷地区冬剪时，可以在剪口上多留0.5~1.0cm进行剪截，成为留桩平剪口，以防止干枯。

使用手锯时，锯除较细大枝，可采用“一步法”，即用锯将被锯枝条托住，从基部一次锯掉；或者先在基部由下向上拉一锯口，深入木质部1/4左右，再由上向下锯掉枝条。锯除较粗大枝时，宜采用“两步法”，要求先在枝条的锯口上方30~50cm处锯断，先由下向上拉一锯口，深入木质部1/4~1/3左右，再由上向下锯掉枝条。最后在要求的锯口处锯断，一般应紧贴母枝，下方较上方略高1~2cm左右。

修剪工具使用一定时间后变钝，要及时磨砺。磨剪枝剪时不必拆开，要求只磨刀刃的斜面，不可磨刀背和刀托。手锯可用锉刀将锯齿锉成尖齿，锯齿的垂直棱外侧锉成刀刃状，整个齿刃要左右相间平行向外。

修剪的剪、锯、刀等工具用完后，要擦洗干净，涂凡士林油以防止生锈。

（四）整形修剪的时期

果树修剪的时期，一般分为休眠期修剪（冬季修剪）和生长期修剪（夏季修剪）。

果树休眠期贮藏养分较充足，地上部剪后，枝芽减少，集中利用贮藏营养，因此，新梢生长加强，剪口附近顶芽长期处于优势。

春季萌芽后修剪，贮藏营养已部分被萌动枝芽消耗，一旦已萌动的芽被剪去，下部芽再重新萌动，生长推迟，长势明显削弱。同时，剪除先端的芽后，剪口附近的芽生长势差别不明显，从而提高了萌芽率，新梢增多，有利于增加产量。

夏季修剪，由于树体贮藏养分比较少，而新叶又因修剪而减少，同样修剪量，对树体生长抑制作用较大，所以，一般修剪要从轻。

秋季修剪，树体各器官逐步进入休眠和进行养分贮藏，适当修剪，可紧凑树体，改善光照，充实枝芽，复壮内膛。且大枝剪除后，来春剪口反应比休眠期弱，有利于控制徒长。

（五）整形修剪的方法与作用

1. 短截

剪去一年生枝条的一部分叫短截。经过短截，枝条留下部分芽数减少，每个芽所得到的养分、水分相对增多。短截可以改变果树新生枝条的生长和结果状态。

（1）作用

①可以增加枝梢密度，利于枝条伸长，而不利于组织分化。常用短截的方法，增加分枝。

②缩短枝轴，使留下部分靠近树干，养分运输方便，同时可以从较低的部位抽生新梢。短截有利于促进生长和更新复壮。

③改变不同枝梢间顶端的地位，从而改变顶端优势的部位，为调节主枝的平衡，可采取“强枝短留，弱枝长留”的方法。

④重短截不利于结果。短截比疏剪更能增强同一枝上顶端优势，故强枝过度短截，往往顶端新梢徒长，下部新梢又过弱，不能形成优良的结果枝。

⑤控制树冠和枝梢，尤其是生长期短截，效果更好。

（2）分类　按剪去枝条的长度，将短截分为轻截、中截、重截、极重截四种。具体修剪方法、修剪反应和应用如下（见图2–14）：

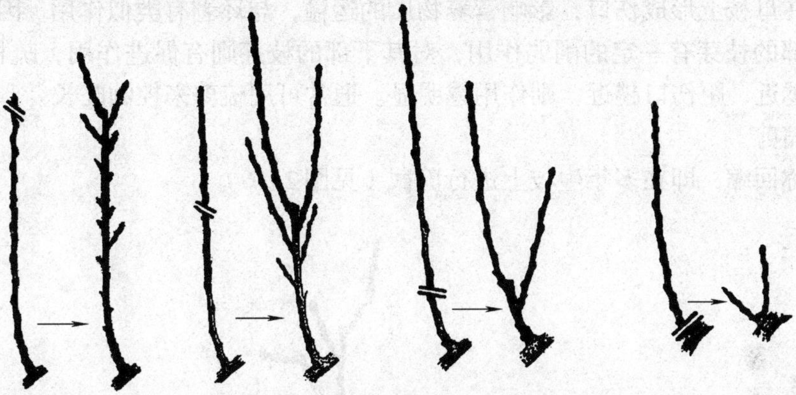

图2–14　不同部位短截及修剪反应

①轻截　在枝条顶芽下或春秋梢交界处短截，一般剪去1/4~1/3。轻截能形成较多的中短枝，可以缓和树势，促进花芽分化。轻截多用于培养结果枝组。

②中截　在枝条中上部饱满芽处短截，一般剪去1/3~1/2。中截能形成较多的中长枝，可以强化树势，促进树冠扩大。中截多用于各级骨干枝延长枝的修剪，以及扩大结果枝组。

③重截　在枝条中下部的半饱满芽处短截，一般剪去2/3~3/4。重截能形成1~2个较旺的中长枝和少量的短枝，可以缩小枝体，抑制花芽分化，减少花芽量和结果量；改造竞争枝和徒长枝。重截多用于培养紧凑枝组。

④极重截　在枝条基部留1~2个不饱满芽进行短截。极重截可以抽生1~2个中短枝，能缓和树势，降低枝位。极重截可以培养小型枝组。

2. 疏剪

又称疏枝，即将枝梢从基部剪除。生长季的抹芽和疏梢也是疏剪的一种（见图2–15）。

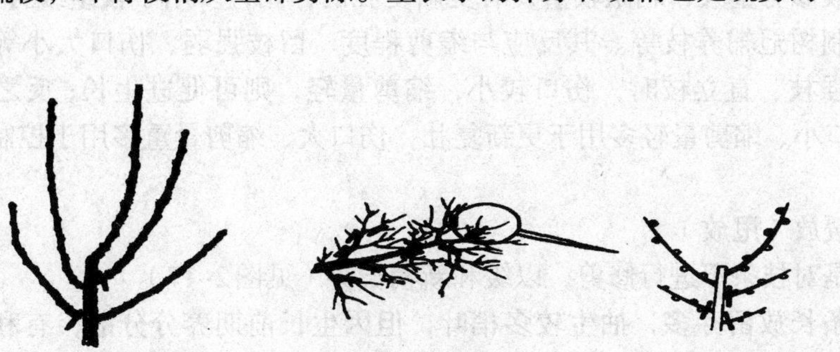

图2–15　疏剪的部位

作用：

①减少分枝，使树冠内光线增强，利于组织分化，故为减少分枝、促进结果都用疏剪。果树以结果为目的，疏剪应用比较多。

②削弱整体和母枝势力较短截明显，常用以调节整体和树冠局部的生长势。但疏剪结果枝和花芽反可以加强整体和母枝的势力。

③在母枝上形成伤口，影响营养物质的运输，与环剥有类似作用。因此，对伤口上部的枝芽有一定的削弱作用，对其下部的枝芽则有促进作用，疏枝越多，伤口间越近，距伤口越近，则作用越明显。通常可用疏剪来控制旺长。

3. 缩剪

又称回缩，即在多年生枝上进行剪截（见图2–16）。

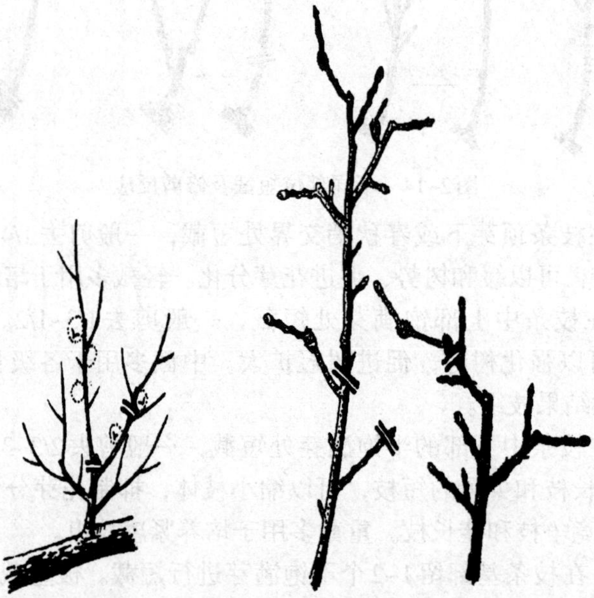

图2–16　缩剪部位

一般修剪量大，刺激较重，有更新复壮的作用，多用于枝组或骨干枝更新，以及控制树冠辅养枝等。其反应与缩剪程度、留枝强弱、伤口大小等有关，如缩剪留强枝、直立枝时，伤口较小，缩剪量轻，则可促进生长；反之则抑制生长。伤口小、缩剪量轻多用于更新复壮，伤口大、缩剪量重多用于控制树冠或辅养枝。

4. 缓放（甩放）

就是对枝条不进行修剪，以缓和新梢长势（见图2–17）。

枝条长放留芽多，抽生较多梢叶，但因生长前期养分分散，有利于形成中短枝，而生长后期得以积累较多的养分，促进花芽分化和结果，因此，可用以使

图2-17　缓放及其修剪反应

幼旺树旺枝提早结果。营养枝缓放后，增粗较快，可用以调节骨干枝间的平衡，但运用不当，如直立枝缓放，会出现树上长树的现象，并削弱原枝头生长，必须注意防止。缓放一般多应用于长势中等的枝条，缓放强旺枝一般应配合弯枝、扭伤等，以削弱枝势。

果树缓放的极端是开始就不进行修剪，是使果树最快结果的方法，一般在育种中应用。生产中不修剪容易造成树体结构混乱和大小年结果。

【任务实施】

1. 任务准备

（1）材料准备　准备修剪的果树。

（2）工具准备　修枝剪、高枝剪、手锯、芽接刀、梯子、卡尺、钢卷尺、拉枝绳子。

2. 实施过程

（1）修剪反应观察　观察并列表统计上年各种基本修剪方法的修剪反应；观察被剪枝条的生长势、角度、粗度、位置，采用的修剪方法及其程度；修剪后枝芽生长情况，如萌芽率、成枝力、枝类比例、枝条成熟度、成花结果情况；并评价其修剪效果。

（2）基本修剪方法训练　训练四种常用的修剪方法。

【评价与考核】

优：掌握各种果树的四种修剪方法，错误率控制在3%之内。工作态度端正。

良：掌握各种果树的四种修剪方法，错误率控制在3%~5%。工作态度端正。

中：掌握各种果树的四种修剪方法，错误率控制在5%~10%。工作态度端正。

及格：掌握各种果树的四种修剪方法，错误率控制在15%之内。工作态度端正。

不及格：不能掌握任务规定的四种修剪方法，质量达不到标准。

【复习思考题】

（1）四种短截的方法和作用。

（2）不同修剪方法的作用。

任务二　生长季整形修剪

知识目标：了解桃、李、杏、葡萄等果树生长季整形修剪的特点。
技能目标：能够完成果树的夏季整形修剪工作。
德育目标：培养学生一丝不苟的工作态度和做事有始有终的工作作风。

生长季修剪时间长，方法多，在实施中应考虑农时季节，一般从春季开始，到秋季结束。

【相关知识】

• 生长季整形修剪的基本方法

1. 撑、拉枝

用支竿或绳子等改变枝条角度。在5~6月，对角度小的主枝用木棍将角度撑大，或用绳拉大。

2. 抹芽

抹除生长早期无用的新芽、嫩梢。可在生长早期及时抹除以防止长成为竞争枝、徒长枝。

3. 摘心

摘去新梢的顶端部分。对可以利用而又需要控制生长的竞争枝、背上枝或徒长枝，在生长到40~50cm时，将顶端5~10cm嫩尖摘去（摘心），促生分枝，削弱生长。对生长旺盛的幼树，也可以对骨干枝的延长枝摘心，促生二次枝，增加中、短枝数量，加快形成树冠。

4. 疏梢

将无用的新梢疏除。于5月下旬至6月上旬，将密生处的旺盛新梢疏除，以节省养分和改善光照；也可以在9月下旬、10月中下旬，疏除大枝或树冠落头，能够减轻冬季修剪时疏大枝或落头后的不良反应。

5. 扭梢

用扭的方法改变新梢的生长方向。在新梢旺盛生长的5月中、下旬，在新梢基部3~5cm处，用手捏住新梢扭转180°~360°，并向下折倒，以削弱生长，促使形成花芽。

一般只适用于苹果、桃等果树。梨、山楂新梢质脆易断，不宜应用。

6. 拿枝

轻折新梢，使木质部受伤而改变方向，但新梢不折断。对竞争枝、旺枝以及位置不当的其他枝梢，有空间可以利用时，将这些枝梢从基部开始，用手轻折，适当折伤木质部，发出轻微的折裂声使之软化，直至使新梢折平或先端向下。拿枝可以控制新梢生长，促发短枝，有利于花芽形成。可在秋梢旺长期进行为宜，也可在春季花芽萌动时进行。

一般应用于苹果。梨、山楂因枝梢质脆，易折断，多不应用。

7. 环剥

剥去枝干韧皮部一圈。为了促进花芽分化，在5月下旬~6月上旬，对旺枝或辅养枝进行环剥。环剥的宽度要根据枝的粗度而异，一般为2~10mm。

8. 刻伤

用刀等在芽附近的韧皮部进行横切，使韧皮部断开而受伤。刻伤可以影响养分运输，芽或枝条上部刻伤能达到促进生长的作用，芽或枝条下部刻伤能达到促进花芽分化的作用。

【任务实施】

（一）任务准备

（1）材料准备　准备修剪的果树。

（2）工具准备　修枝剪、高枝剪、手锯、芽接刀、开角器。

（二）实施过程

1. 桃的生长季整形修剪

一般幼树、旺树每年进行3~4次生长季整形修剪，盛果期树可进行3次生长季整形修剪。

（1）春季修剪　从萌芽到坐果后进行。主要包括抹芽疏梢，除去过密的、无用的、内膛徒长的新梢，除去剪口下竞争的芽或新梢，选留生长健壮的芽或新梢。调整骨干枝延长梢，对冬剪时长留的结果枝，前部未结果的缩剪到有果部位，未坐果的果枝疏除或缩剪成预备枝。

（2）夏季修剪　一般可进行两次。第一次在新梢旺长期进行，主要内容有对竞争枝疏除或扭梢，疏除细弱枝、密生枝、下垂枝，改善光照，节省营养；对旺长枝和准备改造利用的徒长枝，可以留5~6片叶摘心或剪梢促发二次枝，培养为枝组；对骨干枝达到要求长度的可以剪先端主梢留副梢，促发分枝，开张角度，缓和生长；对其他新梢可在长到20~30cm时候，通过摘心培养结果枝组。第二次夏剪在6月下旬至7月上旬进行，主要是控制旺枝生长，对尚未停长的枝条可通过拿枝、拉枝等方法控制，但修剪量不宜过重。

（3）秋季修剪　也叫晒条，在8月上、中旬进行。疏除过密枝、病虫枝、徒长枝。对摘心后形成的顶生丛状副梢，把上部副梢剪掉，留下部1~2个副梢，进而改善光照条件，促进花芽分化和营养的积累。同时拉枝调整骨干枝的角度、方位和长势。对尚未停长的新梢进行摘心，以使枝条充实，提高抗寒力。

2. 葡萄生长季修剪

（1）抹芽定枝　抹芽在春季芽萌发时进行。首先要根据芽萌发的情况判别芽的质量。通常萌发早而饱满圆肥的芽多为花芽，萌发晚的尖瘦的芽多为叶芽或发育不好的花芽。应抹除过密芽、质量差的芽。一节上萌发2~3个芽时，选留一个发育好的芽。

当新梢长到10cm左右，能明显辨别有无花序和花序多少时，进行定枝。篱架一般每隔10~15cm留一新梢，棚架一般每隔20~25cm留一新梢，原则上留结果枝，去发育枝，留壮枝，去弱枝。在枝条稀的部位和需要留预备枝或更新枝的部位，如无结果枝可留，也可留一定数量的发育枝。多余的新梢，全部去掉。

（2）摘心　结果枝一般于开花前至初花期，在花序以上留5~7叶摘心；一般发育枝留10~12叶摘心；主蔓延长枝或更新枝，可根据冬季修剪的要求长度再多留2~3叶进行摘心。

（3）副梢处理　对副梢的处理，较常用的有两种方式：

一是结果枝上只保留顶端一个副梢，其余的均及时抹去。顶端留下的（一次）副梢，留4~6叶摘心，其上再发生的（二次）副梢，除顶端一个留2~3叶摘心外，其余的（二次）副梢留1叶摘心。待三次副梢萌发后，也按此处理。这种副梢处理方式，多用于生长较弱的品种。

二是花序以下的副梢抹除；花序以上的副梢，留1叶摘心，并且在摘心时，用指甲将叶腋内的夏芽掐去，减少以后再发生的二、三次副梢，顶端的副梢应留2~3叶反复摘心。此种副梢处理方式，多用于生长较旺或易得日烧的品种。

在开花前，结果枝中下部的副梢已萌发，在进行结果枝摘心的同时，对已萌发的副梢一并加以处理。一般一年内需要进行3~5次副梢处理或摘心工作。对发育枝的副梢处理和结果枝基本相同。

（4）疏花序及掐花序尖　开花前两周，根据树势和负荷量，疏去弱小和过多的花序。对落果较重、花序大而长的品种，可掐去花序顶端的穗尖，使果穗紧凑，果粒整齐。

（5）绑蔓和除卷须　新梢长到30cm左右时开始绑蔓，使新梢均匀的固定到架面上。生长期约需绑缚2~3次。在绑蔓和处理副梢的同时，随时将卷须除去。

（6）秋季摘叶和剪梢　进入果实成熟期，将老化和遮光的多余叶片去掉。对夏季处理的副梢先端也进行剪梢处理。可以增加光照，促进果实着色和成熟。对延长蔓也应该摘心以促进枝条充实。

【评价与考核】

优：合理运用各种修剪方法，修剪10株果树，错误率控制在3%之内。工作态度端正。

良：合理运用各种修剪方法，修剪10株果树，错误率控制在3%~5%。工作态度端正。

中：合理运用各种修剪方法，修剪10株果树，错误率控制在5%~10%。工作态度端正。

及格：运用各种修剪方法，修剪10株果树，错误率控制在15%之内。工作态度端正。

不及格：不能掌握规定的修剪方法。

【复习思考题】

葡萄生长季修剪有哪些方法？

【知识拓展】

• 葡萄一年二次结果技术

在枝芽受到冻害、一次果数量不足的情况下，某些果实生长期短的品种可促使二次结果。也可利用在设施栽培延长果实供应期上。方法有两种：

一是利用冬芽副梢结果。开花前数天主梢摘心，除主梢先端留1~2个副梢外，其余副梢全部抹除，留的副梢留5~6叶摘心，约在始花后两周，将留的副梢也从基部剪除，迫使冬芽萌发副梢结果。适用品种有：玫瑰香、黑汉、亚历山大、新玫瑰、莎巴珍珠等。

二是利用夏芽副梢结果。方法是在主梢开花前15~20d，选旺盛的新梢在顶端夏芽尚未萌发的节位摘心，同时将下部各节上已萌发的夏芽全部抹除，使养分集中到顶端未萌发的夏芽中，促使分化花序，待萌发后，形成二次结果。适用的品种有：巨峰系品种、凤凰51、乍娜、玫瑰香、莎巴珍珠、葡萄园皇后、白香蕉等。

任务三　果树树形

知识目标：了解果树树形，理解果树整形的特点。
技能目标：能够进行果树的树形识别和绘图工作。
德育目标：培养学生吃苦耐劳的精神和善于观察的职业素质。

果树生产中，根据不同的树种特点、不同的栽培地区和栽培习惯，形成了不同的树形。各种树形结构都体现了丰产稳产栽培目标，具备通风透光作用，有各具特色的主枝结构组成，不同形状的树冠外形和叶幕结构。

可以先参观成形的果树作为对照，比较不同年龄时期的果树，达到学习的目的。

主干，主枝，枝组的结构、分布和数量是决定树形的关键，学习者可以绘制结构图，并能够在果园参照实物绘制效果图，进行对比和分析。在掌握树形的基础上，可以进行实际的整形修剪。

【相关知识】

- **果树树形分类（见图2-18、图2-19）**

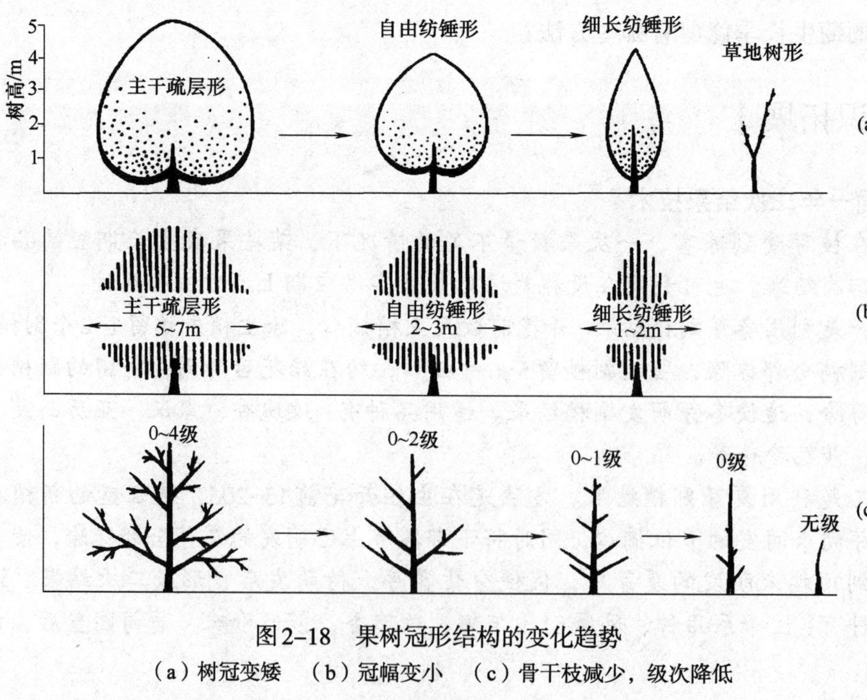

图2-18　果树冠形结构的变化趋势
（a）树冠变矮　（b）冠幅变小　（c）骨干枝减少，级次降低

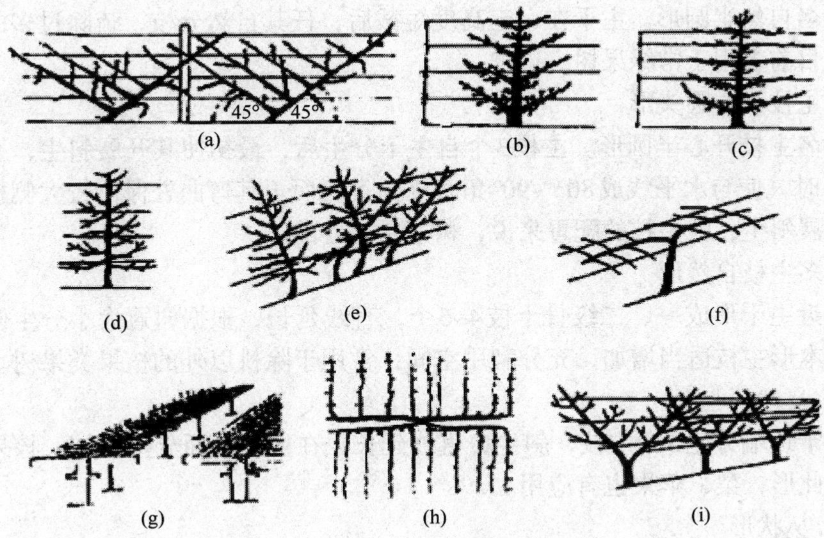

图2–19　几种篱架树形

（a）折叠扇形　（b）扇形　（c）改良棕榈叶形　（d）纺锤形　（e）倾斜主干V字形

（f）T字形　（g）X字形（侧面）　（h）X字形（俯视）　（i）Y字形

1. 主干形

由天然树形适当修剪而成，此树形有中心干，主枝分层或分层不明显，树冠较高。常用于银杏、核桃等果树，苹果密植果园所用的金字塔形也属于此形的小型化类型。

2. 疏散分层形

又名主干疏层形。一般第一层主枝3个，第二层主枝2个，第三层以上每层1个，疏散排列。此形为我国苹果、梨等果树过去最常用的树形。

3. 小冠疏层形

又名小冠半圆形。树高3~3.5m，冠幅2.5m。一般第一层主枝3个，第二层主枝2个，第三层可有可无，疏散排列。此形为我国苹果、梨等果树现在常用的树形。

4. 变则主干形

主枝不分层螺旋排列于中心干上，顶端开心。此形过去曾应用于苹果、梨上，由于成形和结果晚，现在很少用。

5. 多中心干形

自主干直立向上培养2个或2个以上的中心干。此形过去有用于大砧木高接的银杏、香榧等果树上，目前有用于梨、橙上的。

6. 圆柱形

中心干上不再分生主枝，而在中心干上直接着生组结果。适用于密植栽培。

7. 自然圆头形

又名自然半圆形。主干在一定高度短截后，任其自然分枝，疏除过多的主枝而成。目前多用于常绿果树。

8. 主枝开心圆头形

又名主枝开心半圆形。主枝3个自主干分生后，最初使其开展斜生，至长到1~1.4m时，使与水平线成80°~90°角直立向上，而于其弯曲处保留较大侧枝，使向外开展斜生，就主枝的配置来说，树冠是开心的。

9. 多主枝自然形

靠近主干形成一、二级骨干枝4~6个，直线延长，根据树冠大小分生侧枝若干个。本形主枝适当增加，充分利用空间，常用于除桃以外的核果类果树。

10. 自然开心形

主干顶端分生3个主枝，斜生，直线延长，在主枝侧面分生侧枝。核果类果树常用此形，梨、苹果也有应用。

11. 丛状形

无主干，自地面分枝成为丛状。主要适用于灌木果树，核果类果树也有应用。

12. 纺锤灌木形

又名纺锤丛状形。与主干形相似，只是树冠较矮小。树高2.5~3m，主枝不分层，均匀分布于中心干上。主要应用于矮化苹果。现在各种纺锤形树性应用较广泛。

13. 树篱形

树冠株间相接，行间有间隔，果树群体成为树篱状。根据树篱横断面的形状，有长方形、三角形、梯形和半圆形之分。再根据单株树体结构，又可细分为多种树形。树篱形适用于机械化操作，适用于矮化栽培的果树。

14. 自然扇形

与棕榈叶形相似，但不设支架，主枝斜生，向行向分布。干高20~30cm，主枝3~4层，每层2个，与行向保持15°夹角；第二层主枝与行向保持和第一层相反的15°夹角，使上下相临两层主枝左右错开。

15. 棕榈叶形

这是目前最常用的篱架形。具体树形有多种，苹果应用此树形的基本结构是，中心干上沿行向直立面分布6~8个主枝。主枝在中心干上分布较有规格的叫规则式棕榈叶形；规格不严格的叫不规则棕榈叶形。按骨干枝在篱架上的分布角度，又可分为水平式、倾斜式、烛台式等。其中倾斜式在葡萄上应用常称为扇形。

16. 单层或双层栅篱形

树体主要培养单层或双层主枝近水平缚在篱架上。

17. 棚架形

主要用于蔓性果树。

【任务实施】

1. 任务准备

（1）材料准备　不同树形的果树、图谱、视频资料。

（2）工具准备　绘图工具。

2. 实施过程

（1）识别树形　果树树形的结构主要是由树干、中心干、主枝、副主枝和互相之间的关系决定。依据树体大小，可以分为乔化树、矮化树。依据树冠形状，可以分为自然形、扁形和水平形。

（2）绘制树形结构图　根据观察和识别的树形，绘制结构图。

【评价与考核】

优：根据实际果树识别其树形，绘制树体结构图，错误率控制在3%之内。

良：根据实际果树识别其树形，绘制树体结构图，错误率控制在3%~5%。

中：根据实际果树识别其树形，绘制树体结构图，错误率控制在5%~10%。

及格：根据实际果树识别其树形，绘制树体结构图，错误率控制在15%之内。

不及格：不能完成任务规定的工作，达不到要求的标准。

【复习思考题】

简述果树树形变化的趋势。

【知识拓展】

• 主枝角度的调节

1. 加大角度

选留培养角度开张的枝芽，如利用下位芽作为剪口枝芽。如苹果顶芽抽生的新梢较直立，其下的芽生成的新梢依次开张，利用这一特性可以在骨干枝修剪时多留5cm，待剪口芽抽生长达10cm时，连同多留的5cm主干一并剪去或将骨干枝剪口芽以下2~3个芽抹去，让4~5芽以下的芽萌发，促使抽生枝角开张。利用芽的异质性：如苹果一次枝基角一般较小，二次枝基角比较大，有时几乎达90°，因此，在苹果枝梢抽生中进行摘心，促使二次枝萌发可以加大角度。

通过外力进行拉、撑、坠、扭。必须抓紧在幼树进行，在一年中以枝梢基本停长而未木质化时进行最好。过早减弱生长，过迟开张困难，不易固定。见图2-20。

图2-20　拉枝

利用果树枝、叶、果本身的重量进行拉坠。如长放修剪，长枝顶部留果枝结果，利用枝叶果本身重量增加，重心外移，使枝条开张的办法。如浙江农业大学果树组（1965）测定：7~9年生今村秋梨连续两年轻剪疏剪的，树高/冠径比从1.623下降到1.275，下降快，树冠开张；重剪短截的从1.546下降到1.477，下降慢。

利用果树本身枝叶遮阳促使枝梢开张，核果类开心形整形时，可以在幼年先保留中心干，利于其枝叶遮阳，使主枝向外斜生，待基本成形后，再将中心干逐年分段去除。

2.缩小角度

方法是：选留向上位芽作为剪口枝芽；利用拉撑使枝芽直立向上；短缩修剪，枝顶不留或少留果枝；换头，以直立枝代替原头等。一般应用较少。

任务四　核果类整形修剪

知识目标：了解核果类果树生长的特点及果树相应的树形。
技能目标：能够完成核果类幼龄树的整形修剪工作。
德育目标：培养学生耐心细致的工作作风和吃苦耐劳的精神。

核果类的树形很多，根据不同的树种生长特性和对光照的要求综合考虑，生产上常用的有自然开心形、二主枝开心形、纺锤形。

【相关知识】

（一）核果类特点

核果类生长迅速，一般修剪在2~3年内完成，特别是第一年更加重要，是决定树形的关键。

副梢生长旺盛，桃一年可以有3~4次生长，树冠形成快，但是也容易生长过旺，造成树冠郁闭。注意抹芽和疏枝，防止主枝过多。也可以利用副梢进行整形，可以提早完成整形。

结果早，核果类的花芽形成容易，树冠生长快，具备早产性，可以在修剪上利用，但是相应的寿命较短。

冬剪和夏剪结合，根据核果类的特性，要重视夏剪，才可以完成修剪任务。

核果类果树喜光，多采用无中心干的树形。一般中、大型树冠，一定要控制树高、冠径，适宜的叶幕厚度，树体间距等条件，减少光合无效区。在密植果园，小冠树形的表面受光量和光能利用率高于大冠树形。在修剪上，开张角度，注意疏剪，加强夏季修剪等可以提高光合利用率。

（二）核果类果树主要树形的结构

1. 自然开心形

通常留3个主枝，不留中心干，又称三主枝开心形。具有整形容易、树体光照好、易丰产等特点。

基本结构：干高30~50cm，主干以上错落着生3个主枝，相距15cm左右。主枝开张40°~60°，第一主枝角度可开张60°，第二主枝略小，第三主枝则开张40°左右。3个主枝水平夹角120°，第一主枝最好朝北，其他主枝也不宜朝正南，以免影响光照。主枝直线或弯曲延伸。每主枝留2个平斜生侧枝，开张角度60°~80°，各主枝上第一侧枝顺一个方向，第二侧枝着生在第一侧枝对面，第一侧枝距离主枝基部50~70cm，第二侧枝距第一侧枝50cm左右。在主侧枝上培养大、中、小型枝组。

2. 二主枝开心形

树体结构与自然开心形相近，只是留2个主枝，更适合在较高栽植密度下采用（见图2-21）。

图2-21　二主枝开心形

基本结构；干高40~50cm，主干上着生2个主枝，长势相近，反向延伸。主枝开张角度45° ~60°，每个主枝上着生2个侧枝，第一侧枝距主干50~60cm，在另一侧着生第二侧枝，第二侧枝距离第一侧枝40~50cm。侧枝以平斜生为宜，侧枝与主枝夹角在45° ~60°左右，在侧枝上配置结果枝组。

3. 纺锤形

适合高密度栽培和设施栽培，需及时调整上部大型结果枝组，切忌上强下弱。

基本结构：干高50cm左右，在中心干着生8~10个主枝，基部主枝长0.9~1.2m，基角70° ~80°，以上主枝长度0.7~0.9m，基角70° ~80°。主枝在中心干上均匀分布，间距25~30m，同方向主枝间距50~60cm。结果枝组直接着生在主枝和中心干上，树高2.5~3.0m左右。如果栽植密度加大，中心干上主枝上下相差不多，则为细纺锤形。

【任务实施】

（一）任务准备

（1）材料准备　准备修剪的果树。

（2）工具准备　修枝剪、高枝剪、手锯、芽接刀、梯子、拉枝绳子。

（二）实施过程

1. 自然开心形整形步骤（见图2–22）

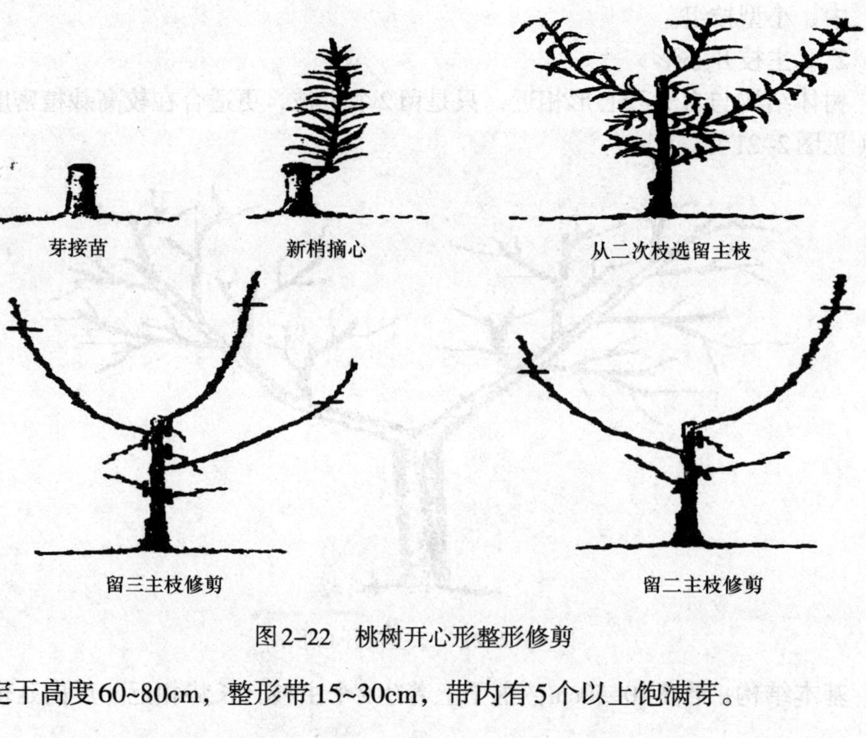

图2–22　桃树开心形整形修剪

定干高度60~80cm，整形带15~30cm，带内有5个以上饱满芽。

春季萌芽后抹去整形带以下的芽，在整形内选留4~5个新梢。当新梢长到30~40cm时，选生长健壮、相距15cm左右、方位和角度符合要求的3个新梢作为主枝培养。其他枝拉平缓放，辅养树体。

第一年冬季修剪时，留作3个主枝的一年生枝剪留60~70cm。春季萌芽后，在顶端选择健壮外芽萌发的新梢作主枝的延长梢，同时在延长梢下部选择方位角度合适的新梢培养第一侧枝。

第二年冬季修剪时，主枝延长枝剪留50~70cm，第一侧枝留40~50cm。春季萌芽后，继续选留主枝延长枝，同时在延长枝下部、第一侧枝的另一侧选择新梢培养第二侧枝。

第三年冬季修剪时，主枝延长枝继续剪留50~60cm，侧枝延长枝剪留40cm左右。春季萌芽后继续以前的操作。这样到第四冬季修剪时，树形基本形成。

桃树的年生长量大，在生长季当主枝或侧枝的延长枝长度达到60~80cm，即行剪梢处理，以促进分枝，增加尖削度，并在发出的副梢中选择角度开张、健壮的代替原头。采用此处理可以加快整形速度。

整形过程中，在主、侧枝上培养大、中、小型枝组，使枝组均匀分布在骨干枝上。树体形成时要达到骨干枝均衡牢固，占满空间，结果枝组疏密适当，圆满紧凑。

2. 二主枝开心形整形步骤

定干高度60cm，在整形带内选留两个对侧的新梢培养主枝。两个主枝一个朝东，一个朝西。第一年冬季修剪时主枝剪留50~60cm，第二年选出第一侧枝，第三年在第一侧枝对侧选出第二侧枝。其他枝条按培养枝组的要求修剪。到第四年树体基本成形。

3. 纺锤形整形步骤

定干高80~90cm。春季萌芽后在剪口下30cm处选留新梢培养第一主枝，剪口下第三芽梢培养第二主枝，顶芽梢直立生长培养为中心干。当中心干延长梢长到60~80cm时摘心，利用下部副梢培养第三、第四主枝，各主枝按螺旋状上升排列。第一年冬季修剪时，所选主枝尽可能长留，一般留80~100cm。第二年冬季修剪时，主枝延长枝不再短截。生长季将主枝拉至70°~80°，一般三年后可完成8~10个主枝的选留，整形过程结束。

【评价与考核】

优：合理运用各种修剪方法，完成规定的修剪任务，工作态度端正。修剪10株果树，错误率控制在3%之内。

良：合理运用各种修剪方法，完成规定的修剪任务，工作态度端正。修剪10株果树，错误率控制在3%~5%。

中：合理运用各种修剪方法，完成规定的修剪任务，工作态度端正。修剪10株果树，错误率控制在5%~10%。

及格：运用各种修剪方法，完成规定的修剪任务，工作态度端正。修剪10株果树，错误率控制在15%之内。

不及格：不能完成任务规定的工作量，质量达不到标准。

【复习思考题】

自然开心形的基本结构。

【知识拓展】

1. 桃长梢修剪技术

一般桃采用短梢修剪，对结果枝做到“枝枝动剪”。在生产上也可以应用长梢修剪技术，也能取得很好的产量，在生产中桃和苹果有成功的典型。其他果树可以试验。

应用长梢修剪技术要注意以下四点。

①应用于以长果枝结果为主的品种，应疏除过多的细弱结果枝，对过密的强壮枝也要疏除，以保证通风透光。选用的部分健壮枝、中庸枝应轻剪或缓放，达到适度下垂，使前面结果，后面长枝，实现前不旺、后强壮的立体结果效果。如大久保等。

②应用于中、短枝结果的品种，应利用长果枝缓放，促使其上长出较多的中、短枝，再利用中、短枝结果。如深州水蜜、丰白等。

③应用于易裂果的品种，可通过长梢修剪，使果实在长梢的中上部结果，由于长果枝下垂，缓和果实的生长速度，可以减轻裂果。适宜品种如华光、瑞光3号等。

④如应用到苹果和梨的修剪，可以利用短截，促发长枝，对选用的较长健壮枝、中庸枝应先拉平，促使其长出较多的中、短枝，然后轻剪或缓放，使之形成花芽，结果后利用果实的重量达到适度下垂的效果。

2. 一边倒技术

桃树的一边倒技术是山东省寿光县的农民经过多年研究试验成功的桃树栽培方式。一边倒栽培技术是将桃枝拉成倾斜的树形，充分利用太阳能使树体两面受光，光合作用充分，从而达到丰产的目的。桃树一边倒的核心是树形，它打破了普通桃树“桃三杏四”结果的常规，第二年达到5000kg / 亩的产量。

一边倒技术具有独特的“平、满、透”特点，枝条一是要拉平，平的基础上还要多而丰满，才能达到高产。叶幕薄而透光，下部叶片实现透光效果。除了主枝抬头外其他枝条保持水平，斜向上或斜向下即为“平”；让枝条在每个方位都有，以占满空间即为“满”；让每个部位的枝都见光，即为“透”。

整形修剪时利用竹竿绑缚，把竹竿固定在离桃树30~40cm处，然后轻拉主干，让它自然倾斜与地面形成45°角，将主干固定在竹竿上，但不要把主干拉成弯弓，让主干保持顺直而斜升。

任务五 苹果整形修剪

知识目标：了解苹果树生长特点及整形修剪特性。
技能目标：能够观察果树的修剪反应，能够完成苹果树整形修剪工作。
德育目标：培养学生吃苦耐劳的精神和分析问题、解决问题的能力。

苹果的树形很多，苹果初结果树的整形修剪应根据砧穗组合、栽植密度、立地条件和栽培技术四方面综合考虑，根据树冠的大小来选择适当的树形。生产上常用的有自由纺锤形、细长纺锤形（见图2-23）以及主干形、小冠疏层形和改良纺锤形。

图2-23 苹果矮化栽培细长纺锤形

【相关知识】

（一）苹果生长特点

苹果枝条的芽有明显的异质性，萌芽力和成枝力品种间差异很大。新梢有2~3次加长生长，长梢有明显的春秋梢之分；秋梢生长开始于6月下旬~7月上旬，持续到9月份，而以7、8月生长最旺。

生长枝分为长枝>30cm、中枝5~30cm，短枝<5cm和叶丛枝（<1cm），培养中短枝是形成以后结果枝的基础。

苹果定植后一般3~6年开始结果，寿命可达40~60年。但因品种、砧木类型、环境条件及栽培管理技术水平而不同。

果台是指当年的结果新梢，一般因结果膨大而形成。果台上有芽，可萌发抽生果台枝。

根据苹果结果枝的长短，分短果枝、中果枝和长果枝三种，长度分别为5cm以下、5~15cm之间、15cm以上。苹果的花芽多数着生在各类果枝的顶端，以短果枝结果为主；但有的品种（如寒富等）在生长健壮枝条的中上部可形成腋花芽，这种果枝称为腋花芽果枝。苹果大多数的花芽是在开花的上一年形成的，其形成时间集中在6~9月。

（二）苹果生产常用树形的结构

1. 自由纺锤形

属中小冠形，常用于矮砧普通形、半矮砧普通形和生长势强的短枝型品种组合。适宜采用株距2.5~3.0m，行距4m的栽植密度。见图2-24。

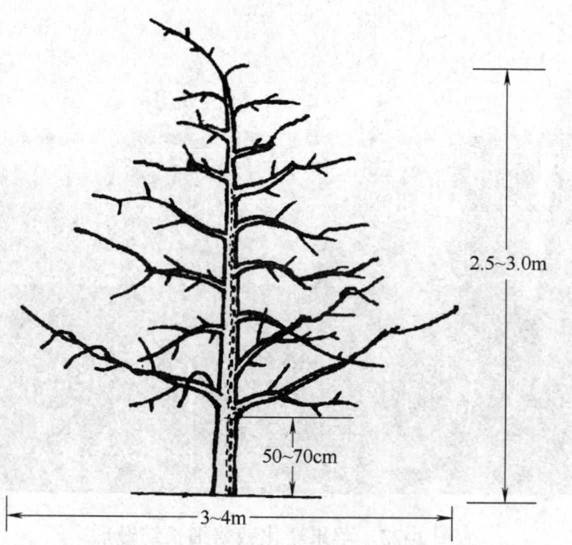

图2-24　自由纺锤形

结构：自由纺锤形树高2.5~3.0m，干高50~70cm，中心干上着生10~15个主枝，同向主枝间距不小于50cm。主枝长度1.5~2.0m，分枝角度70°~90°，其上着生枝组。随树冠由下而上，主枝体积变小，长度变短，分枝角度变大，着生的枝组变小变少。

2. 细长纺锤形

属小冠形，常用于矮砧普通品种、矮化中间砧短枝型品种组合的果树。适宜采用株距2~2.5m，行距4m的栽植密度。见图2-25。

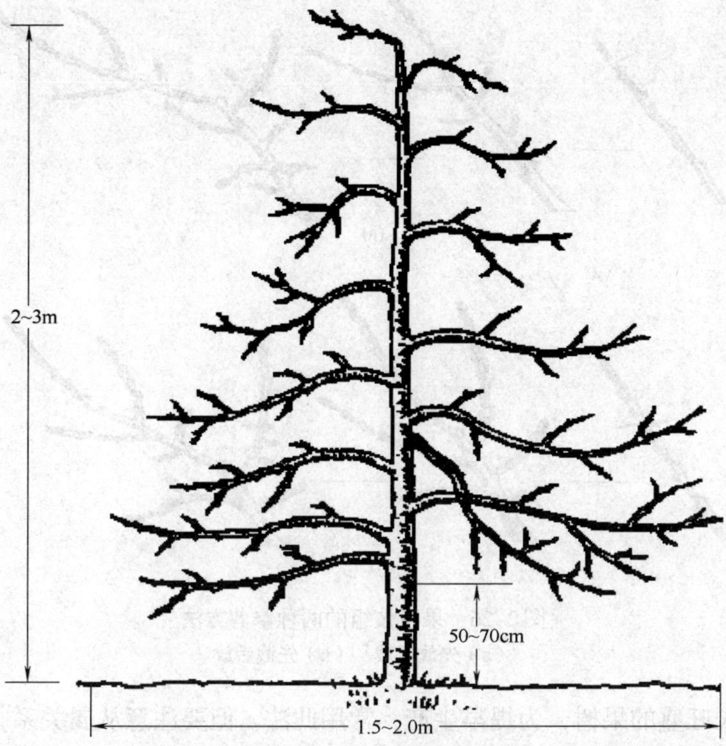

图2-25　细长纺锤形

结构：细长纺锤形树高2~3m，干高50~70cm，冠径1.5~2.0m。在中心干上不分层次，均匀分布势力相近的水平细长侧生分枝15~20个。随树冠由下而上，侧生分枝长度变短，角度变大。

（三）枝组培养的方法

根据果树特性合理培养和修剪枝组是提高产量、防止大小年和减慢结果部位外移的重要措施。随着树冠的形成，要不失时机逐级选留培养枝组。整形中保持骨干枝之间适当距离，适当加大主枝角度，骨干枝延长枝适当重剪以及必要的骨干枝弯曲延伸都与枝组形成有很大关系。

在整个树冠中枝组分布要里小外大，上少下多，内部不空，通风透光。在骨干枝上要大中小型枝组交错配置，防止齐头并进；枝组间隔要适度。幼树以小型枝组结果为主，老树主要靠大中型枝组结果，因此，特别要注意利用强枝培养大中型枝组。可以采用以下几种方法（见图2-26）。

1. 先放后缩

可以培养小型和中型枝组。枝条缓放拉平后可较快形成花芽或提高徒长性结果枝的着果率，待结果后再行回缩，培养成枝组。

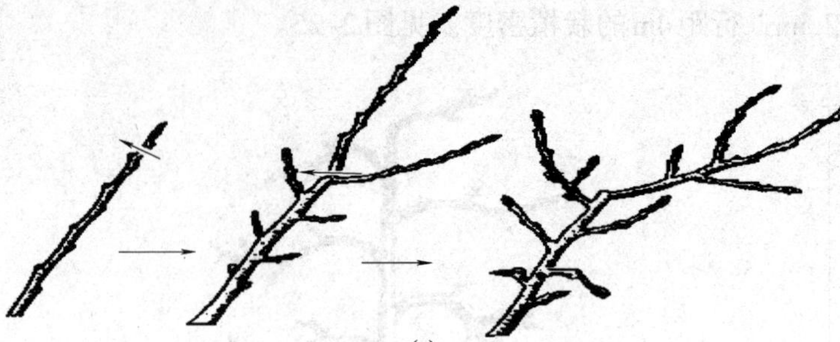

(a)

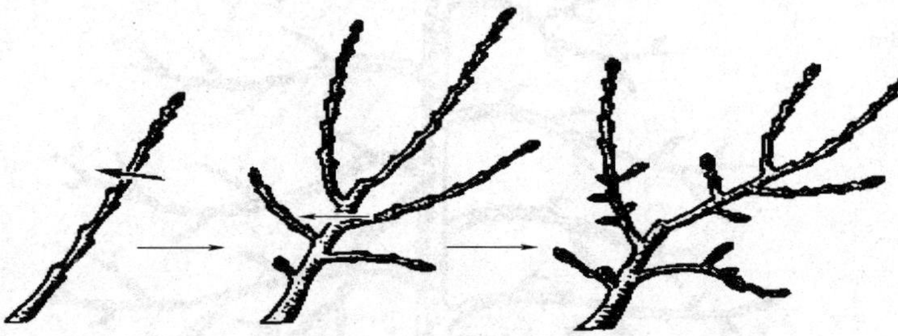

(b)

图2-26　果树枝组的两种修剪方法

（a）先放后截　（b）先截后放

对生长旺盛的果树，为提早生产，常用此法。但要注意从属关系，防止缓放几年造成骨干枝与枝组混乱。

2. 先截、后放、再缩

对当年生枝留15~25cm以下短截、促使靠近骨干枝分枝后，再去强留弱，去直留斜，将留下枝缓放再逐年控制回缩成为中型或大型枝组。这种方法，多用于直立背生旺枝。

这种剪法可冬夏结合，利用夏季剪梢加快枝组形成或削弱过强枝组。如对桃的直立性徒长枝在冬季短截后，第二年初夏连续2~3次将其顶梢连同基枝一段剪去，则很快削弱其生长势而形成良好枝组。

3. 改造辅养枝

随树冠扩大，大枝过多时可将辅养枝缩剪改造成大中型枝组。

4. 枝条环割

对缓放的强枝，于5~6月间在枝条中下部进行环割，当年在环割以上部分形成充实花芽，次年结果，以下部分能同时抽生1~2个新枝，待上部结果后在环割处回缩，即形成一个中小型枝组。

5. 短枝型修剪

对苹果、梨等，可进行短枝型修剪，使形成小型枝组。

一般将生长枝于冬季在基部潜伏芽处重短截，第二年抽梢如仍过强，则于新梢长30cm以下时，再用同法重短截，使再从基部瘪芽处抽梢。如此连续进行1~2年即能形成小型枝组。

(四)整形修剪的程序

果树进行修剪时，由于品种和树龄的不同，修剪中需要考虑很多的因素，解决一些综合性问题，灵活全面地使用技术。因此，采用一定的程序，分步骤进行修剪，有助于简化技术，提高效率。果树冬季修剪可按照以下程序进行。

1. 看

看即树下观察，调研。修剪开始前要全面调查和研究果园修剪的整体状况和动态，如品种、栽植密度、选用的树形和整形目标及产量要求，研究过去修剪的得失。

2. 定

定即定具体措施。具体修剪某一类果树之前，要通过不同的方位仔细观察该树的树相和修剪反应，观察树势、花量、树冠郁闭情况。重点是骨干枝的数量、角度，辅养枝的位置、长势及对骨干枝的影响，枝组的类型、数量及配置是否合理，树体存在的突出问题。在此基础上决定修剪的措施，确定方案。

3. 调

调即调整骨架，处理大枝。按照树形方案疏除回缩多余的骨干枝，处理妨碍树形、影响通风透光的辅养枝、株行间交叉枝、重叠枝，去除密生枝、病虫枝、竞争枝、徒长枝、轮生枝等有害大枝。

4. 剪

剪即枝组修剪。将全树以骨干枝为单位划分修剪小区，按照从上到下的顺序依次进行修剪。具体修剪从延长枝头开始，自上而下依次进行，看每一枝组的基本状况、着生位置、大小和作用，想它在主枝中的位置及发展前途，定它的去留、伸缩、方向、花芽留量；最后剪到合适的部位。

5. 查

查即全树检查、均衡产量。修剪完成后应检查是否有漏剪或错剪之处，及时补充修剪。

全树修剪完成后，应对果树的产量进行估产，全树进行平衡，并清理修剪现场和整理修剪工具。

【任务实施】

(一)任务准备

(1)材料准备　准备修剪的果树。

(2)工具准备　修枝剪、高枝剪、手锯、芽接刀、梯子、拉枝绳子。

(二)实施过程

1. 自由纺锤形整形步骤

（1）第一年修剪　定植后在距地面70~90cm处定干；萌芽前在整形带内选择方位合适的芽进行刻伤，促发新梢培养主枝；萌发后及时抹除主干近地面50cm以内的萌芽和嫩梢。夏季对竞争性的强旺梢进行扭梢、重摘心或疏除；秋季新梢停长时，对主枝拉枝或拿枝，开张角度70°~80°；冬剪时，中干延长枝留50~60cm短截。从其余枝条中按要求选2~4个主枝，留40~50cm短截。中庸枝缓放成辅养枝。疏除重叠枝、密生枝。

（2）第二年修剪　基本剪法参照第一年，选2~4个主枝，留40~50cm短截。要加强夏剪，一是对主枝及辅养枝刻芽或按15~20cm间距进行多道环割，并及时对背上多余萌芽进行抹除；二是新梢旺长期疏除主枝基部20cm以内长出的背上旺枝及新梢，并对其他背上直立梢扭梢或摘心，同时应注意控制骨干枝上的竞争梢；三是秋季对中干上发出的新梢进行拿枝或拉枝。冬剪时，中干延长枝头剪留40~50cm，各主枝头剪留30~40cm，强旺主枝长放不剪，翌春刻芽促枝。

（3）第三年以后的修剪　生长期修剪同前几年，但秋季重视对中干上部主枝拉枝。第三年冬剪时，中干延长枝头剪留50cm，各主枝剪留40cm；以后冬剪继续培养上层小主枝和下层主枝的结果枝组。当全树修剪五年基本成形时，达到10~15个主枝，则中干延长头可长放，或用弱枝换头，各小主枝头不再短截。同时应及时控制大枝长势，保持中干优势，一是开始疏除中下部过多的大枝如重叠枝、把门枝、轮生枝；二是对下层主枝和辅养枝环剥促花，疏除背上枝。

2. 细长纺锤形修剪步骤

（1）第一年修剪　栽植后，在距地面70~90cm处定干，并在生长季内及时抹除基部50cm以内的萌芽。夏季扭梢控制竞争梢，秋季拉平1m以上的长梢，其余新梢包括中干延长梢不剪，让其直立生长。

（2）第二年修剪　春季萌芽前，在中干延长枝各个方位、拉平侧生分枝的两侧进行刻芽；萌芽后，抹除拉平的侧生分枝基部20cm内的萌芽和嫩梢。夏剪时，对侧生分枝背上梢分别采用扭梢摘心、疏梢、拉枝等措施；秋季继续拉平中干上当年发生的侧生长梢；冬剪时，只疏除直立徒长枝、旺枝、重叠枝、密生枝和主干上的萌蘖枝。

（3）第三年及其以后的修剪　方法与第二年基本相同。但要注意维持上弱下强、上小下大的状态，方法是中干延长枝不短截，及时疏除中干上部稠密的侧生分枝，还要注意保持中干领导优势。当整形即将完成时，回缩株间过长的分枝，适时落头。

【评价与考核】

优：合理运用各种修剪方法，完成规定的修剪任务，工作态度端正。修剪10株果树，错误率控制在3%之内。

良：合理运用各种修剪方法，完成规定的修剪任务，工作态度端正。修剪10株果树，错误率控制在3%~5%。

中：合理运用各种修剪方法，完成规定的修剪任务，工作态度端正。修剪10株果树，错误率控制在5%~10%。

及格：运用各种修剪方法，完成规定的修剪任务，工作态度端正。修剪10株果树，错误率控制在15%之内。

不及格：不能完成任务规定的工作量，质量达不到标准。

【复习思考题】

（1）简述自由纺锤形的结构。

（2）简述苹果枝组培养的方法。

任务六　梨整形修剪

知识目标：了解梨树整形修剪的技术特性及果树盛果期的主要修剪方法。
技能目标：能够完成梨树的整形修剪工作，能够熟练进行盛果期整形修剪。
德育目标：培养学生吃苦耐劳的精神和分析问题、解决问题的能力。

由于先期进行了幼树修剪、初结果树修剪的任务，可以逐步进化到大树修剪，即盛果期修剪。应培养学生关注修剪对产量的影响，做到修剪前、中、后分别对果树产量心中有数。

【相关知识】

（一）枝组分类

结果枝组分小型、中型和大型三类。小型枝组有2~5个枝条，轴长30cm以下；中型枝组有5~15个枝条，轴长30~60cm；大型枝组有15个以上的枝条，轴长60cm以上。

结果枝组的修剪主要包括两方面的内容，即整形和修剪。

整形是根据枝组的发展阶段和培养目标控制其大小的形状。一般在枝组扩大阶段，仅对延长枝进行中截，在饱满芽处剪，用剪口芽的方位调整枝组发展方向；在枝组稳定阶段，停止短截延长枝，令其缓势、增枝、成花、结果；在枝组更新阶段，于中后部选好芽或良好分枝处进行回缩，并对延长枝重截，以恢复生长势。

修剪是及时调整枝组内各类枝条的生长势和比例，选留预备枝，合理留花芽，做到交替更新、轮换结果。

（二）枝组配置

结果枝组的配置要做到数量适当，位置适中，距离适宜。

枝组的适宜数量是每株每米骨干枝上平均分布12~15个枝组，中冠形树大型枝组不超过全树10%。枝组姿势以斜生和两侧枝组为好，大型枝组只配备于基层主枝的背下，中小型枝组可配备于其他位置。各类枝组间应高低错落、大小相间，保持必要距离，一般大枝组间距约为60cm，中枝组约为40cm，小枝组约为20cm。

（三）梨盛果期的整形修剪特点

进入盛果期的梨树，枝条分枝极次增多，总生长量急剧增加，光照条件开始变差，生长与结果矛盾突出。

修剪的任务是：控制树冠，改善光照条件；稳定树势，精细修剪枝组。

1. 适时控制树冠

主要是控制树冠高度和宽度，维持树势稳定和平衡，改善冠内光照条件。

一是当树冠超过该树形规定高度时，对生长势已缓和的中央领导干落头开心，剪口下留中庸的单轴细长枝作新头，以改善树冠光照和避免树势返旺。

二是当行间个别大枝出现搭接时，有计划疏除、回缩行间主侧枝、大分枝及大枝组，使行间保持1.0m左右的通道。并分年疏缩株间交叉、密生、重叠的大枝，改善果园群体光照。

三是控制树冠上强下弱，注意保持中干优势，当树冠中上部旺枝多、角度小，出现多头领导、上大下小时，及时疏除中上部强大分枝，拉平有用的直立枝、大枝组。另外可通过对小主枝开张角度、增大结果量、疏除主干上近地面分枝等的方法保持中干优势。

2. 调整处理大枝

首先要对树冠内整形期间留下的多余辅养枝及不适当的小主枝，本着去长留短、去大留小、去粗留细、去密留稀的原则，分期、分批疏除。一般从大年开始疏除。待疏大枝较少时，可一次性去除；大枝较多时，可分三年去除。

其次，要根据树冠内小主枝的着生位置、发展阶段及长势，及时调整其分枝角度。在小主枝延伸阶段，分枝角度为60°~70°；在其稳定阶段，生长中庸的分枝角度调整到80°~90°，生长旺的调整到100°~120°，为稳定树势，防止上强下弱，主侧枝开张角度自下而上应逐渐加大，如下部为80°左右，中部为90°左右，上部为100°~120°。

3. 精细修剪枝组

枝组的修剪从幼树整形开始贯穿梨树生产的始终，也是盛果期修剪的主要任务。其内容包括枝组的培养、修剪和配置。

（四）小冠疏层形的结构

属中冠树形。常用于乔砧普通型品种，适宜采用株距3~4m、行距4~5m的栽植密度（见图2–27）。

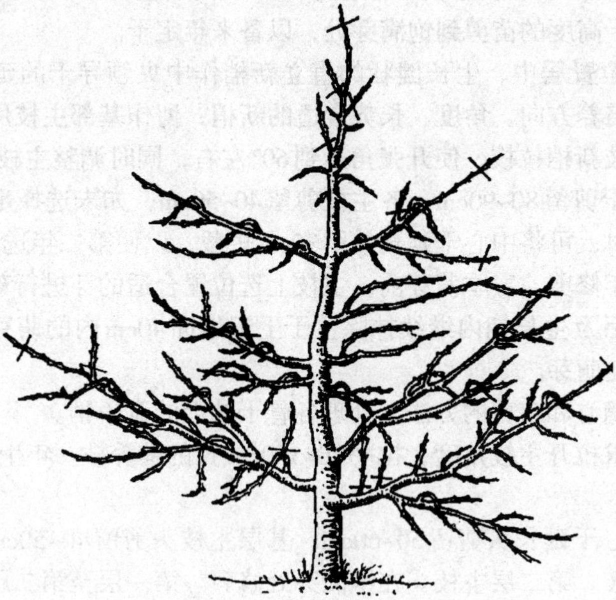

图2–27 小冠疏层形

小冠疏层形树高3.0~3.5m，干高50~60m，冠幅约2.5m，全树有5~6个主枝，分两层排列。

第一层3个主枝，呈邻近或邻接分布，层内距10~20 cm，开张角度60°~80°，方位角120°。每个主枝上留2个侧枝，呈外斜侧方向，第一侧距离中央领导干20~40cm，第二侧距第一侧枝50cm。

第二层至第一层间距70~80cm，配置2个主枝；第三层至第二层间距50~60cm，配置1个主枝。第二、三层主枝上不留侧枝，只留各类枝组。

生产上为通风透光和便于操作，多数只留两层主枝，即第一层3个，第二层2个，层间距80~100cm，层内距20~30cm。

【任务实施】

1. 任务准备

（1）材料准备 准备修剪的果树。

（2）工具准备 修枝剪、高枝剪、手锯、芽接刀、梯子、拉枝绳子。

2. 实施过程

小冠疏层形的修剪步骤：

（1）第一年修剪 苗木定植后，在距地面70~80cm处定干，剪口下10~20cm

为整形带。萌芽前整形带内选择方位合适的芽进行芽上刻伤，促使其抽梢培养为主枝。萌芽后，及时抹除主干上近地面40cm以内的萌芽，以保证整形带内枝梢生长。不够定干高度的苗剪到饱满芽处，以备来年定干。

夏季选择位置居中、生长健壮的直立新梢作中央领导干的延长梢，对竞争梢剪梢。同时培养方向、角度、长势合适的新梢，留作基部主枝用。

秋季对主枝新梢拉枝，使开张角达到60°左右，同时调整主枝间的方位角。

冬季中心干剪留80~90cm，各主枝剪留40~50cm，如未选择足够的主枝或中心干生长过弱时，可将中心干延长枝留30cm短截，以便第二年选出。

（2）第二年修剪　春季萌芽前，主枝上选位置合适的芽进行刻伤，以促生背斜侧枝。萌芽后及生长期内继续抹除主干上近地面40cm内的萌芽、嫩梢，并抹除主枝基部背上萌芽。

夏季采用摘心和疏剪的方法，处理各骨干枝上的竞争梢。

秋季按要求拉开主枝角度，拉平70~100cm长的辅养枝。年生长量不足1m的主枝长放不拉。

冬季，中心干延长头剪留50~60cm，基层主枝头剪留40~50cm。按奇偶相间的顺序选留侧枝。第二层主枝头在饱满芽处修剪。第一层至第二层主枝间配备几个辅养枝或大枝组。

（3）第三年至第五年修剪　夏季修剪除按上年方法进行外，还要通过摘心、环剥等措施处理辅养枝促进成花。同时疏除密生枝、徒长枝，以改善光照。

冬季修剪对三年生及四年生树的中心干和主、侧的延长头分别留剪50~60cm、40~50 cm、40cm。选留第三层主枝和基层主枝上的第二侧枝，辅养枝仍采取轻剪长放多留拉平的剪法。五年生树，如树高达3m以上，树冠大小已符合要求，则基层主枝头可不必短截，继续培养第二、三层主枝，采用先放后缩法培养枝组。

【评价与考核】

优：合理运用各种修剪方法，完成规定的修剪任务，工作态度端正。修剪10株果树，错误率控制在3%之内。

良：合理运用各种修剪方法，完成规定的修剪任务，工作态度端正。修剪10株果树，错误率控制在3%~5%。

中：合理运用各种修剪方法，完成规定的修剪任务，工作态度端正。修剪10株果树，错误率控制在5%~10%。

及格：运用各种修剪方法，完成规定的修剪任务，工作态度端正。修剪10株果树，错误率控制在15%之内。

不及格：不能完成任务规定的工作量，质量达不到标准。

【复习思考题】

（1）简述小冠疏层形的结构。

（2）简述梨树修剪的特点。

【知识拓展】

• 果树更新技术

随着植株年龄和枝龄增长，必然会出现衰老和复壮现象。这种现象首先表现在枝组上，所以果树进入结果期，枝组结果衰老后，就要及时进行回缩更新。随着果树进入结果后期，进一步表现在骨干枝上，树冠开始向心生长，树势衰退，产量下降，则需要对骨干枝进行回缩重新更新，以恢复树势，延长结果年龄。这就是老树更新。

树冠更新的方法：

（1）短缩更新　果树开始进入结果后期时，树冠停止扩展并于下部出现徒长枝时，则需在2~4年生部位选留健壮枝梢进行短缩更新。一般在同一树上逐年分期轮换进行，叫做轮换更新。这样既可保持更新过程仍有相当产量，又可达到树冠更新的目的。特别对常绿树，由于其养分大部分贮藏在叶片中，轮换更新同化养分供应较好，有利于更新复壮。

（2）主枝更新　果树进一步衰老，则在4~6年枝上进行回缩更新。常用于隐芽易抽生的树种，如李、苹果等；桃树隐芽不易抽生，应强调及时短缩更新。最好在更新前及时用环剥、扎缚刻伤等方法促进更新枝预先抽生，然后再进行主枝更新，则同化养分供应较好，伤口愈合和树势恢复快。

树冠更新宜在春季萌芽前进行。大伤口应削平，用1%硫酸铜等药剂消毒，并用接蜡等保护剂涂封，以防病害，减少蒸发，促进愈合和剪口梢生长。主枝更新时，要用石灰乳喷射树冠骨干枝，以免日灼。更新枝抽生时，宜注意防风和整形修剪，对树干下部抽生枝，不影响新树冠形成的宜全部保留，作为辅养枝。

任务七　葡萄整形修剪

知识目标：了解葡萄的生长特性及葡萄产量构成的特点。

技能目标：能够完成葡萄的整形修剪工作，能够熟练进行果树主枝和枝组的更新。

德育目标：培养学生综合分析能力和团结合作的工作作风。

葡萄属于蔓生果树，还包括猕猴桃、树莓等，在整形修剪上有特殊性，主要采用棚架整形和篱架整形。葡萄的整形修剪具有普遍性，其他果树可以参照葡萄。重点是枝组修剪。

葡萄产量主要是由平均果穗重、萌芽率、成枝率、果枝率、结果系数构成。葡萄品种多数容易产量过高。

葡萄过量结果会降低品质并影响翌年的生长和产量，生产上要求产量控制在1500~2500kg / 亩之间，修剪是实现合理负载的有效途径。

【相关知识】

（一）常用树形及其整形过程

1. 扇形整枝

扇形整枝为葡萄产区采用较多的一种树形。依主干有无，分为有主干和无主干多主蔓扇形。无主干扇形有两种，主蔓上留侧蔓的叫自然扇形（见图2–28），不留侧蔓的叫规则扇形（见图2–29）。

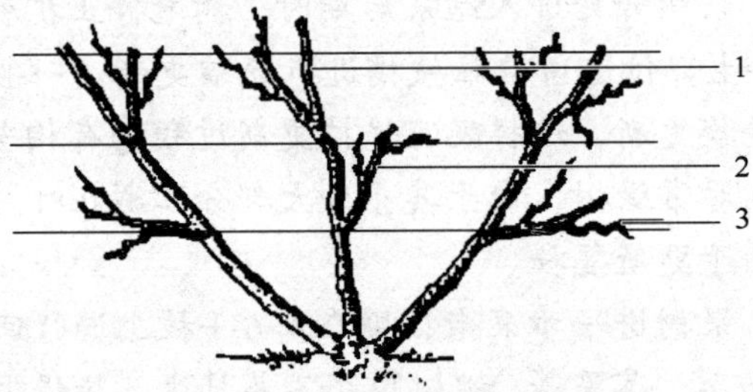

图2–28　葡萄自然扇形

1—主蔓　2—侧蔓　3—结果枝组

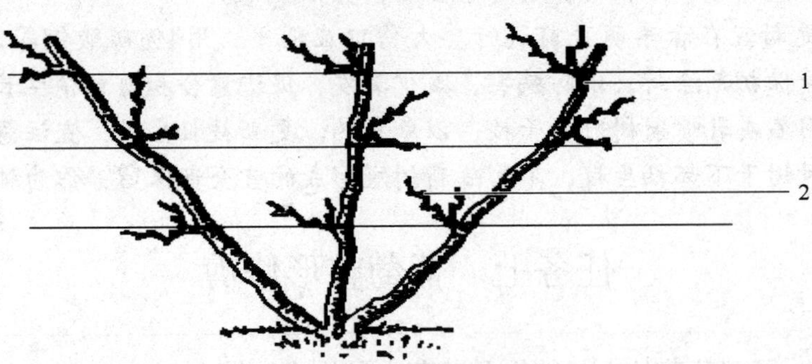

图2–29　葡萄规则扇形

1—主蔓　2—结果枝组

基本结构是植株由若干较长的主蔓组成，在架面上呈扇形分布。主蔓上着生枝组和结果母枝，较大扇形的主蔓上还可分生侧蔓。篱架通常采用无多干多主蔓扇形，其主蔓数量有株距确定。在架高2m、行距1.5m的情况下，每株留3~4个主蔓，每个主蔓上留3~4个枝组。

2. 龙干形

我国北方葡萄产区常用的整形方式，适于棚架和棚篱架。特点是树形、树势、产量和果穗稳定，果实品质好。

龙干形包括独龙干、双龙干和多龙干。龙干为其基本单元，其结构是从地面直接选留主蔓，引缚上架，在主蔓的背上或两侧每隔25~30cm着生一个枝组，每个枝组着生着1~3个短结果母枝，呈龙爪状。多用中短梢修剪。

3. 水平整枝

水平整枝主要用在篱架上。冬季不防寒地区采用有干水平整枝，其树形根据架式可分别采用单臂、双臂、双层、低干、高干等多种形式。冬季防寒地区则必须使用无干水平整枝。单臂单层水平整形是水平整枝的基本形式。

（二）葡萄控制产量的措施

1. 控制留芽量及结果母枝留量

根据品种特性、架式特点、树龄、产量等确定母枝的剪留强度。结果母枝的剪留量为：篱架架面8个/m^2左右，棚架架面6个/m^2。冬剪时根据计划产量确定留芽量：

$$留芽量=\frac{计划产量}{平均果穗重\times 萌芽率\times 成枝率\times 果枝率\times 结果系数}$$

2. 控制结果新梢数量

在冬季修剪的基础上对留梢量做最后的调整。根据架面大小和树势强弱，最后确定留梢数量，棚架每平方米架面一般留15~20个新梢；单篱架每平方米架面留梢不超过15个，篱架上留枝距离10cm。

疏枝时，首先疏除过密和过弱的新梢；在新梢生长势相近时，疏密不疏稀，疏前不疏后。

3. 花后定果

通过疏花序和疏果穗，最后确定负载量。当花序较多时，弱枝不留穗，延长枝不留穗，中庸果枝留1穗，强壮枝留2穗，其余的花序全部疏除。每平方米架面选留4~5穗果。保证每生产500g浆果有10片左右的正常叶片为其提供养分。

4. 修整果穗

对留下的果穗，进行疏粒、掐穗尖等整理工作，使穗形美观。并保证达到品种标准的果穗重量。

【任务实施】

（一）任务准备

（1）材料准备　准备修剪的果树。

（2）工具准备　修枝剪、高枝剪、手锯、芽接刀。

（二）实施过程

1. 扇形整形步骤

第一年春天，苗木留3~4个芽短截后定植；萌芽后从新梢中选留3~4个壮梢培养，其余全部抹去。夏天新梢达80cm以上时，留50~60cm摘心；以后对新梢顶端发出的第一副梢留30cm 摘心，并去掉其余副梢；按相同的方法，副梢上发出的二次副梢留3~5片叶摘心，三次副梢留1~2片叶摘心；夏季生长较差的新梢适当重摘心，培养壮梢。冬剪时，对壮枝留50~60cm短截，成为主蔓；弱枝留30cm短截，下一年继续培养主蔓。

第二年夏季，主蔓上发出的延长梢达70cm时，留50cm左右摘心，其余新梢留40cm摘心，以后可参照第一年的方法摘心。冬剪时，主蔓延长蔓留50cm短截；其余枝条留2~3个芽短截，培养结果枝组。上一年留30cm短截的待培养主蔓，当年可发出1~2根新梢，夏季选其中壮梢在其长到40cm时留30cm摘心，其上发出的健壮的副梢按培养枝组的方法进行摘心和冬剪。

第三年，继续按上述原则培养主蔓和枝组，直到主蔓具备3~4个结果枝组为止。

2. 龙干整形步骤

以双龙干为例（见图2–30）。

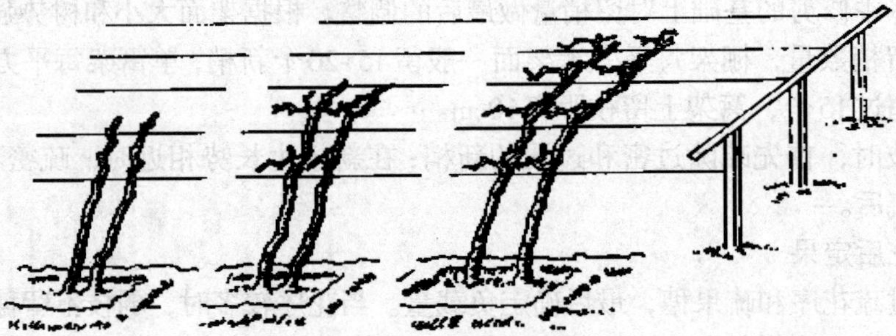

图2–30　葡萄双龙干

定植时留2~3个芽剪截，萌发2~3个新梢用以培养主蔓。当新梢长至1m以上时摘心，其上副梢可留1~2片叶反复摘心。冬剪时，主蔓剪留12~18个芽。

主蔓发芽后，抹去基部30cm以下的芽，以上每隔25~30cm留一壮梢，夏季新梢长到60cm以上时，留40cm摘心。以后对其上的副梢继续摘心，冬剪时留2~3个芽短截。对延长梢可留15~18节摘心，冬剪剪留12~15个芽。

在上年留的结果母枝上，各选留2~3个好的结果枝或发育枝培养枝组，方法是在10片叶左右时摘心，及时处理副梢，并使延长蔓保持优势，继续延伸，布满架面。冬剪时可参考上年方法。一般3~5年完成整形任务。

3. 水平整枝步骤

单臂单层水平整形是水平整枝的基本形式。该树形的基本结构由一个主干和一个水平蔓及若干结果枝组构成，株距1~2m。

定植当年留一个新梢作主蔓培养，冬剪留1.5~2m左右，将其水平绑缚于第一道铁丝。

第二年夏季抹芽定枝时，在枝蔓上每米留6~7个结果新梢，间距15cm。冬剪留2~3芽短截成为结果母枝。

第三年夏季结果母枝发芽后，选留2个新梢分别作为结果枝和预备枝培养结果枝组。冬剪时分别留2~3个芽和4~6个芽。以后每年对结果枝组更新修剪。见图2-31。

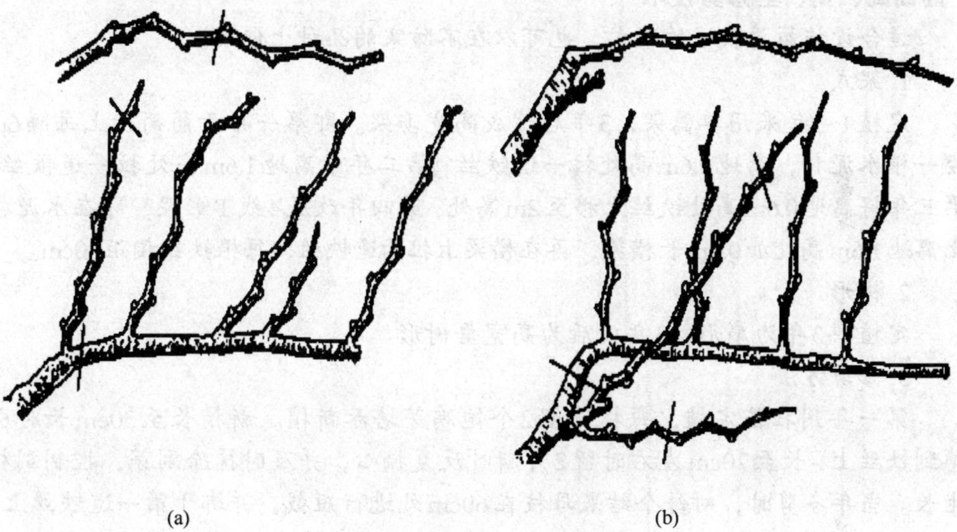
(a)　　(b)

图2-31　葡萄水平整枝

（a）单枝更新　（b）双枝更新

【评价与考核】

优：完成规定的修剪任务，质量达到标准，工作态度端正。修剪10株果树，错误率控制在3%之内。

良：完成规定的修剪任务，质量达到标准，工作态度端正。修剪10株果树，错误率控制在3%~5%。

中：完成规定的修剪任务，质量达到标准，工作态度端正。修剪10株果树，错误率控制在5%~10%。

及格：完成规定的修剪任务，质量达到标准，工作态度端正。修剪10株果树，错误率控制在15%之内。

不及格：不能完成任务规定的工作量，质量达不到标准。

【复习思考题】

（1）怎样计算和控制葡萄的产量？

（2）葡萄怎样进行龙干形整枝？

【知识拓展】

• 葡萄高、宽、垂修剪技术

适合设施葡萄栽培的架式，也可以在不防寒的品种上使用。

1. 架式

定植1~3年采用单篱架，3年后改成高宽垂架。即第一年于葡萄行上每隔6m竖一根水泥杆，离地0.6m高处拉一道铁丝；第二年于离地1.6m高处拉一道铁丝；第三年将离地0.6m高处铁丝上移至2m高处；第四年改成4线T形架，即在水泥杆上离地1.6m高处加0.9m长横梁，再在横梁上拉两道铁丝，每根铁丝相距50cm。

2. 树形

定植1~3年为扇形，3年以后为高宽垂树形。

3. 修剪方法

第一年用壮苗定植，每株选留2个饱满芽培养新梢。新梢长至30cm长时引缚到铁丝上；长至70cm左右时留2片新叶反复摘心，并及时抹除副芽，控制副梢生长。当年冬剪时，对每个结果母枝在60cm处进行短截，并绑于第一道铁丝上。

第二年春发芽后，每个结果母枝选留2个壮芽培养新梢并结果，并将新梢引缚到第二道铁丝上。新梢长至1m左右时留2片新叶反复摘心，并及时抹除副梢。第二年冬剪时，将上年选留的新梢留1m左右短截，开春选2个饱满芽培养新梢，每条新梢保留13片叶，并及时摘心抹除副梢。

第三年冬剪时，每个结果母枝留30~40cm长后短截，并将每个蔓上的结果母枝分别拉向两边，绑缚于中间两道铁丝，以后新梢任其自然生长和悬垂。新梢下垂后，应将其均匀地绑在两边的两道铁丝上。当新梢过长时要进行摘心或夏截，每个新梢以保留13~15片叶为宜。以后每年冬剪时，为防止结果部位外移，可采用双枝更新法进行修剪。并将产量控制在2000kg/亩左右。

【职业技能考核】

环剥技术：

（1）准备长20cm的枝条若干，嫁接刀或环剥刀。

（2）进行两次以上的环剥，10min内完成。要求环剥切口整齐，宽度为枝条直径的1/10，树皮剥离干净。

【归纳总结】

果树合理修剪，可使果树提早结果，延长经济结果寿命，提高产量，克服大小年；改善通风透光条件，减少病虫害，提高果实品质，增强抗灾能力，降低生产消耗。

果树修剪必须根据果树的生长结果特性、自然条件和栽培措施以及经济要求而定。

我国果树栽培历史悠久，各地果农创造了丰富的果树修剪经验。如广东潮汕柑橘的抹芽控梢与根系的控制，山东梨树的自然开心形，辽宁苹果的基部三主枝邻近半圆形，华北枣树环割，葡萄小棚架栽培等。

现代果树修剪则强调简易修剪，降低技术难度，减少培训时间，机械修剪以降低人工成本，提高生产效率，如矮化修剪等。以英国的纺锤形树形，美国的篱臂形树形，韩国的Y形树形，以及我国山东的一面倒树形等为代表。

项目五　果树病虫害防治

任务一　虫 害 防 治

知识目标：了解主要果树虫害的发生规律，防治方法。
技能目标：能够确定果树虫害的防治方案，对症防治，检查防治效果。
德育目标：培养学生生产绿色果品意识。

果树虫害按照危害部位主要有危害叶片的害虫，危害枝干的害虫，危害果实的害虫。其他的危害花、根的害虫种类较少，可以在综合防治的过程中，一并处理。

由于害虫种类较多，各地发生的时期也不同，所以在学习中要根据当地的自然条件和果园具体情况进行分析判断，掌握害虫发生规律，对症防治。

活动一　危害叶的虫害防治

果园实际生产中，许多害虫食性复杂，危害多种果树。如天幕毛虫危害苹果、梨、桃、李、杏、山楂、樱桃、海棠、沙果等果树，还危害柳、杨、榆、栎等多种林木。

食叶性害虫种类较多，主要有天幕毛虫等鳞翅目害虫、山楂叶螨等螨类害虫、卷叶像甲等鞘翅目害虫、蚜虫等膜翅目害虫。其中以鳞翅目幼虫危害较为常见。

虽然食叶性害虫种类较多，但是有一定的危害时期。根据发生的规律，结合果园管理，有针对性地预防，可以有效的控制其危害。一般在生产中常常在春季、夏季和秋季预防3~4次左右即可以控制。

学习中应以测报为基础，重点是调查果园中害虫的种类、数量、时期。在掌握害虫发生情况后，可以采用农业、物理、生物、化学等措施进行防治。

【相关知识】

（一）天幕毛虫

1. 发生规律

一年发生1代。以完成胚胎发育的幼虫在卵壳中越冬，专性滞育，翌年芽膨大，日均温达11℃时幼虫钻出危害叶片。成虫于夜间活动，有趋光性。成虫产卵于小枝上。

主要天敌有赤眼蜂、姬蜂、绒茧蜂等。

2. 防治

（1）农业防治　结合冬季修剪彻底剪除枝梢上越冬卵块。如认真执行，收效显著。为保护卵寄生蜂，将卵块放天敌保护器中，使其寄生蜂羽化飞入果园。

（2）化学防治　发现天幕幼虫群集及时进行“单挑”防治。药剂防治要掌握在幼虫3龄前进行，可用20%氰菊酯乳油2000倍液、2.5%功夫菊酯（氯氟氰菊酯）、或2.5%敌杀死乳油（溴氰菊酯）、或20%速灭杀丁乳油（氰戊菊酯）3000~3500倍液、10%天王星乳油（联苯菊酯）4000~5000倍液，以及其他菊酯类杀虫剂或菊酯与有机磷复配剂。

（二）苹小卷叶蛾

1. 生活史及习性

东北、华北等地年发生3代。以幼龄若虫于粗翘皮、伤口等缝隙内结白色薄茧越冬。果树发芽时开始出蛰，金冠品种盛花期为出蛰盛期，国光品种初花期全部出蛰。出蛰幼虫爬到新梢上危害幼芽、花蕾和嫩叶，老熟后于卷叶内化蛹，蛹期6~9d。各代成虫发生期大体为：5月中下旬~7月上旬；7月中旬~8月中下旬；8月中下旬~9月中下旬。成虫昼伏夜出，有趋光性，对果汁、果醋和糖醋液趋性强。羽化后1~2d便可交尾产卵，卵多产于叶面，亦有产在果面和叶背者。每雌蛾可产卵百余粒，卵期6~10d。初孵幼虫多分散在卵块附近的叶背和前代幼虫的卷叶内危害，稍大各自卷叶并可危害果实。幼虫很活泼，震动卷叶急剧扭动身体吐丝下垂。秋后以末代幼龄幼虫越冬。

天敌有赤眼蜂、甲腹茧蜂、狼蛛、白僵菌等。

2. 防治方法

（1）农业防治　果树休眠期彻底刮除树体粗皮、翘皮、剪锯口周围死皮，消灭越冬幼虫。越冬幼虫出蛰前用80%敌敌畏200倍液封闭锯口、枝杈及其他越冬场所。及时摘除卷叶。树冠内挂糖醋液诱盆诱集成虫，配液用糖：酒：醋：水为1：1：4：16配制。

（2）生物防治　释放赤眼蜂，发生期隔株或隔行放蜂，每代放蜂3~4次，间隔5d，每株放有效蜂1000~2000头。

（3）药剂防治　越冬幼虫出蛰盛期及第一代卵孵化盛期后是施药的关键时期，用药可参照天幕毛虫的化学防治用药。

（三）梨二叉蚜

1. 发生规律

年发生15~20代左右，世代重复，生活周期为乔迁式。以卵在芽附近和果台、枝杈的缝隙内越冬，于梨芽萌动时开始孵化。若蚜群集于露绿的芽上危害，待梨芽开绽时钻入芽内，展叶期又集中到嫩梢叶面危害，致使叶片向上纵卷成筒状。落花后大量出现卷叶，半月左右开始出现有翅蚜，6月份以后大量迁飞到越夏寄主狗尾草和茅草上。6月中下旬梨树上基本绝迹。秋季9~10月间，在越夏寄主上产生大量有翅蚜迁回梨树上繁殖危害，并产生性蚜。雌蚜交尾后产卵，以卵越冬。

2. 防治方法

（1）农业防治　发生量大时早期摘除被害卷叶，集中处理。注意保护和利用天敌控制蚜害。

（2）化学防治　梨树花芽开绽前至展叶期喷布48%乐斯本（毒死蜱、氯蜱硫磷）或50%敌敌畏倍液。

（四）黄刺蛾

1. 发生规律

辽宁、陕西一年发生1代。黄刺蛾幼虫于9月在树干和枝梢处结茧过冬，翌年6月中旬开始化蛹，下旬始见成虫，7月为成虫期，幼虫8月上旬发生，9月份结茧越冬。成虫夜间活动。雌蛾产卵多在叶背，卵粒产在一起，每雌蛾产卵49~67粒，成虫寿命4~7d。幼虫多在白天孵化，横向取食叶片；幼虫食性杂，各地喜食的林木、果树种类不一。

2. 防治方法

（1）人工防治

①处理幼虫　多种刺蛾的幼龄幼虫多群集取食，被害叶显现白色或半透明斑块等，甚易发现。此时斑块附近常栖有大量幼虫，及时摘除带虫枝、叶，加以处理，效果明显。不少刺蛾的老熟幼虫常沿树干下行至于基部或地面结茧，可采取树干绑草等方法及时予以清除。

②清除越冬虫茧　刺蛾越冬期长达7个月以上，此时农、林作业较空闲，可根据不同刺蛾虫种越冬场所之异同采用敲、挖、剪除等方法清除虫茧。虫茧可集中用纱网紧扣，使害虫天敌羽化外出。

（2）灯光诱杀　大部分刺蛾成虫具较强的趋光性，可在成虫羽化期于19~21时用灯光诱杀。

（3）化学防治　刺蛾幼龄幼虫对药剂敏感，一般触杀剂均可奏效。

（4）生物防治　刺蛾的寄生性天敌较多，有刺蛾广肩小蜂、螳螂、核型多角体病毒，均应注意保护利用。

（五）山楂叶螨

1. 发生规律

北方一年发生3~6代。以卵越冬；越冬卵一般在3月初开始孵化，4月初全部孵化完毕；越冬后1~3代主要在地面杂草上繁殖危害，4代以后即同时在果树、间作物和杂草上危害；10月中下旬开始进入越冬期。卵主要在果树干皮缝、地面土缝和杂草基部等地越冬，3月初越冬卵孵化后即离开越冬部位，向早春萌发的杂草上转移危害，初孵化幼螨在2d内可爬行的最远距离约为150m，若2d内找不到食物，即可因饥饿而死亡。

4月下旬，当果树萌发时，地面杂草上的部分红蜘蛛开始向树上转移危害果树，转移的主要途径是沿树干向上爬行。红蜘蛛的各个活动虫态均可转移。

2. 防治方法

根据山楂叶螨的生物学习性，可应用农业、物理和化学防治措施。

（1）人工防治　在越冬卵孵化前刮树皮并集中烧毁，刮皮后在树干涂白（石灰水）杀死大部分越冬卵。

（2）农业防治　根据山楂叶螨越冬卵孵化规律和孵化后首先在杂草上取食繁殖的习性，早春进行翻地，清除地面杂草，保持越冬卵孵化期间田间没有杂草，使其因找不到食物而死亡。

（3）物理防治　可在发芽和山楂叶螨即将上树危害前（约4月下旬），应用无毒不干粘虫胶在树干中涂一闭合粘胶环，环宽约1cm，2个月左右再涂一次，即可阻止红蜘蛛向树上转移危害，效果可达95%以上。也可利用越冬时向树下转移的特性，在秋天于树干上绑草把、瓦楞纸等诱使叶螨集中越冬，然后集中烧毁。

（4）生物防治　田间山楂叶螨的天敌种类很多，据调查主要有中华草蛉、食螨瓢虫和捕食螨类等，其中尤以中华草蛉种群数量较多，对山楂叶螨的捕食量较大，保护和增加天敌数量可增强其对红蜘蛛种群的控制作用。

（5）化学防治　应用20%螨死净（四螨嗪）可湿性粉剂2000倍液、15%哒螨灵乳油2000倍液等均可达到理想的防治效果。

（六）金纹细蛾

1. 发生规律

主要分布于日本、朝鲜及我国辽宁、山东、河北、河南、山西、陕西、甘肃、安徽、江苏等地。其幼虫潜食叶肉，形成虫斑。发生严重的果园，叶片上虫斑可达15~20个，致使叶面失去光合作用能力，造成早期落叶，严重影响树势。近年来此虫在国内发生较普遍，危害呈上升趋势，已成为我国苹果产区的主要害虫之一。

辽宁、山东等地一年发生5代。各地均以蛹在被害落叶的虫斑内越冬。翌年苹果树发芽时，越冬代成虫开始羽化，羽化期约20d，天气晴朗时成虫喜在树干附近飞舞，并进行交尾及产卵活动。一般先在树冠下面萌发的砧木叶片上产卵，以后产在苹果嫩叶背面，卵单粒散产，每雌蛾平均产卵40~50粒。卵期一代为10~13d，以后各代为7~8d。幼虫孵化后即从卵壳下潜入叶下表皮危害，食叶肉呈筛网状，虫斑多为椭圆形，长径约10mm，下表皮纵皱，叶面弓起，内有黑色虫粪。老熟幼虫在虫斑内化蛹，蛹期一、四代8~10d，二、三代6~8d，第五代长达5个多月。成虫羽化时，蛹皮一半露出虫斑外面，待气温升高后，成虫多在早晨和傍晚前后活动，有趋光性。

各代成虫的发生盛期：以辽宁营口为例，越冬代4月下旬，一代6月上旬，二代7月中旬，三代8月中旬，四代9月上旬，第五代幼虫于11月上、中旬化蛹越冬。

此虫一般春季一、二代发生较轻，三代以后密度明显增加，集中寄生在二次副梢的叶上。金纹细蛾对不同品种的苹果叶片危害程度有明显差异，国光、富士受害严重，红星、金冠受害较轻。该虫的天敌种类相当多，在日本，其寄生蜂有30余种；国内也报道有10余种，其中，金纹细蛾跳小峰是优势种，它与寄主发生代数相同，跟随性强，各代寄生率均很高，其次是金纹细蛾姬小蜂和绒茧蜂。

2. 防治方法

（1）人工防治　秋、冬季彻底清除落叶，压低越冬虫源基数，但同时要注意保护天敌。结合春季修剪，剪除树冠下早期萌发的山定子等砧木根蘖苗，减少越冬代成虫在其上产卵繁殖。在越冬代成虫羽化时，果园内设置一定数量的清水盆，可诱杀大量成虫。

（2）药剂防治　金纹细蛾的发生数量，随着代数逐渐上升，应注意前期防治。特别是在越冬代和第一代成虫羽化盛期，可选喷布25%灭幼脲3号胶悬剂3000~4000倍液、50%敌敌畏乳油1500倍液等效果较好，可利用人工合成金纹细蛾性外激素诱捕雄蛾，掌握其成虫发生时期，指导用药。因金纹细蛾的天敌种类非常丰富，对该虫的种群数量有着明显的抑制作用，实施药剂防治应尽量减少使用广谱性杀虫剂，注意保护和利用天敌的自控作用。

（七）梨木虱

1. 发生规律

在东北地区一年发生3~5代。以冬型成虫在落叶、杂草、土石缝隙及树皮缝内越冬，在早春3~4月份出蛰，在梨树发芽前即开始产卵于枝叶痕处，发芽展叶期将卵产于幼嫩组织茸毛内、叶缘锯齿间、叶片主脉沟内等处。若虫多群集危害，在果园内及树冠间均为聚集型分布，若虫有分泌蜡液的习性，在蜡液中生活、取食及危害，直接危害盛期为6~7月份，因各代重叠交错，全年均可危害到7~8月份。由于梨木虱分泌的蜡液招致杂菌，在相对湿度大于65%时发生霉变，致使叶片产生褐斑并坏死，造成严重间接危害，引起早期落叶。

2. 防治方法

（1）农业防治　彻底清除树的枯枝落叶杂草，刮老树皮，浇封冻水，消灭越冬成虫，保护天敌。

（2）化学防治　发生严重时，在4月上中旬越冬成虫出蛰盛期喷洒菊酯类药剂1500~2000倍液，控制出蛰成虫基数。在梨落花95%左右，即第一代若虫较集中孵化期，是梨木虱防治的最关键时期，喷施20%螨克（双甲脒）1200~1500倍液、10%吡虫啉4000~6000倍液等药剂；发生严重梨园，可在上述药剂及浓度下，加入助杀或消解灵1000倍液等助剂，以提高药效。

【任务实施】

（一）任务准备

（1）材料准备　各种虫害的危害状标本、玻片标本、针插标本和液浸标本或实物等，农药、糖醋液。

（2）工具准备　喷雾器、量筒、刮树刀、诱集盆、放大镜、显微镜、镊子、挑针、载玻片、培养皿、刀片、滴瓶、盖玻片等。

（二）实施过程

1. 虫害测报

果园发生的虫害要求观察其虫期和形态，在正确识别的基础上，重点调查危害状态，根据调查确定不同害虫的发生程度，决定采用的预防和防治方法。

2. 预防和防治

根据调查和测报，制定防治方案，对果园进行实际防治。主要有以下措施：

（1）农业措施

①彻底清除树的枯枝落叶杂草，刮老树皮，浇封冻水，消灭越冬成虫，保护天敌。修剪上通风透光，减少害虫容易生长的郁闭环境。

②建园中树种和品种合理选择，防止出现混杂的果园，以减少害虫互相转移和危害。

（2）化学措施　越冬幼虫出蛰盛期及第一代卵孵化盛期后是施药的关键时期，可用菊酯类杀虫剂或菊酯与有机磷复配剂。

（3）物理措施　树冠内挂糖醋液诱盆诱集成虫，配液用糖：酒：醋：水为1：1：4：16配制。大部分鳞翅目成虫具较强的趋光性，可在成虫羽化期于

19~21时用灯光诱杀。刮树皮及摘除卷叶、卵块、虫茧等以消灭树干中越冬的害虫。

（4）生物措施　田间的天敌种类很多，主要有中华草蛉、赤眼蜂、食螨瓢虫和捕食螨类等，对害虫的捕食量较大，保护和增加天敌数量可增强其对害虫种群的控制作用。其他在果园养鸡等控制害虫都属于生物措施。

【评价与考核】

优：准确识别害虫的种类和危害；在正确识别和诊断的基础上，制定防治方案并实施；防治效果达到90%。

良：准确识别害虫的种类和危害；在正确识别和诊断的基础上，制定防治方案并实施；防治效果达到80%。

中：正确识别害虫的种类和危害；在正确识别和诊断的基础上，制定防治方案并实施；防治效果达到70%。

及格：正确识别害虫的种类和危害；在正确识别和诊断的基础上，制定防治方案并实施；防治效果达到60%。

不及格：识别害虫的种类和危害不正确；制定防治方案并实施后，防治效果达不到60%。

【复习思考题】

简述主要害虫的发生时期和防治方法。

【知识拓展】

• 病虫害抗药性

（一）病虫害抗药性的种类

病虫害的抗药性有三种，即自然抗药性、获得抗药性、交互抗药性。

1. 自然抗药性

自然抗药性是由于生物种的不同（或是同一种但在不同发育阶段或不同生理状态或由于具有特殊行为），而对药剂产生的不同反应。如菜青虫等一些鳞翅目幼虫，2龄以前抗药性差，2龄以后对农药抵抗能力增强。

2. 获得抗药性

获得抗药性是由于同一地区连续使用同一种农药而引起的。这种抗药性能够遗传给后代，形成抗性种群。在生产中应重点关注。

3. 交互抗药性

一种害虫对一种农药产生抗药性，往往对同一类型的其他农药也产生抗性，称为交互抗性。不同类型的农药由于对昆虫的毒杀机制不同，则不易发生交互抗药性。

（二）病害抗药性的综合防治

防止和克服病虫的抗药性，应注意采取综合防治的措施，把农业防治、生态防治、生物防治、物理防治和化学防治结合起来。

使用化学防治方法时要注重农药的交替使用，不能长期使用单一农药品种，应将不同作用机理的农药交替使用。如有机磷杀虫剂与菊酯类杀虫剂交替使用。

使用农药增效剂，即在农药中掺入使农药增加毒力或降低病虫对农药分解能力的助剂。

按规定用药，不盲目随意增加药液浓度和喷药次数，坚决杜绝“有虫无虫喷3遍（药）”的错误做法。

活动二　危害果的虫害防治

果实是果树生产的最终产品，在进行花果管理之后，确定的留果数量决定最终产量。预防桃小食心虫等危害果实的害虫，是防止产量减少、实现生产优良果实的重要措施。

识别、诊断、预测、确定防治时期是学习的四个重点。危害果实的害虫多数较小，识别和观察预测中难度较大，应从理论数据和实际观测上综合分析，尽早预报，提出防治措施。

除注意区分和防治桃小食心虫、梨小食心虫等入果害虫外，也要注意李实蜂、桃蛀螟等害虫，做到正确识别和防治，降低虫果率。

【相关知识】

（一）桃小食心虫

1. 发生规律

在北方一年发生1~2代。以老熟幼虫在土中越冬，越冬幼虫的分布受地面环境条件影响很大，地面平坦，无杂草、石块时，幼虫多集中在树干周围；地面有杂草或石块时，幼虫则分散在整个树盘的范围内。

在苹果落花后半月左右，当旬平均气温达到17℃、地温达19℃时，幼虫开始出土。幼虫出土受土壤含水量影响较大，土壤含水量在10%以上时，幼虫能顺利出土；土壤含水量在5%以下，幼虫出土迟缓；土壤含水量在3%以下，幼虫几乎不能出土。在幼虫出土期遇到降雨，在降雨后2~3d，幼虫会连续出土。在辽西苹果产区，越冬幼虫出土始期在5月中旬，盛期在6月上中旬（出土量占80%左右），末期在7月中旬。

越冬幼虫出土后，在地面做夏茧化蛹，蛹期约半月。6月上旬开始出现越冬代成虫，盛期在6月中下旬至7月上旬，末期在7月下旬。雄成虫对人工合成的桃小食心虫性外激素有强烈趋性，近年来，这种性外激素已广泛用于成虫发生期测报。成虫白天不活动，多栖息于树干、枝条、叶背面或杂草上；成虫夜间活动，交尾、产卵、无趋光性；气温在25~30℃、空气湿度大时有利于成虫产卵，卵主要产于果实萼洼处，梗洼处较少，成虫产卵对苹果品种有一定的选择性，金冠品种着卵量明显大于国光。

第一代卵发生期在6月中旬至8月上旬，盛期在6月下旬至7月中旬，卵期约7d。初孵幼虫在果面爬行一段时间后，从果实胴部蛀入果实，幼虫在果实内取食，排粪便于其中。幼虫老熟后从果中脱出，7月下旬以前脱果的幼虫基本不滞育，脱果后在地面做茧化蛹，继续发生第二代。成虫仍产卵于果实，第二代老熟幼虫在8月下旬脱果，入土做茧越冬。8月中旬脱果的第一代幼虫，有一部分入土做茧越冬，另一部分继续发生第二代。9月上旬以后脱果的幼虫，全部入土越冬。

2. 防治方法

主要采用地面防治和树上防治相结合的方法。采用人工合成的桃小食心虫性外激素诱捕器监测成虫发生期，能准确指导防治时期。

（1）地面防治　苹果落花后半月左右，在果园设置桃小食心虫性外激素诱捕器，自诱到成虫之日起（一般在6月上中旬），开始向地面喷药。常用药剂有25%辛硫磷微胶囊剂，均匀喷于树下地面；还可用桃小食心虫的寄生线虫进行地面喷雾，每平方米施线虫60万~80万条（线虫游离在水中，以便喷雾），可收到与喷施化学农药相同的防治效果；用白僵菌进行地面防治，也有良好效果，其用量为：每平方米8g白僵菌粉（含100亿孢子／g）加25%辛硫磷微胶囊剂0.3mL再加水250mL制成混合液，喷于树下地面。喷施寄生线虫或白僵菌时，地面须保持一定湿度，才有较好防效。

（2）树上喷药　喷药时期是在成虫产卵期和幼虫孵化期。测报方法是：从桃小食心虫性外激素诱捕器诱到成虫时开始，在苹果园调查卵果率，每个果园随机调查100个果，每3d调查一次，当卵果率达到1%时开始喷药，或在诱捕器上出现成虫高峰期后喷药。常用药剂有20%速灭杀丁乳油3000倍液、2.5%溴氰菊酯乳油3000倍液、20%灭扫利乳油3000倍液、30%桃小灵（马拉硫磷+氰戊菊酯）乳油2000倍液、25%灭幼脲3号胶悬剂1000倍液、B．T．乳剂500倍液。喷药次数视虫口密度而定，一般喷药2~3次。

（3）农业防治　经常捡拾落地虫果和摘除虫果，并将其浸入水中淹死幼虫，可减少虫源。果实套袋防治效果明显，而且少用或不用农药，符合绿色食品要求。

（二）梨小食心虫

1. 发生规律

在北方，年发生3~4代。越冬代成虫发生在4月下旬至6月中旬，第一代成虫发生在5月上旬至6月下旬，第二代成虫发生在6月下旬至8月上旬。第一、二代幼虫主要危害桃、李等新梢、嫩叶、叶柄，极少数危害果；有一些幼虫从其他害虫危害造成的伤口蛀入果中，在皮下浅层危害；第二代幼虫危害果增多，第三代、第四代危害果最重。第三代卵发生期7月中旬至8月下旬，第四代卵发生期8月中旬至9月中旬。

2. 防治方法

（1）物理防治　春季细致刮除树上的翘皮，可消灭越冬幼虫；单植梨园，在第一代和第二代幼虫发生期，人工摘除被害虫果；桃梨兼植园，及时摘除被害桃梢，减少虫源，减轻后期对梨的危害；黑光灯诱杀；在越冬脱果前（北方果区一般在8月中旬前），在主枝主干上，利用束草或麻袋片诱杀脱果越冬的幼虫；建园时，尽量避免与桃、杏混栽或近距离栽植，杜绝梨小在寄主间相互转移；在果园中设置糖醋液（红糖：醋：白酒：水=1：4：1：16）加少量敌百虫，诱杀成虫。

（2）生物防治　以梨小食心虫诱芯为监测手段，在成虫发生高峰后1~2d，人工释放松毛赤眼蜂，每次2万头/亩，分4~5次放完，可有效控制梨小食心虫危害。

（3）药物防治　防治时间及指标：8月份开始卵果率调查，达1%~2%开始喷药，10~15d后卵果率达1%以上再喷药。药剂种类及浓度：2.5%溴氰菊酯乳油2500倍液、10%氯氰菊酯2000倍液。发生严重的果园，对桃、李进行喷药，防治一代和二代梨小食心虫。

（三）桃蛀螟

1. 发生规律

北方一年1~2代。均以老熟幼虫在桃僵果、玉米、向日葵、蓖麻等残株内结茧越冬。越冬代幼虫于6月羽化为成虫，一代幼虫在6~7月开始在桃树上危害，危害期达一个月。二代幼虫主要在桃树上危害，危害期7~8月。

天敌有黄眶离缘姬蜂、广大腿小蜂。

2. 防治方法

（1）农业防治　冬前及时处理高粱、玉米、向日葵等寄主的秸秆、穗轴及向日葵盘，减少越冬幼虫。

（2）化学防治　在产卵盛期喷洒药剂进行防治，一般用菊酯类农药配合灭幼脲类效果较好。

（3）生物防治　提倡喷洒苏云金杆菌75~150倍液或青僵菌液100~200倍液。

（四）李实蜂

1. 发生规律

李实蜂一年发生1代。以老熟幼虫在土壤内结茧越冬。李树花期成虫羽化，在晴天上午常集结在树冠上方飞翔，成虫体黑色，长5mm。常产卵于李树花托或花萼表皮下，每花产一卵。幼虫孵出后爬入花内，蛀入果核内部危害，果内被蛀空，堆积虫粪，幼虫老熟后落地休眠。幼虫入果危害，造成大量落果。严重时受害率可达90%以上。

2. 防治方法

主要是花期喷药防治，一是在花前3~4d，5%来福灵乳油2000倍液，杀灭羽化成虫；二是在落花期喷2.5%氯氟氰菊酯乳油3000倍液或10%氯氰菊酯乳油3000倍液，杀灭初孵幼虫。对危害较严重的李园，秋后深翻树盘，灌足冻水，也可杀死越冬虫源。

【任务实施】

（一）任务准备

（1）材料准备　各种虫害的危害状标本、玻片标本、针插标本和液浸标本或实物等，农药、糖醋液。

（2）工具准备　喷雾器、量筒、刮树刀、诱集盆、放大镜、显微镜、镊子、挑针、载玻片、培养皿、刀片、滴瓶、盖玻片等。

（二）实施过程

利用0.5或1个工作日，制定果园防治方案并实际实施。

1. 农业措施

果实套袋；彻底清除树的枯枝落叶杂草，刮老树皮，浇封冻水，消灭越冬成虫，保护天敌；修剪上通风透光，减少害虫容易生长的郁闭环境；建园中树种和品种合理选择，防止出现混杂的果园，以减少害虫互相转移和危害。

2. 化学措施

药剂防治：越冬幼虫出蛰盛期及第一代卵孵化盛期后是施药的关键时期，在调查卵果率的基础上，可用菊酯类杀虫剂或菊酯与有机磷复配剂。树上喷药和地面喷药结合，效果较好。

3. 物理措施

树冠内挂糖醋液诱盆诱集成虫，配液用糖：酒：醋：水为1：1：4：16配制。大部分鳞翅目成虫具较强的趋光性，可在成虫羽化期于19~21时用灯光诱杀。刮树皮以及摘除卷叶、卵块、虫茧消灭越冬的害虫，可在害虫由越冬地点如土壤里向地面移动中进行覆地膜、压干土、喷封闭农药等方法进行隔离。

4. 生物措施

对鳞翅目幼虫以寄生蜂效果最好，主要有赤眼蜂等。

【评价与考核】

优：准确识别害虫的种类和危害；在正确识别和诊断的基础上，制定防治方案并实施；防治效果达到90%。

良：准确识别害虫的种类和危害；在正确识别和诊断的基础上，制定防治方案并实施；防治效果达到80%。

中：正确识别害虫的种类和危害；在正确识别和诊断的基础上，制定防治方案并实施；防治效果达到70%。

及格：正确识别害虫的种类和危害；在正确识别和诊断的基础上，制定防治方案并实施；防治效果达到60%。

不及格：识别害虫的种类和危害不正确；制定防治方案并实施后，防治效果达不到60%。

【复习思考题】

简述主要危害果实害虫的发生时期和防治方法。

【知识拓展】

• 无公害栽培对农药的要求（见表2-6）

表2-6　果树生产禁止使用的农药

果品安全等级 / 农药名称 / 农药种类	A级绿色果品	无公害果品	禁用原因
有机氯杀虫剂	滴滴涕、六六六、甲氧滴滴涕、硫丹	滴滴涕、六六六	高残留
有机磷杀虫剂	甲拌磷、乙拌磷、久效磷、对硫磷、甲基对硫磷、甲胺磷、甲基异柳磷、治螟磷、氧化乐果、磷胺、地虫硫磷、灭克磷、水胺硫磷、氯唑磷、硫线磷、杀扑磷、特丁硫磷、苯线磷、甲基硫环磷	甲拌磷、甲胺磷、甲基对硫磷、对硫磷、久效磷、磷胺、甲基异柳磷、特丁硫磷、甲基硫环磷、治螟磷、内吸磷、灭线磷、硫环磷、蝇毒磷、地虫硫磷、氯唑磷、苯线磷、水胺硫磷、氧化乐果	剧毒、高毒
氨基甲酸酯杀虫剂	滴灭威、克百威、灭多威、丁硫克百威、丙硫克百威	滴灭威、克百威、灭多威	高毒、剧毒或代谢物高毒
二甲基甲脒类杀虫剂	杀虫脒	杀虫脒	慢性毒性、致癌

续表

农药种类 \ 农药名称 \ 果品安全等级	A级绿色果品	无公害果品	禁用原因
卤代烷类熏蒸杀虫剂	二溴乙烷、环氧乙烷、二溴氯丙烷、溴甲烷	二溴乙烷、二溴氯丙烷	致癌、致畸、高毒
微生物杀虫剂	阿维菌素		高毒
杀螨剂	克螨特		慢性毒性
有机砷杀菌剂	甲基胂酸锌、甲基胂酸钙、甲基胂酸铁铵、福美甲胂、福美胂	福美胂等砷制剂	高残毒
有机锡杀菌剂	三苯基醋酸锡、三苯基氯化锡、三苯基羟基锡		高残留、慢性毒性
有机汞杀菌剂	氯化乙基汞、醋酸苯汞	氯化乙基汞等汞制剂	剧毒、高残毒
取代苯类杀虫剂	五氯硝基苯、稻瘟醇		致癌、高残毒
2，4-滴类化合物	除草剂或植物生长调节剂	2,4-二氯苯氧乙酸(2,4-D)	杂质致癌
二苯醚类除草剂	除草醚、草枯醚	除草醚	慢性毒性
植物生长调节剂	有机合成的植物生长调节剂	比久、萘乙酸	
有机氯杀螨剂	三氯杀螨醇		工业品中含有一定数量的滴滴涕

活动三　危害枝干的虫害防治

枝干害虫危害有特殊性，多数蛀入枝干内危害，识别和观察预测中难度较大，造成防治困难，应根据其特点找出对应的方法，进行预防和防治。

掌握危害枝干的害虫种类和发生规律，可以在不同的适宜时期进行预防。

【相关知识】

（一）桃红颈天牛

1. 发生规律和危害

此虫一般两年（少数三年）发生1代。以幼龄幼虫（第一年）和老熟幼虫（第二年）越冬。成虫于7~8月间出现，各地成虫出现期自南至北依次推迟。

成虫羽化后在树干蛀道中停留3~5d后外出活动，雌成虫遇惊扰即行飞逃，雄成虫3d后开始交尾产卵。常见成虫于午间在枝干上栖息或交尾，卵产在枝干树皮缝隙中，幼壮树仅主干上有裂缝，老树主干和主枝基部都有裂缝可以产卵。一般近土面35cm以内树干产卵最多，产卵期5~7d，产卵后不久成虫便死去。

卵经过7~8d孵化为幼虫，幼虫孵出后向下蛀食韧皮部，当年生长至6~10mm，在此皮层中越冬。次年春天幼虫恢复活动，继续向下由皮层逐渐蛀食至木质部表层，先形成短浅的椭圆形蛀道，中部凹陷；至夏天体长30mm左右时，由蛀道中部蛀入木质部深处，蛀道不规则，入冬成长的幼虫即在此蛀道中越冬。第三年春继续蛀害，4~6月幼虫老熟时用分泌物粘结木屑在蛀道内做室化蛹，幼虫期历时约两年。蛹室在蛀道的末端，成长幼虫越冬前就做好了通向外界的羽化孔，未羽化外出前，孔外树皮仍保持完好。

幼虫由上而下蛀食，在树干中蛀成弯曲无规则的孔道，蛀道可到达主干地面下6~10cm。幼虫一生钻蛀隧道全长约50~60cm，在树干的蛀孔外及地面上常大量堆积有排出的红褐色粪屑，受害严重的树干中空，树势衰弱，以致枯死。

2. 防治方法

成虫出现期（7~8月）在一个果园一般不超过十余天，并且比较整齐，在此期间捕打成虫，收效较大。桃红颈天牛白天从树冠下到树干基部群集休息，可以捕捉，连续数天，基本可以控制危害。

对树干的虫孔，可以用敌敌畏熏蒸法防治。

（二）苹果小吉丁虫

1. 发生规律

一般一年1代。以幼虫在被害处皮层下越冬。第二年，4月上中旬幼虫开始串食皮层，造成凹陷、流胶、枯死等危害状；5月下旬至6月中旬是幼虫严重危害期，7~8月为成虫盛发期。成虫产卵盛期在7月中旬~8月上旬，卵产在枝条向阳面，初孵幼虫立即钻入表皮浅层，蛀成弯曲状不规则的隧道，随着虫龄增大，逐渐向深层危害，11月底开始越冬。

2. 防治方法

（1）苗木检疫　苹果小吉丁虫是检疫对象，可随苗木传到新区。应加强苗木出圃时的检疫工作，防止传播。

（2）保护天敌　苹果小吉丁虫在老熟幼虫和蛹期，有两种寄生蜂和一种寄生蝇，在不经常喷药的果园，寄生率可达36%。在秋冬季，约有30%的幼虫和蛹被啄木鸟食掉。

（3）人工防治　利用成虫的假死性，人工捕捉落地的成虫；清除死树，剪除虫梢，于化蛹前集中烧毁；人工挖虫，冬春季节，将虫伤处的老皮刮去，用刀将皮层下的幼虫挖出，然后涂5Be石硫合剂，既保护和促进伤口愈合，又可阻止其他成虫前去产卵。

（4）涂药治虫　幼虫在浅层危害时，应反复检查，发现树干上有被害状，可涂药防治。药剂可用80%敌敌畏乳油10倍液。

（5）成虫羽化盛期树上喷药杀成虫　在苹果小吉丁虫发生严重的果园，应在防治幼虫的基础上，在成虫发生盛期连续喷药。可选择20%杀灭菊酯乳油2000

倍液、90%敌百虫1500倍液等。

（三）透翅蛾

1. 发生规律

苹果透翅蛾在河北、辽宁、山东等地每年发生1代。以3~4龄幼虫在树皮下的虫道中越冬，第二年春季4月上旬天气转暖，越冬幼虫开始活动，继续蛀食危害。5月下旬至6月上旬老熟幼虫化蛹前，先在被害部内咬一圆形羽化孔，但不咬破表皮，然后吐丝缀缠虫粪和木屑，做成长椭圆形茧化蛹，蛹期10~15d。成虫羽化时，将蛹壳带出一部分，露于羽化孔外。6月中旬至7月下旬为成虫羽化盛期。成虫白天活动，交尾后2~3d产卵，1头雌蛾平均产卵22粒，产卵部位大多选在树干或大枝的粗皮、裂缝、伤疤等处。产卵前先排出黏液，以便幼虫孵化后即蛀入皮层危害，直至11月开始做茧越冬。

2. 防治方法

刮粗皮，挖幼虫。晚秋和早春，结合刮皮，仔细检查主枝、侧枝等大枝枝杈处、树干上的伤疤处、多年生枝橛及老翘皮附近，发现虫粪和黏液时，用刀挖出杀死。

9月间幼虫蛀入不深，可用涂药法杀死幼虫，如80%敌敌畏乳油10倍或80%敌敌畏乳油1份+19份煤油配制成的溶液。用毛刷在被害处涂刷，即可杀死皮下幼虫。

（四）杏球坚蚧

1. 发生规律

一年发生1代。以2龄若虫固着在枝条上越冬。第二年4月上、中旬开始活动，从蜡堆里的蜕皮中爬出，雌性若虫于5月下旬又蜕皮一次，体背逐渐膨大成球形。雄性若虫于5月上旬分泌白色蜡质形成介壳，再蜕皮化蛹其中，5月中旬开始羽化为成虫。6月中旬后蜡丝又逐渐溶化白色蜡层，雌雄难分，越冬前蜕皮一次，到10月份，随之进入越冬。

2. 防治方法

早春发芽前，喷5Be石硫合剂或5%柴油乳剂，要求喷布均匀周到。

5月中、下旬若虫孵化期，喷80%敌敌畏 1500~2000倍液，或0.2~0.3Be石硫合剂。

注意保护天敌（黑缘红瓢虫，其成虫、幼虫皆捕食蚧的若虫和雌成虫），尽量不喷或少喷广谱性杀虫剂。

【任务实施】

（一）任务准备

（1）材料准备　各种虫害的危害状标本、玻片标本、针插标本和液浸标本或实物等，农药、糖醋液。

（2）工具准备　喷雾器、量筒、刮树刀、诱集盆、放大镜、显微镜、镊子、挑针、载玻片、培养皿、刀片、滴瓶、盖玻片等。

（二）实施过程

1. 虫害测报

果园发生的虫害要求观察其虫期和形态，在正确识别的基础上，重点调查危害状态；根据调查确定不同害虫的发生程度，决定采用的预防和防治方法。

2. 预防和防治

根据调查和测报，制定防治方案，对果园进行实际防治。主要有以下措施：

（1）农业措施

①彻底清除树的枯枝落叶杂草，刮老树皮，浇封冻水，消灭越冬成虫，保护天敌。修剪上通风透光，减少害虫容易生长的郁闭环境。

②建园中树种和品种合理选择，防止出现混杂的果园，以减少害虫互相转移和危害。

（2）化学措施　药剂防治：以菊酯类杀虫剂或菊酯与有机磷复配剂为树上喷布，以敌敌畏等熏蒸剂进行蛀洞的熏杀。

（3）物理措施　树冠内挂糖醋液诱盆诱集成虫，配液用糖：酒：醋：水为1:1:4:16配制。大部分成虫具较强的趋光性，可在成虫羽化期于19~21时用灯光诱杀。及时发现虫粪和木屑等，根据虫道人工挖杀或钩杀；刮树皮以消灭树干中越冬的害虫。

（4）生物措施　防治幼虫以寄生蜂效果最好，主要有赤眼蜂等。

【评价与考核】

优：准确识别害虫的种类和危害；在正确识别和诊断的基础上，制定防治方案并实施；防治效果达到90%。

良：准确识别害虫的种类和危害；在正确识别和诊断的基础上，制定防治方案并实施；防治效果达到80%。

中：正确识别害虫的种类和危害；在正确识别和诊断的基础上，制定防治方案并实施；防治效果达到70%。

及格：正确识别害虫的种类和危害；在正确识别和诊断的基础上，制定防治方案并实施；防治效果达到60%。

不及格：识别害虫的种类和危害不正确；制定防治方案并实施后，防治效果达不到60%。

【复习思考题】

简述天牛的发生规律和防治方法。

【知识拓展】

• 天牛扑杀器

为能够挖杀树干内的幼虫，有的单位和个人制造了一些型号的天牛扑杀器，主要用钢丝、自行车车条和挖木质部工具组成，发现虫粪和木屑后，进行人工挖杀，可以有明显效果。

任务二　侵染性病害防治

知识目标：了解主要果树病害的发生规律，防治方法。
技能目标：能够确定果树病害的防治方案，对症防治，检查防治效果。
德育目标：培养学生的环保意识。

果树侵染性病害按照病原主要有细菌病害、真菌病害、病毒危害等，危害叶片、枝干、果实等。由于病害种类较多，各地发生的时期也不同，所以在学习中要根据当地的自然条件和果园具体情况进行分析判断，对症防治。

识别症状是学习的重点，对症下药、预防为主是果树病害防治的关键。在工作中结合不同时期果园的实际病害情况，制定相应的防治方案。

由于病害种类多，诊断困难，实际果园不能完成满足学习的需要，可以充分利用图谱、标本、网络等多媒体系统，使学生有感性认识。在识别图谱和实物过程中，应抓住识别的特点和发育的不同时期进行诊断。

【相关知识】

（一）苹果腐烂病

1. 发病特点

苹果腐烂病是真菌病害。病菌在病树皮和木质部表层蔓延越冬。早春产生分生孢子，遇雨或湿度大的雾天由分生孢子器挤出孢子角。分生孢子分散，随风飞散在果园上空，萌发后从皮孔、果柄痕、叶痕及各种伤口侵入树体，在侵染点潜伏，使树体普遍带菌。6~8月树皮形成落皮层时，孢子侵入并在死组织上生长，后向健康组织发展。翌春扩展迅速，形成溃疡斑，病部环缢枝干即造成枯枝死树。（见图2–32）。

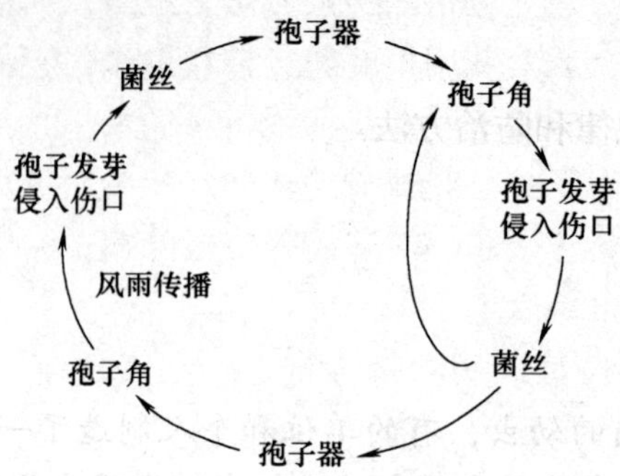

图2–32　腐烂病侵染循环

此病一年有两个扩展高峰期，即2~4月和9~11月，春季重于秋季。当树势健壮、营养条件好时，发病轻微；当树势衰弱，缺肥干旱，结果过多，冻害及红蜘蛛大发生后，腐烂病大发生。

2. 防治方法

（1）加强栽培管理　增施有机肥料，及时灌水。薄地可围绕树盘扩坑改土，合理留果，注意排水等措施，以增强树势。

（2）清除菌原　及时清理剪除病枝、死枝，刮除病皮。地面铺塑料膜接剪下的残枝，然后集中在园外销毁。剪锯下的大枝不要码放在园内，不用病枝做支棍或篱笆，以免病菌传播。

（3）喷铲除剂　早春发芽前应全树喷石硫合剂，铲除表面粘附和潜伏表层的病菌。

（4）刮治病斑　早春和晚秋刮净病斑烂部，刮成边缘立茬，然后涂药。可用甲基托布津油膏，也可用菌毒清5%水剂20~50倍液喷施。此病易复发，夏秋应及时检查补治。

（5）桥接　对病斑过大、影响上下养分运输的病斑，可于春季选一年生壮枝作为接穗，在病斑上下边缘实行多枝桥接。

（二）苹果锈果病

1. 发生规律

苹果锈果病是类病毒病害。在北方小苹果产区发生普遍，是流行性强、损失大的一种重要病害。

主要通过修剪、嫁接等接触传播。果树根系生长时，病株与健康植株之间根系互相接触，也可以传播。

2. 防治方法

苹果锈果病是全株性侵染的类病毒病害，一经侵染就终生带病毒。它主要通过嫁接和根蘖苗传播，种子和花粉不传毒。因此，杜绝苗木繁殖中的人为传播是防治该病的根本性预防措施。

（1）繁育无病苗木　建立严格的检疫制度，杜绝从病区、病树上采接穗，要用山定子种子繁殖砧木，严禁使用根蘖苗，建立健全对无毒母株的监测工作。利用热处理或茎尖培养法，使病株脱毒获得无毒苗的方法，国外已大量推广，国内也在大力开展这方面工作，并已获得成功正在生产中试用。

（2）隔离病株　在新建果园，应坚决采取拔除病苗、刨除病树的措施，及时更新果园或改植健树，以免后患。

（3）防止混栽　梨树是该病的带毒寄主，不表现症状但可传播，调查证实靠近梨园或与梨树混栽的苹果树发病重。因此，禁止与梨树混栽，在苹果园周围250m以内不得栽植梨树，也不要在梨园内培育苹果苗木。

（三）梨黑星病

1. 发生规律

梨黑星病又叫疮痂病，是真菌病害。在南北梨区发生普遍，是流行性强、损失大的一种重要病害。从落花期一直危害到果实成熟期。

病原菌以分生孢子和菌丝在病组织越冬，也可随病叶在土壤中越冬。温暖地区发病主要在春季的病梢开始，借风雨传播到附近的叶、果，有2~4周的潜伏期。冷凉地区主要以土壤中落叶上的菌丝或子囊壳越冬，发病多集中在秋季，8月出现病叶，8~9月为发病盛期。白梨、秋子梨容易感病，西洋梨、沙梨比较抗病。

2. 防治方法

（1）清除菌原　由于梨黑星病菌主要在病梢、冬芽和落叶上越冬，所以秋末冬初清扫落叶，拾净落果，同时结合修剪彻底剪掉病梢、芽鳞并集中烧毁等，是消灭越冬菌源的有效措施。早春发病初期，及时摘除中心病梢和病花序烧毁，可以防止病害的扩散蔓延。

（2）喷药保护　该病具有再侵染频繁、受环境条件尤其是降雨影响大的特点，一般在低温潮湿条件下发病。温暖地区落花后（4月中、下旬）喷第一次药，以后每隔15~20d喷一次，共4~5次。干旱年份只喷1~3次即可。冷凉地区应在8~9月气温较低时进行防治，喷药时要保证质量。常用药剂有：波尔多液（1：2~3：180~320）和65%代森锰锌可湿性粉剂500~700倍液，50%多菌灵和50%甲基托布津可湿性粉剂500~800倍液，50%退菌特可湿性粉剂600~800倍液。前期喷药中可混加尿素500倍液，中期混磷酸二氢钾300~500倍液，不仅防病还有增加营养的作用。

（3）选择抗病品种　不同品种对梨黑星病抗病性差异非常明显，如西洋梨、日本梨较中国梨抗病，中国梨中以沙梨、褐梨、夏梨等系统较抗病，而白梨系统最易感病，秋子梨次之。在新建梨园时应选用抗病品种。

（四）葡萄霜霉病

1. 发生规律

病原菌以卵孢子在病组织越冬，也可随病叶在土壤中越冬。次年病菌的卵孢子萌发产生芽孢囊，芽孢囊内产生游动孢子，借风雨传播，于7月开始初次侵染，8月出现病叶，8~9月为发病盛期。欧洲种葡萄容易感病，美洲种葡萄比较抗病。

霜霉病是一种受气候影响（尤其是凉冷潮湿多雨的天气）非常大的、流行性很强的真菌病害，所以在预测预报指导下的化学防治就极为重要。抓紧初侵染前和发病始期及时用药，同时由于病菌是从叶背气孔侵入，喷药时一定要注意叶背喷药。

2. 防治方法

（1）清洁果园　剪除病组织，清除菌源，减少越冬菌量是后期防治的重要保证。

（2）加强果园管理　调整果园小气候，增加通风透光，减少湿度，创造不利病害发生的环境和提高寄主的抗病性都相当重要。距离地面50cm的枝叶一般抹除，及时摘心、整枝、除草、排水，增施磷、钾肥，酸性土壤要增施石灰等。

（3）喷药防治　常用药剂有1：0.7：200波尔多液，65%代森锌或福美锌可湿性粉剂500倍液，40%乙磷铝可湿性粉剂300倍液，25%瑞毒霜可湿性粉剂1000倍液。为防止抗药性产生，以上药剂应交替使用。

（五）苹果轮纹病

1. 发病条件

该病是真菌病害。病菌会以菌丝、分生孢子器及子囊壳在被害枝干越冬。菌丝在枝干病组织上可存活4~5年；每年4~6月间产生孢子，成为初侵染来源；6~7月份孢子散发较多。病部前三年产生孢子的能力强，以后逐渐减弱。分生孢子主要会随雨水飞溅传播，一般不超过10m范围。病菌能在落花后10d左右开始传染幼果，6~7月传染量最多，7月以后孢子散生量降低，这时期果实一般被侵染的机会很少。孢子萌发后经皮侵入果实和枝干，整个侵染过程需要24h完成。在枝干上一般从8月中、下旬开始，以皮孔开始形成新病斑，在枝干背面部位发病较多，病斑当年不会产生分生孢子器，分生孢子器和分生孢子在2~3年时才会大量产生。

轮纹病菌是一种弱寄生病菌，老弱枝干易被病菌感染。在老树区内栽植的小树也易染病；果实在幼果期不能抗侵染，但不易扩展。过多的施用氮肥的苹果树和树势衰弱的树均发病较重。在温暖多雨的年份发病重；在高温干旱特别是生长前期少雨的年份，病害较轻。

2. 防治方法

苹果轮纹病的防治应对果树加强栽培管理，增强树势，提高树体的抗病能力，结合清除树体。要连续几年进行综合防治，才能有效地控制病害。要加强苗木管理，培育栽培无毒苗木，发现病毒苗应及时淘汰。经修剪的病枝不宜作支柱用，及时将病枝清理出果园，更不能同新果园接近。对盛果期的大树，主要加强防治病害的各项措施管理。

对病斑要及时刮除，这是一项重要的防病措施。对病斑刮除可在发芽前进行，可同时对果树喷洒一次3~5Be石硫合剂，刮病斑后再喷药效果更好。5~7月对果树病斑还可进行重刮。

（六）梨白粉病

梨白粉病是真菌病害，分布较为普遍。除危害梨树外，还危害桑、板栗、核桃等树木。

1. 发生规律

病原菌以闭囊壳在落叶上及粘附在枝梢上越冬。次年病菌产生子囊孢子，借风雨传播，于7月开始初次侵染，8月出现病叶，8~9月为发病盛期。被害叶片的叶色变黄、蜷缩。

一般在偏施氮肥梨园发病重。密植、低洼的梨园，通风差、排水不良，易发白粉病。

2. 防治方法

（1）清扫落叶　秋季应彻底清扫落叶，集中烧毁，减少病菌初次侵染来源。

（2）喷药保护　梨树发芽前，喷布一次5Be石硫合剂。

（3）化学防治　生长期发病严重的梨园，喷布0.3~0.5Be石硫合剂、25%粉锈宁1000~1500倍液、50%硫悬浮剂200倍液、70%甲基托布津1000~1500倍液，防治效果均良好。

（七）桃炭疽病

1. 发病特点

本病是真菌病害。病菌以菌丝体和分孢盘在病株和病残体上存活越冬，尤以病枝和僵果为主要。翌春，分孢盘产生分生孢子作为初侵染与再侵染源，借风雨传播，从伤口侵入致病。降雨频繁多湿的年份和季节易发病。位于水网地带或地下水位高的果园，或管理粗放、树势衰弱的果园发病较重。早中熟品种较晚熟品种通常发病较重。

2. 防治方法

加强肥水管理，增强树势。结合修剪改善树体通透性，清洁田园减少菌源。重病区注意选用抗病品种和耐病品种。

及早喷药预防。应于春芽萌动前结合修剪清园喷一次预防药（1∶2∶120式波尔多液），从幼果期开始每隔半个月左右交替喷施50%混杀硫、或50%复方硫菌灵、或40%多硫悬浮剂、或70%托布津+75%百菌清（1∶1）1000倍液，3~4次。

（八）葡萄白腐病

1. 发病规律

本病是真菌病害。以分生孢子附着在病组织上越冬，并能以菌丝在病组织内越冬。散落在土壤表层的病组织及留在枝蔓上的病组织，在春季条件适宜时可产生大量分生孢子，分生孢子可借风雨传播，由伤口、蜜腺、气孔等部位侵入，经3~5d潜育期即可发病，并多次重复侵染。该病菌在28~30℃，大气湿度在95%以上时适宜发生。高温、高湿多雨的季节病情严重，雨后出现发病高峰。

在北方，自6月至采收期都可发病，果实着色期发病增加，暴风雨后发病出现高峰。谢花后7d（6月20日前后）始见病穗，出现第一次高峰；成熟前10d（8月20~30日）进入盛发期，为第二次高峰。

近地面处以及在土壤黏重、地势低洼和排水不良条件下病情严重。杂草丛生、枝叶密闭或湿度大时易发病。偏旺和徒长植株易发病。

2. 防治措施

（1）清洁果园　彻底清除病枝蔓、病穗和病叶。

（2）农业防治　及时修剪，抬高结果部位，及时除草，注意排水。对徒长植株，花前严禁施用氮肥。

（3）化学防治　在北方，葡萄出土后喷布5Be石硫合剂或100倍百菌清；幼果期开始（6月上旬）每隔15d左右喷药预防一次，直至采收。主要药剂有半量、等量或倍量式波尔多液、75%百菌清800倍液、50%多菌灵可湿性粉700倍液、70%托布津700倍液或50%退菌特800倍液。

（4）栽培抗病品种　白腐病在巨峰、蜜汁葡萄上发病较轻。在南方，尽可能发展成熟期早于巨峰的品种，或通过促成栽培以避开白腐病发病高峰期。

（九）桃细菌性穿孔病

1. 发病条件

本病发生与气候、树势、管理及品种有关。温暖、雨水频繁或多雾、重雾季节，利于病菌侵染和繁殖，发病重。树势强发病轻且晚，树势弱发病早且重。果园低洼，排水不良，透光，通风差，偏施氮肥发病重。

感病轻的品种有临城桃、大久保、大和白桃、中山金桃、仓方早生、罐藏桃2号；感病中等的品种有明星、罐桃12号、清见、中津白桃、金桃；感病严重的品种有肥城桃、白凤、白桃。一般早熟品种发病轻，晚熟品种发病重。

2. 发病规律

病菌主要在病枝上越冬，主要在春季溃疡病斑内越冬。第二年春随气温上升潜伏在组织内的细菌开始活动，桃树开花前后病菌从病组织中渗出，借风雨或昆虫传播，经叶片的气孔、枝条的皮孔侵入，潜育期7~14d。枝条溃疡斑内的细菌可存活一年以上。春季溃疡斑是该病的主要初侵染源。夏季气温高，湿度小，溃疡斑易干燥，外围的健康组织容易愈合，所以溃疡斑中的病菌在干燥条件下经10~13d即死亡。气温19~28℃，相对湿度70%~90%利于发病。

细菌喜温暖潮湿的环境，夏季干旱高温，病害发展缓慢，秋雨期间又发生感染。其潜育期因气温的高低和树势的强弱而不同，如25~26℃时潜育期为4~5d，20℃时为9d，而19℃时为16d；如树势较强，其潜育期可达40d。

3. 防治方法

提倡以“预防为主，综合防治”的方针。

（1）农业防治　应着重卫生措施，冬季清除落叶和枯枝，并适当修剪。及时清除感病枝叶，及时深埋。加强肥水管理，增施有机肥料，勿偏施氮肥，注意排水、通风透光，降低湿度，以增强树势。

（2）药剂防治　桃树发芽前喷3~5Be石硫合剂。发芽前也可喷1：1：120的波尔多液，展叶后喷800倍50%或80%多菌灵、70%托布津或70%代森锰锌，1000倍50%代森锌都有良好的防治效果。

（3）避免与其他核果类果树混栽　在建桃园时，不仅要求树种纯，选择抗病品种，而且附近不要栽植李、杏、樱桃等其他核果类果树。

【任务实施】

1. 任务准备

（1）材料准备　各种病害的危害状标本、玻片标本和液浸标本或实物等，农药。

（2）工具准备　喷雾器、量筒、刮树刀、放大镜、显微镜、镊子、挑针、载玻片、培养皿、刀片、滴瓶、盖玻片等。

2. 实施过程

调查果园，对发现的病害进行分析和诊断，根据果园实际提出预防措施，对发现有病害的果树进行处理。

如果不具备实际调查的条件，可以对照图片和图谱进行诊断。

利用0.5或1个工作日，对果园进行清除落叶、刮治病斑及化学药剂防治工作。

【评价与考核】

优：准确识别病害的种类和危害；在正确识别和诊断的基础上，制定防治方案并实施；防治效果达到90%。

良：准确识别病害的种类和危害；在正确识别和诊断的基础上，制定防治方案并实施；防治效果达到80%。

中：正确识别病害的种类和危害；在正确识别和诊断的基础上，制定防治方案并实施；防治效果达到70%。

及格：正确识别病害的种类和危害；在正确识别和诊断的基础上，制定防治方案并实施；防治效果达到60%。

不及格：识别病害的种类和危害不正确；制定防治方案并实施后，防治效果达不到60%。

【复习思考题】

简述主要病害的发生时期和防治方法。

任务三 生理病害防治

知识目标： 了解果树生理病害的种类、危害、发生规律与预防等基本知识。
技能目标： 能够进行生理病害的识别、诊断，并确定治疗方案。
德育目标： 培养学生具有分析问题、解决问题的能力。

果树生理病害容易和其他病虫害混淆，正确诊断是学习的重点。果树生理病害的危害症状、发生规律是识别、诊断的重点。应区分与其他真菌、细菌病害的差别，注意其特殊表象，如没有真菌病害的孢子器、孢子、菌丝等，发生也不表现由点到面的侵染过程等。

【相关知识】

（一）果树小叶病

1. 发生原因

树体缺锌引起小叶病。

这是由于土壤缺锌或是土壤中锌盐不能转化利用或元素间比例失调造成的，如果不进行土壤改良和补充相应的锌元素很难恢复。因一个果园的施肥方案和施肥量基本相同，缺锌引起的小叶病表现在一片或一个区域，并非个别植株，只是症状表现的轻重程度有所差异，常常表现因地势由低到高、土壤性能由瘠薄到肥沃、供水条件由少到多而出现的由重到轻的现象，且小叶病的枝条后部常常有不长叶的光秃带存在。

2. 小叶病的防治

缺锌引起的小叶病，要通过土壤改良和补充锌肥进行防治。主要措施有：

①增施有机肥，改良土壤，加强水土保持，增强树势。

②结合施肥，补充锌肥。早春树体未发芽前，在主干、主枝上喷施3%的硫酸锌＋3%尿素溶液。另外，还可以在萌芽前根灌2%~5%硫酸锌溶液，花芽露红时喷布1%的硫酸锌，苹果盛花期喷0.2%硫酸锌＋0.3%尿素溶液，盛花后3周用0.2%硫酸锌＋0.3%尿素溶液。

（二）果树缺铁黄叶病

1. 发生原因

树体缺铁引起黄叶病。

盐碱土或石灰质过多的土壤容易发生黄叶病，特别是碱性土壤水分过多时发病严重。果树生长旺盛，遇持续干旱，土壤含盐量过高，发病严重。进入雨季后黄叶病减轻或消失。地下水位高，低洼地及重黏土质的果园容易发病。用东北山荆子（山定子）作砧木，在盐碱地区黄化病严重。

2. 防治

改良土壤，加强栽培管理。果园行间种植豆科牧草、增施有机肥料。

将硫酸亚铁0.5kg加有机肥50kg，混合开沟施入树冠周围，施入后立即灌水。或过磷酸钙与腐熟有机肥混施，可维持1~2年。

新梢快速生长期适当补充铁元素，可用0.3%~0.5%硫酸亚铁溶液或1%柠檬酸铁溶液喷洒枝叶，每15d一次，连续喷3~4次；或用0.05%~0.1%硫酸亚铁溶液或0.05%~1%柠檬酸铁溶液注射树干，每株注射150~200mL，2周后可恢复。

（三）果树缺硼缩果病

苹果缩果病，我国各苹果产区均有发生，尤以山地和沙质偏碱果园发病较多。近年来，部分果园偏施氮肥，营养失调，缩果病呈上升危害趋势。

1. 发生原因

苹果缩果病是由于树体缺硼而引致。

山地砂砾土、滩地砂土果园缺硼现象严重。由于果树在生长发育中需要不断地补充硼素，如果缺硼，硼素在树体内不能运转到新生部分，就会在生长过程中陆续出现缺硼症。土壤板结、根系发育不良、土壤含水量低、pH高都可以限制硼的吸收。高温干旱条件，会影响硼素在树体中的运转，也容易发生缺硼症。偏施氮肥，果树生长过快，随之需硼量增加，也常可产生缺硼现象。

2. 综合防治技术

（1）加强果园栽培管理　对山地、砂土、盐碱土和黏重土壤果园，要种植绿肥，翻耕改土，加强果园水土保持能力。要注意增施有机肥，防止偏施氮肥。在干旱年份，要及时灌溉，减少发病。

（2）增施硼肥　秋季或春季果树开花前，在树冠周围开沟，一般按每株大树施硼砂150~200g，如施用硼酸，用量应减少1/3，施后灌水覆土。也可以在花前、花后喷洒0.2%~0.4%硼砂液，但用量不能过多，以防止发生药害。

【任务实施】

1. 任务准备

（1）材料准备　果树生理病害图谱、视频、标本、微肥。

（2）工具准备　施肥工具、喷雾器、量筒、注射器、放大镜、pH试纸。

2. 实施过程

利用0.5或1个工作日，对果园进行调查和防治工作。

对发现的生理病害进行分析和诊断，根据果园实际提出预防措施，对发现有生理病害的果树进行处理。

各组进行开沟施微肥的工作，练习树干注射补充微肥。

【评价与考核】

优：准确识别病害的种类和危害；在正确识别和诊断的基础上，制定防治方案并实施；防治效果达到90%。

良：准确识别病害的种类和危害；在正确识别和诊断的基础上，制定防治方案并实施；防治效果达到80%。

中：正确识别病害的种类和危害；在正确识别和诊断的基础上，制定防治方案并实施；防治效果达到70%。

及格：正确识别病害的种类和危害；在正确识别和诊断的基础上，制定防治方案并实施；防治效果达到60%。

不及格：识别病害的种类和危害不正确；制定防治方案并实施后，防治效果达不到60%。

【复习思考题】

简述主要缺素症的发生症状和预防方法。

【归纳总结】

了解果树病虫害防治的意义及果树病虫害的特点；掌握果树病虫害的发生规律、防治方法；要求对果园的主要病虫害能进行识别和诊断。

果园生产中包括病虫害防治、杂草和有害植物危害防治、环境污染危害防治和自然灾害预防等方面；是果园生产十分重要又综合性很强的技术，防治效果影响果树的产量、品质和经济效益。

在生产中要积极贯彻“预防为主，综合防治”的植保方针。按照病虫害的发生规律和经济阈值，科学使用化学防治技术，有效控制病虫害。重点是农业防治，创造有利于果树生长、不利于病虫害生长的环境条件，保持果树生态系统的平衡和果树生产的可持续发展。

项目六　果园设计

任务一　果园测绘

知识目标：了解测绘在果树建园中的作用，熟悉不同地形果园的特点。
技能目标：能够进行简单的测绘与制图。
德育目标：培养学生一丝不苟的工作作风和全局观念。

应调查和分析当地气候条件、消费群体的要求和消费能力、地形地势情况、土壤条件、果树技术力量和科技水平等，特别是极端不良的条件，如冬季极端低温、冰雹、大风、晚霜等。根据调查报告，结合现有果园进行测绘，使学习者适应果园设计工作步骤，逐步过渡到实际测绘和设计的工作过程。

【相关知识】

（一）果园评价

建立商品生产果园，要选择气候适宜、土壤良好、交通便利、具有可持续生产能力的地点。其中以气候条件最为重要，尤其是在灾害性天气的发生概率，园地选择与评价，关系到果园的存亡。

随着消费群体对无公害果品的要求越来越高，果园的环境质量要求也日趋重要。我国地大物博，土地结构多样，可作园地的土地类型很多，不同类型的园地特点不同，分类与评价如下。

1. 平地果园

平地果园地势开阔，较为平坦，土层深厚，气候和土壤因子基本一致，没有垂直分布变化，肥水充足，交通便利。便于机械化操作管理，有利于排灌系统的设计与施工，投资少。

但是果园的通风、透光、自然排水比不上山地果园。果实的色泽、含糖量、风味、耐贮力比不上山地果园。

2. 山地果园

山地果园通风好，光照充足，温差大，自然排水良好，有利于果树碳水化合物的形成，果实风味较好。

但山地果园交通不便利，不适合机械化操作，地形复杂，土壤结构不同，有厚有薄，而且由于山地构造的起伏变化，坡向坡度的差异，气候经常会出现复杂的情况。

利用山地发展果园可改善生态环境，防止水土流失，改善山区贫困落后的面貌。

3. 丘陵果园

丘陵果园是介于平地果园与山地果园的过渡性地形，一般地形起伏不大，顶部与底部相对高度小于100m的称为浅丘，相对高度差100~200m的称为深丘。浅丘类似于平地果园，深丘类似于山地果园。

（二）调查的内容

果园规划设计前，应首先进行园地的调查，调查项目如下：

（1）社会经济情况　包括当地人均收入、消费状况、劳力资源、生产水平，果品的销售情况及发展预测。

（2）果品的生产状况　当地果树生产的历史和现状，现有果园的面积，现有的果树品种，当地人民需求的果树品种。

（3）气候条件　包括年平均温度、年最低温度、生长期积温等；年降水量；当地主要灾害性天气及发生时期；空气质量，即有害气体的种类和含量。

（4）土壤条件　土壤的成分；土壤中有害物质的种类和含量。

（5）水源　当地灌溉水的来源。

【任务实施】

1. 任务准备

（1）材料准备　山地果园、平地果园。

（2）工具准备　经纬仪、水准仪、标杆、塔尺、测绳、皮尺、绘图板、比例尺、绘图工具。

2. 实施过程

运用仪器对仿真规划区进行测量，绘制成1∶5000~25000的平面图。在图中标明河流、建筑物、道路、池塘、耕地、沙地、荒地等，注明面积。山地果园进行等高测量，为具体规划做好准备。

编写市场调查、经济效益分析和园地评价报告书。

【评价与考核】

优：准确绘制测绘图，编写市场调查和园地评价报告书。方案可行性、科学性、技术性、实用性强。符合具体地区实际，对现实生产有很强的指导作用。

良：准确绘制测绘图，编写市场调查和园地评价报告书。方案可行性、科学性、技术性、实用性较强。符合具体地区实际，对现实生产有较强的指导作用。

中：正确绘制测绘图，编写市场调查和园地评价报告书。方案可行性、科学性、技术性、实用性一般。符合具体地区实际，对现实生产有指导作用。

及格：正确绘制测绘图，编写市场调查和园地评价报告书。方案可行性、科学性、技术性、实用性一般。

不及格：不能绘制测绘图，编写市场调查和园地评价报告书。方案可行性、科学性、技术性、实用性有明显错误。

【复习思考题】

山地果园与平地果园的对比。

【知识拓展】

• 平欧杂种榛子建园及生产经济效益分析

1. 建园投入

（1）整地　平整园地，挖定植穴，约需4个工日×50元/工日=200元/亩。

（2）苗木投入　按株行距2m×4m栽植，每亩栽苗80株×10元=800元/亩。

（3）打井或小方塘投入2000元，可灌溉10亩，平均200元/亩。

（4）电机、水泵、输电线路（电柱、电线、变压器）等基础设施投资3000元，可灌溉10亩，平均300元/亩。

以上合计：1500元/亩，按15年有效使用期折旧，每年100元/亩。

2. 每年投入、产出和利润

第一年：

（1）投入　建园折旧费100元/亩。管理人工费：每人月工资800元，工作8个月，每人管理10亩，则每年640元/亩。生产资料（肥料、农药、农膜、工具）200元/亩。水电费40元/亩。

（2）合计　投入980元/亩。

第二年：

（1）投入　同上。育苗投入：人工、物质200元/亩。投入合计：1180元/亩。

（2）产出　平均每株繁殖苗木3株，每株售价10元，80株×3株×10元=2400元/亩。

（3）利润　2400元－1180元=1220元/亩。

第三～四年：

（1）投入　同第二年。

（2）产出　平均每株繁殖苗木6株，每株售价10元，80株×6株×10元=4800元/亩。

（2）利润　4800元－1180元=3620元/亩。

第五～二十年：

（1）投入　管理费用1000元/亩。

（2）产出　果实平均每株结果1.5~2.0kg，80株×1.5~2.0kg =120~160 kg/亩。价格30元/kg。合计3600~4800元/亩。

（3）利润　2600~3800元/亩。

说明：

①管理为中上等水平；

②选择土质较肥沃的土地，栽植优良品种，加上较好的园地管理，可以达到上述的效益；

③山地的产量应相应的减少。

任务二　水利、道路、建筑设计

知识目标： 了解山地果园水土保持工程，了解水利、道路和建筑的设计思路。
技能目标： 能够根据果园地形地势和小区划分来进行水利、道路、建筑设计。
德育目标： 培养学生节水意识、节约土地意识。

应在模拟实际果园或地形地势的情况下，分别进行平地和山地的实际设计，对集水线和等高线应作为重点内容。在雨季进行可以更加直观，有利于学生观察和取得直观印象。果园栽培面积较大，管理精细，所以果园内需设立水利设施、道路、建筑便于果树生产。根据规模不同，水利设施、道路、建筑的设计要求不同，应考虑当地条件进行设计。

【相关知识】

（一）山地果园水土保持

山地果园为防止水土流失，须在建园开始就要规划和兴建水土保持工程，为果树生长发育奠定良好的基础。

1. 等高栽植

等高栽植就是按等高线在坡面上横向栽植果树的方式，有利于成园后的土壤耕作和进一步机械化作业及水土保持等田间工程。

2. 水土保持工程

（1）水平梯田　水平梯田指在坡地上，沿着等高线修成的田面水平的台阶式田块。修建水平梯田是山地水土保持的有效方法，也是山地果园实现水利化、机械化的基本建设。

筑梯田壁：根据梯田壁所用的材料不同，分为石壁梯田和土壁梯田。梯田壁应平滑内倾，壁顶都要高出梯田面，筑成田埂，垒石壁梯田大约与地面呈75°的坡度；筑土壁应保持50°~60°的坡度，要踩实拍紧。

铺梯田面：修梯田时，不需要到外处取土，一般以梯田面的中轴为准，在中轴线上侧取土，填到下侧。

梯田面宽度：根据坡度和栽植行距而定。栽一行树最好不窄于3m，栽植2行树不应小于5m。

挖排水沟：梯田面平整后，在其内沿挖一排水沟，排水沟按0.1%~0.3%的比降，将积水导入总排水沟内。

修梯田埂：将挖排水沟的土，堆到梯田外沿，修筑梯田埂。

果树在梯田面上的位置：在梯田面上栽植果树，应距梯面外沿约1/3田面的地方。

（2）等高撩壕　按等高线挖成等高沟，把挖出的土在沟外侧堆成土埂，这就是撩壕。果树栽植在壕的外侧，这就叫撩壕栽植。这种栽植方式，也是山地果园水土保持的有效措施之一。撩壕可分为通壕与小坝壕两种。

①通壕　通壕的沟底呈水平式，保证壕内有水时，能均匀分布在沟内，水流速度缓慢，有利于水土保持。

②小坝壕　小坝壕是沟底有0.3%~0.5%的比降。在沟中每隔一定距离做一小坝，用以挡水和减低水的流速。此种方式当水少时，水完全可以保持于沟内；水多时，则溢出小坝。

（3）鱼鳞坑　鱼鳞坑是一种面积较小的单株台田，状似鱼鳞，也可以起一定程度的水土保持作用。

鱼鳞坑的大小，因树龄而异。修筑鱼鳞坑时，坑面向内倾斜，沿坑的外面要修筑一条土埂。但严禁树干在土埂上，以防降大雨时，顺树干流下来的水把土埂冲塌。坑面土壤保持疏松，以利保蓄雨水。

（二）水渠的设计

1. 灌溉系统

灌溉方式有沟灌、喷灌、滴灌和渗灌等。不同的灌溉方式在设计要求、工程造价、占用土地、节水功能及灌溉效应等方面差异很大，规划时应根据具体情况而定。

（1）沟灌　沟灌主要是规划干渠、支渠。渠道的深浅与宽窄应根据水的流量而定，渠道的分布应与道路、防护林等规划结合，使路、渠、林配套。在有利灌溉的前提下，尽可能缩短渠道长度。渠道应保持0.1%~0.3%的比降，并设立在稍高处，以便引水灌溉。山地果园的干渠应沿等高线设在上坡，落差大的地方要设跌水槽，以免冲坏渠体。

（2）喷灌　喷灌系统包括首部枢纽（取水、加压、控制系统、过滤和混肥装置）、输水管道和喷嘴三个主要部分。喷灌的输水管道有移动与固定式两种。固定管道按干管、支管和毛管三级设置，毛管分布于果树行间土壤内，每隔一定距离接出地面安装喷嘴。为保证出水均匀，还要安装减压阀与排气阀。喷灌强度应小于土壤入渗速度，以免地表积水和生产径流，引起土壤板结或冲刷。喷灌水滴尽量要小，防止对果实和叶片造成损伤，也防止破坏土壤团粒结构。

（3）滴灌　滴灌系统包括首部枢纽（水泵、过滤器、混肥装置等）、输水管网（干管、支管、分支管、毛管）和滴头。干管直径80mm，支管直径40mm，分支管细于支管，毛管10mm左右。在毛管上每隔70cm左右安装一滴头。分支管按树行排列，毛管环绕树冠外缘一周。

（4）渗灌　渗灌系统由首部枢纽、管网组成。渗水管一般用直径17~20mm的塑料管道，在两侧或上部钻1~1.2mm的孔眼，眼距0.5~1mm。渗水管埋设在树冠下根系密集处，深度为30~40cm，埋设坡度0.1%~0.3%的比降。渗水管中间各节的结合处用白泥灰密封，两头留出地上孔和地下口，用封口套头套住，分别作为灌水口和雨季排水口。渗灌系统也可利用移动式软管，在土壤表面临时铺设，并通过树盘的管道钻孔渗水。

2. 排水系统

（1）平地果园　平地果园的排水方式主要有明沟排水与暗沟排水两种。排水系统主要由园外或贯穿园内的排水干沟、区间的排水支沟和小区内的排水沟组成。各级排水沟相互连接，干沟的末端有出水口，以便于将水顺利排出园外。小区内的排水小沟一般深度50~80cm；排水支沟深100cm左右；排水干沟深120~150cm，使地下水位降到100~120cm以下。盐碱地果园，为防止土壤返盐，各级排水沟应适当加深。可以修建为台田的形式。

暗沟排水是在地下埋设瓦管管道或石砾、竹筒、秸秆等其他材料构成排水系统。此法不占地面，不影响耕作，惟造价较高。暗沟的设置在沙壤土上一般深1.1~1.8m，间距15~35m；在黏壤土上一般深1.1~1.5m，间距10~25m；在黏土上一般深1.0~1.2m，间距8~12m。

（2）山地果园　山地果园主要考虑排除山洪。其排水系统包括拦洪沟、排水沟和背沟等。

拦洪沟是在果园上方沿等高线设置的一条较深的沟。作用是将上部山坡的洪水拦截并导入排水沟或蓄水池中，保护果园免遭冲毁。拦洪沟的规格应根据果园上部集水面积与最大降水强度时的流量而定，一般宽度和深度为1~1.5m，比降为0.1%~0.3%。并在适当的位置修建蓄水池，使排水与蓄水结合进行。

山地果园的排水沟应设置在集水线上，方向与等高线相交，汇集梯田背沟排出的水而排出园外。排水沟的宽度为50~80cm，深度为80~100cm。

在梯田内修筑背沟（集水沟），宽度为30~40cm，深度为20~30cm，保持0.1%~0.3%的比降，使梯田表面的水流入背沟，再通过背沟导入排水沟。

3. 果园灌水量

最适宜的灌水量，应在灌溉后，使果树根系分布范围内的土壤湿度，达到最有利于果树生长发育的程度。不同的灌溉方式要求的灌水量不同，如地面灌溉，要求浸湿土壤1m左右。

$$灌水量 = 灌溉面积 \times 土壤浸湿深度 \times 土壤体积质量 \times（田间持水量 - 灌溉前土壤湿度）$$

假设1亩果园，1m浸湿深度的土壤，土壤体积质量1.25t/m^3，灌溉前土壤湿度15%，灌溉后达到23%。

$$灌水量 = 667 \times 1.25 \times (0.23 - 0.15) = 66\ (t)$$

其他的如喷灌大约节水20%以上。

滴灌用水量是普通灌溉的2/5~1/4。

在设计中应考虑不同方式对水分的要求。

（三）道路的规划

大中型果园有三种道路类型：主路、支路和小路。主路路面宽6~8m，保证大型汽车能并行通过贯穿全园，与附近公路相接。支路一般宽4~5m，保证两辆动力作业机械并行通过，支路连接干路和小路。小路一般宽1~3m，人行为主，可根据需要临时设置。山地果园主路可修“之”形，小路可顺坡修筑。

小型果园为节约用地，可不设主路与小路。

【任务实施】

1. 任务准备

（1）材料准备　山地果园、平地果园。

（2）工具准备　经纬仪、水准仪、标杆、塔尺、测绳、皮尺、绘图板、比例尺、绘图工具。

2. 实施过程

根据实际或仿真果园设计情况，合理安排水利、道路、建筑设施和水土保持工程，绘制设计图。

结合设计图编制说明书。

【评价与考核】

优：准确绘制设计图，设计可行性、科学性、技术性、实用性强。符合具体地区实际，对现实生产有很强的指导作用。

良：准确绘制设计图，设计可行性、科学性、技术性、实用性较强。符合具体地区实际，对现实生产有较强的指导作用。

中：正确绘制设计图，设计可行性、科学性、技术性、实用性一般。符合具体地区实际，对现实生产有指导作用。

及格：正确绘制设计图，设计可行性、科学性、技术性、实用性一般。

不及格：不能绘制设计图，设计可行性、科学性、技术性、实用性有明显错误。

【复习思考题】

果园水土保持工程有哪些？

任务三　树种、品种设计

知识目标：了解不同地区的果树生产特点，不同地区果树生产和市场的关系。
技能目标：能够进行树种和品种的选择。
德育目标：了解国家、省果树发展政策，提高政策的落实和执行水平。

果园建立是重要的工作任务，由于果树为多年生植物，对地域性要求严格，在建园之前，应慎重进行树种和品种的选择，才可以取得好的经济效益，避免今后生产上造成损失。

果树生产的区域化、商品化与树种和品种的良种化是任务重点，应结合经济、市场、气候进行设计，参考当地实际果树分布，找出生产上存在的不足，力求设计有先进性和实用性。（不同省果树树种和品种差异较大，同一省各地区树种和品种也有差异，本次任务参考辽宁省制定的果树区划政策。）

【相关知识】

1. 辽宁果树现状

2010年，果树栽培面积稳定在67万公顷，水果总产量达到60万吨。良种比例增加到5万公顷，占栽培总面积的75%；优质果品生产基地1万公顷，优质果率70%。贮藏能力达到30万吨，占总产量的50%；加工能力达到12万吨，占总产量的20%；加工业总产值50亿元。鲜果出口量达到5万吨，创汇3亿美元。龙头企业、专业合作组织带动果农100万户，占果农总户数的62.5%。果品总产值达到180亿元。农民人均果业收入900元，果农人均收入3390元。

2. 辽宁果树优化优势区域布局

依据《辽宁省果树区划》和《辽宁省主要品种区划》，适地适栽，逐步将水果生产向适宜区集中，利用平肥地适度发展，把果业做强做大。

渤海湾苹果优生区，包括大连市的全部及葫芦岛、锦州、营口市的南部地区，要集中发展优质苹果。其中，大连市和营口市要重点进行品种更新改造，主攻果品质量和果品出口；锦州市和葫芦岛市主攻幼树早期丰产，提高单产水平。

同时，该区域还是晚熟葡萄生长的最适宜区，大连市和绥中县南部是桃生长最适宜区，金州区以南地区是甜樱桃和巴梨生长最适宜区，要加快发展，形成规模。

中部优势果品产业区，包括鞍山、辽阳市的全部，朝阳、丹东市的南部和葫芦岛、锦州、营口市的北部。朝阳市的南部地区要重点发展金冠苹果；鞍山、辽阳两市要重点发展南果梨；锦州市的北部地区要重点发展葡萄和苹果梨；营口北部和丹东南部地区要重点发展寒富苹果，其中，东港地区要重点发展草莓和树莓，凤城地区要重点发展树莓和蓝莓。

北部地区，主要是朝阳、丹东市的北部，沈阳、抚顺、铁岭、本溪、阜新市的全部，要重点发展苹果梨及秋子梨系统的优良品种及中早熟葡萄。

3. 调整树种结构

适当调整苹果、梨生产规模，稳定葡萄生产面积，发展其他中小树种。苹果面积2.3万公顷，产量20万吨；梨面积1.6万公顷，产量15万吨；葡萄面积0.67万公顷，产量10万吨；树莓和蓝莓面积0.13万公顷，产量1.5万吨。

4. 加强果树品种选育和引进，加快良种化进程

每年从国内外引进苹果、梨、葡萄、桃、李、杏、樱桃、草莓、树莓、蓝莓等新品种及砧木品种100个，充分发挥省科研单位、大专院校和推广部门的力量，通过试栽、筛选，利用引进资源进行杂交育种，选育具有自主知识产权的地方优良品种，加强引种及种质资源的管理，继续保持果树育种在全国的领先地位。

5. 抓好地方名优水果品种的提纯复壮

对南果梨、绥中白梨、金冠苹果、寒富苹果等地方名牌水果品种，重点开展选优工作，解决品种退化的问题。

6. 开展地理标识认证，加强品种保护

重点是省的地方名牌品种和有自主知识产权的品种，如寒富、辽伏、华红等苹果，南果梨、秋白梨、锦丰、尖把、花盖等梨以及葡萄、黄桃、樱桃等品种。鼓励各类果品申请国家原产地域保护，已获得国家原产地域保护的生产企业，要强化从原料到加工、销售、服务的各个环节进行全程监控，以保证果品质量。

【任务实施】

1. 任务准备

（1）材料准备　果树品种图谱。

（2）工具准备　果树区划地图，互联网计算机。

2. 实施过程

以10亩果园为树种设计模板，以学生家乡地为模拟地点，各小组查阅互联网、相关书籍等材料，设计方案，调查当地果园现有树种及品种的规模、配置等情况，经过综合分析后，制定设计方案，进行果树的树种和品种设计。

【评价与考核】

优：准确设计树种和品种，设计可行性、科学性、技术性、实用性强。符合农业的方针和政策，能够做到适地适树和因地制宜。对现实生产有很强的指导作用。

良：准确设计树种和品种，设计可行性、科学性、技术性、实用性较强。符合农业的方针和政策，能够做到适地适树和因地制宜。对现实生产有较强的指导作用。

中：正确设计树种和品种，设计可行性、科学性、技术性、实用性一般。符合农业的方针和政策，能够做到适地适树和因地制宜。对现实生产有指导作用。

及格：正确设计树种和品种，设计可行性、科学性、技术性、实用性一般。符合农业的方针和政策，基本做到适地适树和因地制宜。

不及格：不能正确设计树种和品种，设计可行性、科学性、技术性、实用性有明显错误。

【复习思考题】

怎样利用农业设施扩大树种和品种的栽培区域？

任务四　防护林设计

知识目标：了解不同果园对防护林的要求，确定防护林的组成。
技能目标：能够确定果园建立时应选择的防护林树种。
德育目标：培养学生分析问题能力。

果园防护林的规划，必须从当地具体情况出发，实行山、水、园、林、路综合规划，合理安排。建立防护林应本着因害设防、适地适栽的原则，达到早见效果的目标。在具体设置中应考虑主林带和副林带的位置。大型果园的防护林一般包括主林带和副林带，小型果园可以只设置环形林带。

可以参考各地区果园进行考察和设计。一般要求设计出主林带、副林带。对林带选择出树种。

【相关知识】

1. 防护林的作用

果园营造防护林能降低风速、涵养水源、保持水土、美化环境，改善果园生态气候条件，有利于蜜蜂活动。

2. 防护林的类型

防护林分为稀疏透风林带和紧密不透风林带两种类型。

稀疏透风林带的特点是林带松散稀疏，一般由乔木和灌木组成，风速3~4m/s的气流能部分通过。

紧密不透风林带的特点是林带上下密闭，透风能力差，由乔木、亚乔木和灌木组成，风速3~4m/s的气流很少通过。

3. 防护林树种的要求

具体要求有：

①选用乡土树种，能适应当地环境条件，抗逆性强。

②选择生长迅速、寿命长、枝繁叶茂的树种。

③与果树没有共同的病虫害或者不是果树病虫害的中间寄主。

④防护林最好有一定的经济价值。

乔木树种可选杨、柳、榆、槐、黑枣、核桃、山杏等；灌木树种可选用酸枣、柽柳、毛樱桃等。

4. 防护林的设计

因为防风林的效果和主林带同当地主要风向的交角有关，所以原则上要求主林带应与当地有害风或常年大风的风向垂直。如因地势、地形等影响，不能垂直时，可以有25° ~30°的偏角。

山地果园地形复杂，应具体安排，迎风坡林带宜密，背风坡林带宜稀，以增加防护林效果和避免霜害。并应和其他设施相结合。山岭风常与山谷主沟方向一致，主林带不宜横跨谷底，应有30°夹角，谷地的下部采用透风林带，以利于冷空气排出。

副林带是主林带的辅助林带，一般与主林带相垂直。其作用是辅助主林带阻拦由其他方向来的有害风，克服地势、地形的不利影响，加强主林带的防护作用。

5. 林带间距

林带间距与带宽、当地最大风速有关，应因地制宜，灵活掌握。在一般条件下，主林带的间距以300~400m为宜。

6. 带内配置

主林带行数与当地风速、林木树冠大小、地形及有无边缘林有关。如内蒙古自治区在配置果园的边缘林带10~15行的条件下，主林带按5行栽植；黄河故道因风沙较大，其主林带按5~8行组成。副林带行数可根据实际情况安排2~4行即可。

林带内部提倡乔灌混交，或针阔混交方式。有条件的地区可采用常绿与落叶树种混交。在具体配置时，一般是采用林带中间各行为乔木，两边各行栽灌木。

乔木的行距为2.0~2.5m，株距为1.0~1.5m。灌木株行距以1m为宜。

【任务实施】

1. 任务准备

（1）材料准备　气象资料，绘图材料。

（2）工具准备　测量工具，绘图工具，互联网计算机。

2. 实施过程

根据当地气象资料，结合果园实际，设计防护林。各小组查阅互联网、相关书籍等材料，设计方案，调查当地果园现有防护林的规模、树种、间距、配置等情况，经过综合分析后，制定设计方案。

【评价与考核】

优：准确设计树种，设计可行性、科学性、技术性、实用性强。能够做到适地适树和因地制宜。对现实生产有很强的指导作用。

良：准确设计树种，设计可行性、科学性、技术性、实用性较强。能够做到适地适树和因地制宜。对现实生产有较强的指导作用。

中：正确设计树种，设计可行性、科学性、技术性、实用性一般。能够做到适地适树和因地制宜。对现实生产有指导作用。

及格：正确设计树种，设计可行性、科学性、技术性、实用性一般。基本做到适地适树和因地制宜。

不及格：不能正确设计树种，设计可行性、科学性、技术性、实用性有明显错误。

【复习思考题】

不同地区的防护林选择树种有什么区别？

【知识拓展】

• 冻害的影响

2001年辽宁省果树受冻害达8480万株，占总株数的17.7%。其中，冻死和基本死亡的果树达2785万株，占全省果树总面积的5.8%。果树大面积冻害，特别是盛果期果树的大片死亡，给果农造成了极大的经济损失，果农辛辛苦苦经营几年的果园，毁于一旦。果树连年发生大面积冻害，有持续干旱、冬季气候异常的原因，有技术管理措施不到位的原因，其中不顾气候资源条件，不顾果树区划的要求，急功近利盲目发展，也是一个重要的原因。

1. 盲目引进，盲目栽种

近年来，由于温室效应的暂时作用，似乎什么果树在辽宁都可以栽，忽视了抗寒性这个至关重要的大问题，省内有的地区从国内外引入了大量的果树品种，其中大多不适合辽宁地区栽植。例如，盲目从日本的果树中选择抗寒性品种，而在日本，即使北海道冬季最寒冷的一月份，最低气温只在−15℃。也有在高寒冷凉地区栽植生长期长的葡萄鲜食品种和抗寒性差的酿造葡萄品种等不符合生产实际的现象。

2. 盲目发展，急功近利

在辽宁，只有21%的面积适合苹果的栽植，即−10℃线以南；而79%的面积不适宜栽植大苹果。在本溪这样高寒冷凉的地区，栽植富士苹果，其结果是不言而喻的。在大石桥北部栽植的大石早生李、盖州的爱宕梨和凌海的“水晶梨”大部分冻死。有的地区甚至盲目大量的栽植枣树、桃树，其结果是年年发生冻害。

3. 抗寒品种不抗寒

近年来，辽宁选育和引进了一些抗寒果树，但在生产实践中，大多数并没有表现出抗寒的特性。西丰县柏榆乡引栽的丹苹、丹光苹果大部发生严重的冻害，金星乡青山村苹博香梨全部冻死。

为推进辽宁省果业高质量地发展，省农委提出一定要遵循自然规律坚持适地适栽的原则。辽宁省地处落叶果树栽培的北界，在区划上属寒地果树栽培。对于寒地界限的划分，常以年平均7℃左右的等温线为界，在此线以北，称作寒地。这一区划的提出，是根据辽宁的气候资源特点所确定的。

任务五　授粉树选择与配置

知识目标：了解不同果树对授粉树的要求，确定授粉树的比例。
技能目标：能够确定果园建立时应选择的授粉树品种。
德育目标：培养学生分析和解决问题的能力。

北方果树一般自花不实或者结实率低，所以必须配置授粉树。

首先确定授粉树的要求条件，其次确定授粉树的比例，特别注意花期相遇。

【相关知识】

1. 授粉树品种的选择

具体条件如下：

①适应当地环境条件，与主栽品种同时开花。

②花粉量多，与主栽品种授粉亲和力强。

③对主栽品种无不良影响，并且最好选择具有一定经济价值的品种作为授粉树。

④果树品种亲缘关系决定授粉效果。亲缘关系过近，授粉不好，如元帅系、富士系内部互相进行授粉；亲缘关系过远，也授粉不好，如西洋梨和秋子梨互相进行授粉。

⑤风媒花果树：榛子、板栗、核桃、果松、银杏等应注意风向的影响。

⑥可以自花结实果树：桃、葡萄、无花果等的一些品种不用配置。

2. 授粉树的配置比例

配置比例（见图2–33）：

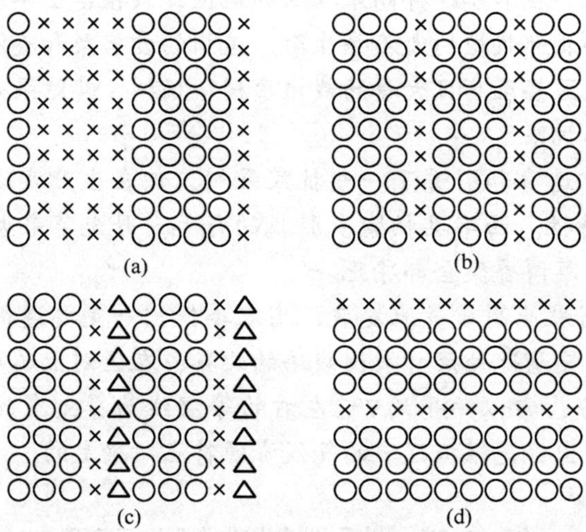

图2–33　授粉树配置比例

（a）等量式　（b）差量式　（c）复合式　（d）等高配置

（○— 主栽品种，×、△—授粉品种）

（1）等量式配置　2∶2、3∶3、4∶4，适于与主栽品种经济价值相近的授粉品种。

（2）差量式配置　1∶2、1∶3、1∶4、1∶8，适于经济价值较低的授粉品种。

（3）复合式配置　4∶1∶1、6∶1∶1，即主栽品种为三倍体时，宜选用2个二倍体授粉品种。

3. 授粉树的配置方式

（1）中心式　即1株授粉品种周围有8株主栽品种，适于小型果园。

（2）行列式　沿小区长边长行栽植授粉树，间隔几行栽主栽品种。

（3）等高式　梯田坡地果园可按等高梯田行向成行配置授粉树。

4. 设计不同主栽品种的授粉树

见表2-7。

表2-7　不同果树树种和品种的授粉树

主栽品种	授粉品种
祝光	甜黄魁、印度、红玉、金冠、青香蕉、赤阳
辽伏	甜黄魁、祝光、金冠
金冠系	红星、祝光、国光、富士
红星（元帅系）	金冠、红玉、祝光、青香蕉、倭锦
富士	金冠、红玉、鸡冠、嘎啦
国光	金冠、红玉、元帅、青香蕉
寒富	金红、金冠
金红	K9、绿香蕉、寒富、丹光
鸭梨	茌梨、雪花梨、大香水、秋白梨、长把梨
茌梨	鸭梨、大香水、秋白梨、白酥、苹果梨
秋白梨	茌梨、黄梨、紫酥、雪花梨
雪花梨	鸭梨、酥梨、茌梨
博多青	菊水、20世纪、长十郎
南果梨	鸭梨、秋白梨、红宵梨
早酥梨	苹果梨、博多青、南果梨、苹博香
巴梨	日面红、茄梨

【任务实施】

1. 任务准备

（1）材料准备　气象资料，绘图材料。

（2）工具准备　绘图工具，互联网计算机。

2. 实施过程

根据相关知识和学生查找资料，结合当地苹果、梨的主栽品种，结合果园实际，设计不同地区的授粉树配置方案。

各小组查阅互联网、相关书籍等材料，设计方案，调查当地果园现有主栽品种和授粉树的树种、间距、配置等情况，经过综合分析后，制定设计方案。

【评价与考核】

结合实际果园模拟设计和设计图进行考核，应和果园设计相符，在实际设计的工作中，要认真分析，确保设计的合理和可行。

优：设计准确，设计可行性、科学性、技术性、实用性强。能够做到适地适树和因地制宜。对现实生产有很强的指导作用。

良：设计准确，设计可行性、科学性、技术性、实用性较强。能够做到适地适树和因地制宜。

中：设计正确，设计可行性、科学性、技术性、实用性一般。能够做到适地适树和因地制宜。

及格：设计正确，设计可行性、科学性、技术性、实用性等方面有不足。基本做到适地适树和因地制宜。

不及格：不能正确设计，设计可行性、科学性、技术性、实用性有明显错误。

【复习思考题】

果园选择授粉树的要求是什么？

任务六　设计说明书

知识目标：了解果树小区的规划，果园设计要求。
技能目标：能够编制设计说明书。
德育目标：培养学生团队合作精神。

在选定的地块进行果树的建园设计工作，需要完成设计说明书、设计图的工作。要求提前学习果园设计的相关知识，保质保量完成。

果园设计是一项重要工作，在规划和设计过程中，应统一考虑果园的道路、水利设施、防护林及果树种类和品种的选择，做到设计说明书和设计图相符合。

【相关知识】

• 小区的规划

小区又称为作业区，是果园的基本作业单位。划分小区是为了方便果树今后进行统一的栽培管理和机械作业，所以小区的划分应根据这个目的进行划分。同一小区内条件应尽量一致，包括气候条件和土壤条件。

平地果园小区面积一般60~120亩；山地及丘陵果园土壤、光照差异大，小区面积应15~30亩。划分的小区要有利于防止风害，有利于果园的运输和机械化管理。

【任务实施】

（一）任务准备

（1）材料准备　绘图材料。

（2）工具准备　测量工具、绘图工具。

（二）实施过程

运用所学果园建立的知识，通过对现成果园的参观调查和果园规划设计，培养学生果园规划设计能力。

1. 果园规划设计

（1）基本情况调查

①园地情况　地形、地势、坡度、面积、水源。

②土壤情况　土壤质地、结构、肥力、土层深度、地下水位、酸碱度。

③果园小气候　气温、雨量、湿度、日照、风、霜、雹；植被和防护林对果园小气候的影响。

（2）园地测量　根据测量结果绘制地形图。

（3）规划设计　根据园地条件和对果园类型的要求进行规划设计，主要包括以下项目：

①土壤改良或水土保持　土壤改良的方法，山地水土保持工程种类和设计。

②树种品种　树种、品种的选择和布局，授粉树的配置，栽植方式。

③小区　小区面积，小区规划。

④道路　干路、支路、小路的设置。

⑤排灌系统　水源、主渠、支渠的宽度、高度。

⑥防护林　树种选择，主、副林带的位置和宽度，栽植方式，密度以及与果树的间距。

⑦建筑物　位置、面积及具体要求。

2. 果园参观

参观项目可参考上述内容。

应该调查不同果树适宜的果园面积和用工情况。随着现代化果树产业的发展，越来越重视果园人工成本支出。在日本、英国、美国等发达国家人工成本是果园中最大的支出项目，而在发展中国家也逐步开始增大人工成本。

在我国北方，一般苹果、梨的人均管理面积为10~15亩，葡萄为5亩，草莓为2亩，榛子为20亩。

【评价与考核】

利用实际果园进行模拟设计，说明书和设计图可以和果园相符。在实际设计的工作中，要认真分析，确保设计的合理和可行。

优：准确设计说明书和设计图，设计可行性、科学性、技术性、实用性强。能够做到适地适树和因地制宜。对现实生产有很强的指导作用。

良：准确设计说明书和设计图，设计可行性、科学性、技术性、实用性较强。能够做到适地适树和因地制宜。对现实生产有较强的指导作用。

中：正确设计说明书和设计图，设计可行性、科学性、技术性、实用性一般。能够做到适地适树和因地制宜。对现实生产有指导作用。

及格：正确设计说明书和设计图，设计可行性、科学性、技术性、实用性一般。基本做到适地适树和因地制宜。

不及格：不能正确设计说明书和设计图，设计可行性、科学性、技术性、实用性有明显错误。

【复习思考题】

（1）设计10亩的平地葡萄园。

（2）设计10亩的山地苹果园。

【知识拓展】

• 果树引种栽培（辽宁省）

1. 大苹果要坚持在最佳栽培区发展

多年的生产实践证明，在辽宁省大苹果的最佳栽培区是在一月平均气温−10℃线以南，果品的质量表现优良。

近年来，为了提高苹果的抗寒性，采取了高接换种等措施，在抗寒性方面发挥了一定的作用。但改造后的品种，由于温热条件不足，多数并没有表现出优良的特性，在市场没有竞争的优势。因此，建议将这部分苹果树逐渐地更换淘汰。

在选育的抗寒苹果中，寒富苹果在生产实践中表现耐寒和品质优良的特性，可以在−10~−12℃线区域内推广应用。

2. 发挥各地果树资源的优势，发展名特优新品种

辽宁省果树资源丰富，辽南的富士系苹果、巴梨、黄桃和大樱桃；辽西的金冠苹果、白梨、锦丰梨、葡萄；辽北的尖把梨、山楂、榛子；辽东的草莓；辽中的苹果梨、李等，在全国占有一席之地，有良好的市场前景。此外，反季设施果树栽培已从葡萄、桃、草莓发展到樱桃、李、杏等品种。

在品种的改良中要注意市场的需求，切忌盲目引进。如元帅系苹果存在肉质极易沙化的弱点，乔纳金肉质太软、贮藏力差等，在市场没有竞争力。

3. 梨是辽宁省乃至我国的优势树种，要立足地方名牌，辽宁省梨资源丰富，应大力的开发

目前具有一定规模的有白梨、锦丰梨、苹果梨、尖把梨和南果梨。其中白梨需要改善品质，南果梨果个较小需要提高贮藏性，锦丰梨可以推广套袋栽培。

在梨生产中要克服“日本热”和“韩国热”。日本的幸水、丰水和新水等除

了抗寒性差外，货架寿命短也是致命的弱点。日本梨生长势较弱，抗性较差，需要较高的管理水平才能获得高产优质。辽宁省在这方面已经有过教训，爱宕梨的大面积死亡，已经证明这一点。

4. 进一步规范果树栽培管理，立足抗寒、防冻，采取有效的技术措施

辽宁的气候特点是时常的干旱伴着冷害，有5年一小冻害10年一大冻害的规律，近年气候就更为异常，去年发生了50年不遇的冻害，给辽宁省果树生产带来了严重的危害。其中果树幼树、苗木和葡萄等果树受灾最重，如果采取有效的防寒措施，损失是可以减少的。因此，各地要在发展果树生产的同时，将抗旱和防寒技术措施配套，确保果树生产得以发展。

任务七　果树定植

知识目标：了解果树栽植工作的程序。
技能目标：能够进行果树栽植工作。
德育目标：培养学生认真扎实的态度，细致的工作作风。

在选定的果园进行果树的栽植工作，需要完成定点、挖穴、栽植和管理工作。要求提前熟悉工作程序，保质保量完成。具体有：

①可以组合为栽植小组，提倡团队合作。每栽植小组可以进行一行的果树栽植。

②果树栽植要素有栽植穴的大小、回填土的好坏、苗木的质量、根系是否舒展、覆土的深浅、浇水的多少以及栽植后补水和除草等。为提高成活率，应分步骤完成工作和进行检查。

③任务量以每组学生栽植一行为好，可以训练栽植技术，对正行向及完成任务情况。

④本任务在春季安排较好，夏季可进行容器移栽进行补栽。秋季检查。

【相关知识】

（一）栽植的时期

不同地区、不同果树品种，栽植的时期不同。一般在北方，可选择春栽或秋栽。

1. 春栽

指土壤解冻后到苗木萌芽前栽植。不能太晚，以免影响苗木萌芽；可适当灌水，促进成活。

2. 夏栽

指生长季的夏季进行栽植。多采用容器移栽的方法，春季在容器内进行栽植，成活后利用夏季连雨天，带坨栽植，适合补栽。

3. 秋栽

指秋季落叶后到土壤上冻前栽植。秋栽有利于伤口愈合，根系恢复，缩短缓苗时间。但冬季风大的地区，枝条容易抽干，应采取防寒措施。

4. 冬栽

指冬季土壤上冻后栽植。适合南方常绿果树和带土坨栽植大树。

（二）栽植的方式

果树栽植方式应在确定密度的前提下，结合经济利用土地、方便管理，以及当地自然条件和果树品种的生物学特性来决定栽植方式。常用的栽植方式有以下几种。

1. 长方形栽植

这是生产上广泛采用的一种栽植方式。特点是行距大于株距，通风透光，便于机械操作、管理、采收。

$$栽植株数=\frac{栽植面积}{行距\times株距}$$

2. 正方形栽植

行距和株距相等。特点是通风透光良好、管理方便，但是不如长方形栽植。

$$栽植株数=\frac{栽植面积}{（栽植距离）^2}$$

3. 三角形栽植

各行互相错开呈三角形栽植。特点是栽植密度大，但不利于通风透光和管理。

$$栽植株数=\frac{栽植面积}{（栽植距离）^2}\times 0.86$$

4. 带状栽植（双行栽植、篱栽、宽窄行栽植）

一般两行为一带，带距一般为行距的3~4倍，适合密植。可以提高栽植密度，也有利于通风透光和管理。

$$栽植株数=\frac{栽植面积}{株距}\times\frac{带距+带内行距}{带内行数}$$

5. 等高栽植

适于山地和坡地栽植。按照等高线确定行向，进行栽植。有利于水土保持。

$$栽植株数=\frac{栽植面积}{株距\times行距}$$

（三）确定栽植密度的依据

见表2–8。

表2-8　　主要果树常用密度

果树种类	株距 × 行距/m	每亩株数	备注
苹果	4 × 6~6 × 8	14~27	乔化砧
	2 × 3~3 × 5	44~111	半矮化砧
	1.5 × 3~4 × 4	83~151	矮化砧
梨	3 × 5~6 × 8	27~44	乔化砧
桃	2 × 4~4 × 6	27~83	乔化砧
葡萄	1.5 × 2~2.5 × 3.5	111~296	篱架整形
	1.5 × 2~4 × 6	83~148	棚架整形
核桃	5 × 6~6 × 8	14~19	
板栗	4 × 6~6 × 8	14~27	
枣	2 × 4~6 × 8	14~64	
柿	3 × 5~6 × 8	14~44	
草莓	0.15 × 0.2~0.2 × 0.25	6000~15000	
无花果	3 × 4~4 × 6	15~55	
杏	4 × 6~6 × 6	14~27	
李	3 × 5~4 × 6	27~44	

1. 树种、品种和砧木特性

不同树种和品种生长发育特性不同，树体高矮大小差异很大，确定栽植密度时应因树种、品种制宜。如核桃株行距应大于苹果，梨应大于桃；梨品种中尖把梨大于苹果梨，乔化品种大于矮化品种等。

砧木中的不同类型对树体大小影响很大。如海棠作砧木明显矮于山定子砧木，矮化砧和半矮化砧明显矮于乔化砧，则株行距也明显小于乔化砧。

2. 地势和土壤

在土层较薄、肥力较低、生长较弱的果园，株行距应小；在土层较厚、肥力较高、生长势较强的果园，株行距应大。

3. 气候条件

在低温、干旱、大风的地区，对果树生长有抑制作用，限制树冠的扩大，栽植应适当密些；在气候温暖、雨量充足、条件较好的地区，果树生长旺盛，树体高大，栽植密度应适当稀些。

4. 整形修剪

整形修剪和机械化程度也影响密度。采用矮化密植和机械化程度高的果园，密度可以大些。

【任务实施】

（一）任务准备

（1）材料准备　草绳、果树苗木、肥料、地膜。

（2）工具准备　水桶、铁锹、挖穴机。

（二）实施过程

1. 栽植前的准备

栽树时要保证树正行直，这样能保证美观，同时有利于通风。先选择园地较垂直的一角，然后两个人各拉一条草绳呈垂直状态，根据要栽植的果树行距，在一条绳上定出行点，在另一条绳上定出株点，然后两个人拉直草绳，分别站在横向和纵向上，两条绳子的交叉点即是栽植点，做好标记。

在栽植前要将所要栽植的苗木进行核对，包括品种和质量，防止出现品种混杂和栽植混乱的现象。

为使果树生长良好，有条件的地区可以准备腐熟发酵良好的农家肥，按照每株50~100kg的用量施入。

2. 果树栽植方法

栽植坑要提前3~4个月挖好，一般多在秋季进行，有利于土壤熟化。大坑有利于根系发育，所以尽量挖大坑，一般大坑深度与直径为0.8~1.0m；但风沙大的地方，小坑有利于保墒，一般小坑深度与直径为0.5~0.6m。挖坑时将表土与心土分开堆放，挖完坑后，在坑中放入肥料和表土，充分混合，有利于提早分解。密植栽培可挖栽植沟。

在栽苗前，先将苗木按大小分类，同样大小的苗木栽在同一区域，这样建园整齐度高。一般用水浸泡一天以利于根系吸水，也可以用泥浆沾根保证根系不失水。

将苗木放在坑中，使根系均匀分布在坑底的土堆上，前后对正。根系周围用表土填埋，边填土边用手轻轻提树干，使根系舒展，与土壤充分接触，然后边填土边踩实。少量栽树时也有用饮料瓶装水，埋入土中，将1~2条根系浸入瓶中的方法来保持根系吸水，可以提高成活率。

将土坑填平后，整修树盘，然后浇透水。

等水渗下去后，再填一层干土封穴，减少水分蒸发。

3. 栽植后管理

栽植后首先定干，剪口用薄膜包好。在寒冷、干旱、多风地区，可套上塑料袋保水。栽植时灌透水后，在一周内视天气情况进行补水。生长期注意病虫害防治。

可在树盘覆盖塑料膜保持水分或树盘喷施保水剂等，以提高成活率。

【评价与考核】

优：每小组定植10株果树，成活率在100%。
良：每小组定植10株果树，成活率在90%。
中：每小组定植10株果树，成活率在80%。
及格：每小组定植10株果树，成活率在70%。
不及格：每小组定植10株果树，成活率在70%以下。

【复习思考题】

不同季节果树栽植方法有什么区别？

【知识拓展】

• 大树移栽

果树建园有时需要移栽大树，一般指4~5年以上的大龄果树。栽植时由于树体大，树冠大，根系分布远，起苗时根系易受伤，栽后树体蒸腾和蒸发量大，容易失水，影响成活。

我国古代总结出很好的移栽大树经验，"移树无时，莫使树知，多留宿土，记取南枝"。栽植时间应在春季、秋季树体没萌芽时进行，也可以在冬季树体处于休眠期进行。大树带土坨和栽植时按原来的方位也可以提高成活率。

在前一年对待栽果树进行断根处理，于萌芽前在树冠外围距离主干80cm处，挖深70~80cm的环状沟，切断根系，回填表土，适当灌水，促进发新根系。

挖树前剪去全部花芽，短截营养枝，适当缩小树冠。

移栽后设立三角支柱或拉绳，夯实土壤，灌足水分，7~10d以后，及时补水。也可以在生长季进行树体主干挂营养液点滴，补充水分和营养。

【职业技能考核】

果树栽植

（1）准备果树苗，栽植工具。

（2）要求至少栽植3株以上的果树，30min内完成。要求在挖好的定植穴内堆小土堆，摆放树苗，舒展根系，扶正苗木，填表土，踏实与提苗，填平定植穴，浇水，封土；并且对齐。

【归纳总结】

果树为多年生的植物，一经定植，要在固定的地方生长几年或数十年。因此，果树的建园需进行生产的长期预测，事先必须认真选址、精心设计。

建立果园必须坚持因地制宜，相对集中，有所侧重的原则。要依据当地气候条件、消费群体的要求和消费能力、科技发展水平和未来的发展趋势等因素综合考察分析，确定树种、品种和栽培的规模及设备、设施的配备。必须围绕品种的良种化、管理的科学化、生产的机械化、排灌的水利化、栽培的矮密化、更新的快速化来进行。

模块三　综合生产实训

项目一　仁果类果园周年生产

任务一　苹果周年生产

知识目标：了解苹果的品种和果树生长结果习性。
技能目标：能够独立进行果园的生产管理，进行相应的技术操作。
德育目标：培养学生认真扎实的态度，细致的工作作风。

【相关知识】

（一）苹果的主要种类和品种

1. 苹果的主要种类

苹果属于蔷薇科，苹果属。苹果属植物全世界有35种，原产我国的共有22个种、1个亚种。苹果是我国最重要的果树，面积和产量居北方落叶果树首位。用于栽培和砧木的主要种类如下：

（1）苹果　目前世界上栽培的苹果品种，绝大部分属于本种或该种与其他种的杂交种。我国原产的绵苹果亦属于本种。本种有两个矮生型变种，即道生苹果和乐园苹果。目前生产上应用较多的M系和MM系矮化砧中，有许多属于这两个变种，如M_2、M_4、M_7、M_9、M_{26}、MM_{106}等。

（2）山定子　别名山荆子，原产我国东北、华北与西北。乔木，果实重约1g，果柄细长。本种抗寒力极强，有的可耐-50℃，但不耐盐碱，在pH7.5以上的土壤易发生缺铁黄叶病，是北方寒冷地区常用的苹果砧木。

（3）楸子　别名海棠果、海红、林檎。我国西北、华北、东北地区均有分布。果实卵圆形，直径约2cm，黄色或红色。本种根系深，适应性广，抗寒、抗旱、耐涝、耐碱，抗苹果棉蚜，与苹果嫁接亲和力强，是生产上广泛应用的砧木。

（4）其他　生产上应用较多的砧木种类还有西府海棠、湖北海棠、甘肃海棠、毛山定子、扁棱海棠、花叶海棠和新疆苹果等。

2. 苹果的主要品种

目前全世界有苹果品种近10000个，我国从国外引进和选育的栽培品种有250个左右，而生产上用于商品栽培的主要品种只有20个左右。

（1）早捷　原产美国。特早熟品种，果实生育期约60d。该品种果实扁圆形，单果重160g；果面浓红色；果肉乳白色，松脆多汁，风味酸甜，可溶性固形物含量11.5%，品质中上，室温下可贮藏5~7d。该品种幼树生长势强，腋花芽比例高，结果早，丰产，但有采前落果现象，适于我国中部地区栽培。生产上注意更新结果枝组，及时疏果。授粉树可选辽伏、麦艳等品种。

（2）津轻　原产日本。中熟品种，果实生育期约115d。该品种果实近圆形，单果重约175g；果皮底色黄绿，果面被红色粗条纹；果肉黄白色，汁中等多，甜中带微酸，可溶性固形物含量14.0%，品质上等，耐贮性差，货架期10~20d。津轻萌芽率高，成枝力强，结果早，坐果率中等，适应性强，适宜渤海湾果区和西北果区发展。该品种采前落果重，有果锈。栽培中应注意幼树开张角度，轻剪缓放，大量结果后及时回缩更新，宜采用分批采收。可与新嘎拉、红富士、元帅系等品种相互授粉。红津轻为津轻的着色系芽变品种，成熟期比津轻提早20d，且果面呈全红。

（3）新嘎拉　原产新西兰。为嘎拉的着色系芽变品种，又名皇家嘎拉，中熟品种，果实生育期120d。该品种果实卵圆形或短圆锥形，单果重约150g；果面底色绿黄，果皮可全面着鲜红霞，有断续红条纹；果肉淡黄色，肉质细脆致密，可溶性固形物含量13.0%，有香味，品质上等，较耐贮藏，货架期25~30d。该品种萌芽率高，成枝力强，分枝角度较大，结果早，丰产稳产，适应性强，抗早期落叶病、白粉病等。但结果后树势易衰弱，果实成熟期不一致，易出现采前落果。生产上注意疏花疏果，保障肥水供应，分批采收。

（4）金冠　原产美国。中晚熟品种，果实生育期140~145d。该品种果实圆锥形，萼部有五棱隆起，单果重约200g；果面成熟时绿黄色，稍贮后为金黄色，阳面常具红晕；果肉淡黄色，致密细脆，可溶性固形物含量为14.6%左右，具浓郁芳香，品质上等，耐贮藏。该品种适应性强，为苹果产区广泛栽培的品种，亦适宜在我国西南高地产区发展。但幼树易抽条，果实易受药害而加重果锈。

（5）元帅系短枝型　指由元帅的芽变品种及其后代芽变所产生的约100余个短枝品种。通常将元帅称为元帅系的第一代；其芽变品种称为第二代，如红星、红冠等，多为着色系芽变；第二代品种的芽变称为元帅系第三代，多数为短枝型品种，如新红星、超红、艳红、顶红等；元帅系第四代、第五代品种，如首红、魁红、瓦里短枝等，短枝性状更明显，而且着色期提早，颜色更浓。

元帅系短枝型品种多数产于美国，为中晚熟品种，果实生育期140~150d。该系品种果实圆锥形，果顶均有明显的五棱，一般单果重约250g左右；成熟时，果面被有鲜红霞和浓红色条纹，也有全面紫红色品种；果肉致密，味浓甜微酸，芳香浓烈，品质极上，但耐贮性较差。元帅系短枝型品种树势健壮，树冠矮小紧凑，枝条节间短，萌芽力强，成枝力弱，适宜于北方各个苹果产区发展。生产上注意增施有机肥，疏花疏果。

（6）乔纳金　原产美国。中晚熟三倍体鲜食加工兼用品种，果实生育期155~165d。果实圆锥形，单果重约220g；果面底色绿黄至淡黄色，有鲜红霞和不明显的断续条纹；果肉淡黄色，中粗，汁多，味酸甜，可溶性固形物含量14.0%，品质上等，较耐贮运。该品种萌芽率高，成枝力强，早果、丰产性好，适应性强，适宜于北方各个苹果产区发展。但较易感染白粉病、轮纹病，易受叶螨及苹果瘤蚜的危害，苦痘病较重。生产上应配置两个二倍体授粉品种，注意疏花疏果，保持适宜负载量。

新乔纳金和红乔纳金为其着色芽变品种。

（7）王林　原产日本。晚熟品种，果实生育期150~160d。该品种果实长卵圆形，单果重约190g；果面黄绿色，阳面有橙红色晕；果肉乳白色，细脆多汁，可溶性固形物含量12.0%，品质上等，耐贮运。该品种树姿直立，萌芽率中等，成枝力强，早果、丰产性好，适应性强，适宜渤海湾及西北苹果产区发展。但较易感染斑点落叶病和黑星病，幼旺树易患苦痘病。生产上注意幼树开张角度，轻剪缓放，及时更新衰弱枝条。

（8）着色富士系　是指由原产日本的富士苹果选育出的一批着色芽变品种，生产上称为红富士。包括普通着色芽变品种秋富1号、长富2号、岩富10号、2001富士、乐乐富士；短枝型着色芽变品种宫崎短枝、福岛短枝、长富3号、秋富39号；早熟着色富士红王将等。是我国栽培面积最大的苹果品种系列。

着色富士系苹果均为晚熟品种，果实生育期170~175d。该类品种果实圆形或近圆形，单果重约230g；果面有全面鲜红、深红、鲜红条纹等多种类型；果肉黄白色，细脆多汁，酸甜适口，稍有芳香，可溶性固形物含量14.0%~18.5%，品质极上，极耐贮藏。着色富士系萌芽率高，成枝力强，结果较早，丰产，适应性强，适宜北方各个苹果产区发展。缺点是耐寒性稍差，对轮纹病、水心病、霉心病抗性较差，管理不当时易出现大小年结果现象。

（9）寒富　沈阳农业大学培育的抗寒新品种，亲本为东光和富士。果实短圆锥形，果形端正，全面着鲜艳红色；单果重250g，最大果重达900g，是目前单果重最大品种之一；果肉淡黄色，肉质酥脆，汁多味浓，有香气，品质中上，耐贮性强。适合在大苹果栽培的北界200km内进行栽培，顶花芽结果为主，有腋花芽结果能力。

（二）苹果树发育时期

1. 萌芽期

此期从春季芽膨大，经开绽展叶到短梢停长为止。此期是一年中干旱、风大、少雨、温度偏低的时期。

2. 开花期

此期从全树有5%的花开放到谢花为止。此期多数地区仍为风大干旱时期，气温变化幅度仍较大，常因乍暖回寒发生晚霜而使花器受冻，造成大面积减产。

3. 幼果期

此期从坐果开始，经果实细胞分裂和组织分化，到6月落果以前结束。此期气温明显升高，光照充足，干燥少雨；幼果发育与春梢旺长同步进行，养分矛盾突出，肥水需求量大。

4. 花芽分化及果实膨大期

此期从春梢停长，花芽分化，经果实迅速膨大期，到开始着色前为止。此期处于全年的雨季，高温多雨为其显著特点，是形成果树产量的主要时期，亦是秋梢生长期和果实叶片病虫害集中发生的时期。

5. 果实成熟与落叶期

从果实着色，经成熟采收，到落叶休眠为止。此期的前期为果实成熟期，是采用果实商品化技术的集中时期，如果实增色、合理采收、采后处理等。采后到落叶前为全年营养积累期，由于昼夜温差大、光照充足、土壤水分适宜，加上果实采收和秋梢停止加长生长，枝叶光合同化产物绝大部分用于积累营养，为翌年全树生长发育奠定基础。

6. 休眠期

此期从落叶休眠到翌年萌芽前。果树处于全年中的休眠阶段。

（三）生长习性

1. 根系生长

苹果根系在土温3~4℃时开始生长，7~20℃时旺盛生长，低于0℃或高于30℃时停止生长。树体营养状况和根系环境条件对根系生长有重要影响。在一年中，根系常与地上部器官交替生长，出现2~3次生长高峰。具体时间在萌芽前、春梢停长后及果实采收后。其中以春梢停长后发根量最大，持续时间最长。但树龄、树势和结果状况不同，其生长动态亦明显不同。

苹果根系的分布受树龄、砧木、土壤类型、地下水位和栽培技术的综合影响。一般根系水平分布范围为树冠直径的1.5~3倍，但主要吸收根群集中于树冠外缘附近及冠下；根系的垂直分布深度一般小于树高，乔化砧苹果根系主要集中在20~60cm的土层，矮化砧苹果根系主要集中在15~40cm的土层中。

2. 枝芽生长

春季日均温约10℃时，苹果叶芽萌动，新梢开始生长。一般新梢生长分开始生长期（叶簇期）、旺盛生长期、缓慢及停止生长期和秋梢形成期四个阶段。不同阶段停长的新梢分别形成短枝、中枝和长枝。

（1）短枝　是在叶簇期就形成顶芽的新梢，长度小于5cm，是成花的基本枝类。具有4片叶以上的短枝极易成花。

（2）中枝　是在春梢形成期停长的新梢，长度为5~30cm，特点是只有一次生长，有的当年形成花芽而转化为果枝。

（3）长枝　是在秋梢形成期停长的新梢，长度大于30cm。由于长枝前期消耗营养多，生产上长枝数量不宜过多。

叶幕是指全树叶片的自然分布，是光合作用的主体，其结构和动态直接影响苹果的品质与产量。一般从叶面积系数、光照状况及光合作用时间评价其好坏，而树体枝量和枝类比则是影响叶幕的重要因素。优质丰产果园要求树冠体积为1200~1500m^3 / 亩，枝量达5万~9万个，长枝比例为5%~8%，枝叶覆盖率为60%~80%，叶面积系数为3~4，树冠透光率达30%以上，东西两侧每天受直射光3h以上。

（四）结果习性

1. 结果枝的类型

苹果结果枝分为长果枝（大于15cm）、中果枝（5~15cm）、短果枝（小于5cm）及腋花芽枝。除少数品种外，一般以短果枝结果为主。

2. 花芽分化

花芽分化是指形成花芽的过程。通常分为生理分化期和形态分化期。

生理分化在枝条停长并积累一定营养后开始，是花芽分化的临界期，也是促进花芽分化的关键时期。由于枝条停长的时期不同，花芽分化的开始时期也不一致。苹果生理分化是在6月上旬到7月上旬。

形态分化是花器的各个部分在芽内形成雏形的过程。在入冬前可分化出花萼、花瓣、雄蕊、雌蕊。春季花芽萌动后，雄蕊和雌蕊继续发育，在开花前完成全部发育。

3. 开花与坐果

苹果花芽春季萌发后，先抽生一段很短的新梢，长约1~3cm，以后膨大，称为果台。在其顶端着生伞形花序，不能继续延伸，而在果台叶腋内随结果新梢的生长，发生1~2个二次枝，称为果台副梢。果台副梢的多少和长短，因品种和果枝生长的强弱而异。当春季日平均温度达15℃时，多数品种相继开花。在一个花序中，中心花先开，坐果亦好。疏花疏果时应以留中心花果为主。

苹果单花开放期为2~6d，一个花序开花期为7d，1株树开花期约15d。就单株而言，生产上常将苹果的开花期分为初花期、盛花期、终花期和谢花期四个时期。全树有5%的花开放为初花期，25%~75%的花开放为盛花期，75%至全部开放为终花期，出现落花时为谢花期。

苹果开花后要经过授粉受精才能正常结果。多数品种自花结实率低，建园时必须配置授粉树。但三倍体品种如乔纳金、陆奥、北海道9号等因花粉败育不能作为授粉树。

苹果坐果后到果实采收前会出现两次落果高峰，第一次在花后1~2周，第二次在花后4~6周（称为六月落果）。某些品种在采前1个月左右还会出现一次落果（称为采前落果）。

4. 果实生长

苹果从坐果到果实成熟需要60~190d。果实大小既决定于细胞分裂的数量，也决定于果肉细胞的体积和间隙。实质上取决于树体营养状况、内源激素和环境条件。

（五）对环境条件的要求

1. 温度

苹果喜冷凉的气候，一般认为年平均温度在8~14℃的地区都可栽培。

苹果的自然休眠期长，冬季最冷的1月平均气温在−10~10℃之间，才能满足对低温的要求。但大苹果品种在−25℃以下即有冻害。在生长期4~10月，平均气温12~18℃；夏季6~8月，平均气温18~24℃，最适宜苹果的生长。

秋季昼间温度高，夜间温度低，昼夜温差大，有利于营养积累，对花芽分化、果实糖分积累和着色都有良好的作用。

2. 水分

苹果的生长期4~10月，降雨量在500~600mm的地区最适宜生长。花芽分化期和果实成熟期要求降雨量少，空气干燥。如花芽分化期雨量多，枝叶徒长而花芽分化不良；成熟期多雨，果实着色不良，糖分低，品质差，且易裂果。生长期内雨量不足450mm的地区，应注意灌溉；夏、秋季多雨地区应注意排水。

3. 光照

苹果是喜光树种，光照充足，生长健壮，花芽分化良好，产量增加，含糖量高，品质优良。因此，在园地选择、栽植密度和整形修剪等方面，应给苹果生长与结果创造良好的光照条件。

4. 土壤

苹果对土壤的适应范围较广，并可利用不同砧木，在pH5.5~8.2的土壤中正常生长。但最适宜苹果生长的土壤条件是：土壤肥沃，有机质含量在1.0%以上；土层深厚，活土层在60cm以上；地下水位在1.5m以下；土壤pH6.0~7.5，总盐量在0.3%以下。

【任务实施】

（一）任务准备

（1）材料准备　苹果成树、幼树果园，农肥、农药、果袋、花粉。

（2）工具准备　锹、耙等工具，修剪工具，喷药工具，采收工具。

（二）实施过程

根据农时季节，进行弹性教学安排，每小组参考生产案例进行果园生产和管理，并制定周年生产方案。

1. 萌芽期生产管理

（1）刨树盘　3月中旬以后地表开始化冻，将树冠下树盘土壤浅刨一次，深

10~15cm，搂平，打碎土块，浅刨范围超出树盘越大越好。

（2）春施基肥　秋季没有施肥的果园，可于4月下旬土壤化冻40cm左右时，顶浆施农家肥，结果树每株施150~250kg，采用环状沟施肥或放射沟施肥。

（3）防治病虫害　采用刮治方法防治苹果腐烂病、枝干轮纹病、干腐病、白粉病、蚜虫类、卷叶虫等病虫害。

2. 开花期生产管理

（1）授粉　在完成疏花后，采用人工点授或液体授粉等方法进行人工授粉。

（2）环剥　对幼旺树的结果枝采用基部环剥，提高坐果率。

3. 幼果期生产管理

（1）疏果　对结果过多的树要疏果。留果标准：富士等大型果，每5~6个顶芽留1个中心果；国光等中型果，每3~4个顶芽留1个果。采用一次定果，对过多的小果、畸形果要彻底疏除。

（2）果实套袋　在疏果的基础上，进行果实套袋。

4. 花芽分化及果实膨大期生产管理

（1）夏季修剪　对开张角度小的枝条，采用支、拉等方法开张角度。对骨干枝背上直立枝，当长到10~12片叶时，扭梢以控制生长。于5月下旬对辅养枝进行环剥和环割，促进成花早结果。

（2）施肥　根据果树产量，在此期追施花芽分化肥和果实膨大肥，主要以磷、钾肥为主。

5. 果实成熟与落叶期生产管理

采用果实商品化技术，如摘叶、解除果袋、转果、适时采收、采后处理等提高果实品质。

6. 休眠期生产管理

（1）整形修剪　要根据不同品种、树势、年龄及栽培管理条件，进行细致修剪。矮化的果园按纺锤形和扇形要求整形；乔化稀植的果园，可按基部三主枝临近半圆形或小冠半圆形要求整形。对主干、骨干枝及剪锯口附近的老翘皮，彻底刮除；对附着在枝干上的越冬虫卵和幼虫用刮老皮的方法防治，对天牛、吉丁虫等蛀干害虫要细心挖出，对刮掉的树皮要用麻袋片、塑料膜等承接，集中烧毁。

（2）高接换种　采用皮下接、带木质芽接、劈接等方法均可。

苹果园周年生产案例

【果园介绍】

2009年辽宁南部地区盖州市徐屯镇松屯村一果农，山地果园10亩，主栽品种富士400株，授粉品种金冠50株。树龄20年，土壤为棕壤，管理人员两名。

日常管理不需要外雇工人。

物质准备：果袋12万~15万个，农家肥两车，苹果专用肥1t，杀虫剂40瓶，杀菌剂40袋，秸秆1000捆，包装箱800个，拉枝绳子20捆。

工具准备：修枝剪，疏果剪，刮树挠，水泵，喷雾器，手推车。

【周年生产】

1. 萌芽期生产管理

（1）刨树盘　3月中旬以后地表开始化冻，将树冠下树盘土壤浅刨一次，深10~15cm，搂平，打碎土块，用工5个；行间覆盖，覆盖秸秆10~15cm，用工6个。

（2）春施基肥　于4月下旬土壤化冻40cm左右时，顶浆施农家肥，结果树每株施150~250kg，由于肥料来源少，用工多，每年施肥20株，用工5个，采用环状沟施肥。为减少用工，其他果树施苹果专用肥2.5kg / 株，用工5个，采用放射沟施肥。

（3）防治苹果腐烂病、枝干轮纹病　刮治结合涂药防治，用工3个。

2. 开花期生产管理

由于是山区，授粉昆虫较多，在开花期不进行喷药作业，没有采取人工辅助授粉。对幼旺树的结果枝采用基部环剥，提高坐果率。

3. 幼果期生产管理

（1）疏果　对结果过多的树要疏果。留果标准：富士等大型果每5~6个顶芽留一个中心果，金冠每4~5个顶芽留一个果。采用一次定果，对过多的小果、畸形果要彻底疏除。

（2）套袋　由于全村都栽培果树，雇工困难，疏果套袋为集中用工高峰，外雇工人8名，工作6天，套袋12万~15万个。

4. 花芽分化及果实膨大期生产管理

（1）夏季修剪　果树开张角度小的枝条，采用支、拉等方法开张角度；对骨干枝背上直立枝，当长到10~12片叶时，扭梢以控制生长。于5月下旬对强旺辅养枝进行环剥和环割，促进成花结果。

（2）施肥与除草　根据果树产量，在此期追施花芽分化肥和果实膨大肥，主要以磷、钾肥为主；叶面喷施0.5%磷酸二氢钾。其他为除草等日常工作。

（3）防治病虫害　生长季喷药3~4次，防治螨类、蚜虫类和早期落叶病。

5. 果实成熟与落叶期生产管理

采收前15d，解除果袋，促进着色。10月中下旬采收与联系销售。

解袋用工10个，采收用工20个。

6. 休眠期生产管理

整形修剪：根据品种、树势、年龄及栽培管理条件，进行细致修剪，全园按纺锤形和小冠半圆形进行整形。

修剪时期为2~3月，用工20个。

7. 效益核算（见表3–1）

表3–1　　效益核算

项目	数量	单价 / 元	金额 / 元
农家肥	2车		–200
疏花疏果	8人 ×6天	60	–2880
苹果专用肥	1t		–2400
果袋	12万个	0.03	–3600
包装箱	800个	3	–2400
农药			–1000
销售富士苹果	30000kg	2.4	+72000
销售金冠苹果	4000kg	2.0	+8000
合计			+67520

【制定生产方案】

要求制定10亩苹果园的生产方案。包括主栽品种、授粉品种的选择，生产资料的准备和不同时期的生产计划制定，成本核算和经济效益分析，减少支出与增加收入的措施等。

【评价与考核】

果园划分作业区，学生划分小组进行管理。对各小组制定的生产方案和管理效果进行研讨、评价。

优：合理运用各种果树技术方法，完成规定的工作任务，工作态度端正。管理的果树生长良好，技术失误率控制在3%之内。

良：合理运用各种果树技术方法，完成规定的工作任务，工作态度端正。管理的果树生长良好，技术失误率控制在3%~5%。

中：合理运用各种果树技术方法，完成规定的工作任务，工作态度端正。管理的果树生长良好，技术失误率控制在5%~10%。

及格：合理运用各种果树技术方法，完成规定的工作任务，工作态度端正。管理的果树生长良好，技术失误率控制在15%之内。

不及格：不能完成任务规定的工作量，质量达不到标准。

【复习思考题】

（1）苹果在生产上有哪些优良品种？

（2）苹果栽培对环境有什么要求？

任务二　梨周年生产

知识目标： 了解梨的主要品种和生长结果习性。

技能目标： 能够独立进行果园的生产管理，进行相应的技术操作。

德育目标： 培养学生认真扎实的态度，细致的工作作风。

【相关知识】

（一）梨的主要种类和品种

1. 梨的主要种类

梨为蔷薇科（Rosaceae），梨属（*Pyrus* L.）。多年生落叶乔木果树。世界梨属植物约有35种，其中原产我国的有13个种。梨是我国栽培最早的果树之一，也是我国出口果品最多的果树。我国主要的栽培种类有：

（1）秋子梨　主要分布于我国东北，在华北、西北亦有分布。秋子梨成枝力强，生长旺盛，老枝灰黄或黄褐色，叶缘有带长刺芒的锯齿；果实多近球形，果个小，果柄短，萼宿存，果肉石细胞多且粗，多数品种经后熟方可食用，部分品种有浓郁香气。本种抗寒力强、耐旱、耐瘠薄、抗腐烂病、不耐盐碱，寒冷地区栽培表现较好。

（2）白梨　主要分布于我国华北地区，在西北地区、东北南部地区、淮河流域亦有分布，是我国栽培梨分布最广、栽培面积最大、优良品种最多的种类。白梨二年生枝褐色或茶褐色，叶缘有尖锐锯齿，齿芒内合；果实多为倒卵形或长圆形，果个大，成熟时果皮多为黄色，果柄长，萼片多脱落，果肉细脆多汁、味甜、石细胞少，多数耐贮藏。

（3）砂梨　主要分布于中国长江流域及其以南各省，在华北、东北等地亦有栽培。砂梨成枝力弱，树冠内枝条稀疏，枝条粗壮直立，多褐色或黄褐色；果实萼片多脱落，果实肉脆味甜、汁多、石细胞较多。砂梨喜温暖湿润气候，抗热、抗火疫病能力强，抗寒性较差，我国从日本和韩国引进的梨优良品种多属于本种。

（4）西洋梨　原产欧洲和亚洲西部，在我国栽培面积较小，主要分布于中国华北、西北等地区。西洋梨枝条直立性强，小枝无毛有光泽，枝条灰黄色或紫褐色，叶片小，叶缘锯齿圆钝或不明显；果实多葫芦形，果柄粗短，萼片多宿存，多数需后熟方可食用，肉质细软易溶、石细胞少，常有香味，不耐贮藏。抗寒性弱，易染腐烂病。

2. 梨的主要品种

（1）鸭梨　主产于河北，白梨系统。果实呈倒卵圆形，单果重约125~260g，近果柄肩部常有一鸭头状的突起，故称为鸭梨；果皮细薄而光滑，有蜡质，果皮绿黄色，贮藏后变为黄色，果柄附近有锈色斑；果肉白色，质细而脆，石细胞少，果汁多，味甜微酸，有香气，可溶性固形物含量11.0%~13.8%，品质上等。果实9月中、下旬成熟，可贮至翌年2~3月。该品种植株生长势中庸，萌芽力强，成枝力弱，枝条弯曲。该品种抗旱，抗寒力中等，抗病力弱，喜砂壤土，对肥水条件要求高。

（2）秋白梨　主产于河北、辽宁，白梨系统。该品种果实中大，长圆或近球形，单果重150g；果面有蜡质光泽，近果柄处有锈斑，脱萼；果肉白色，质细而脆，汁多味甜，品质上等。在绥中9月下旬成熟，极耐贮藏。幼树结果晚，大树丰产，但易大小年结果。抗旱，较耐寒，适于山地栽培。该品种采前落果重，易感黑星病。

（3）雪花梨　主产于河北，白梨系统。该品种果实椭圆形，平均单果重237.5g；果皮绿黄色，贮后变为黄色，有蜡质分泌物；果肉白色，肉质细脆，汁多味甜，果心较小，可溶性固形物含量11.0%~13.0%，品质上等。9月中旬成熟，可贮至翌年2~3月。该品种树势较强，枝条萌芽力强，成枝力中等，定植后3年结果，幼树以中长果枝结果为主，随树龄增加，短果枝结果比例逐渐提高，腋花芽有结果能力。该品种喜深厚的砂壤土，抗旱力较强，抗寒力与鸭梨相近，抗黑星病和轮纹病能力较强。

（4）库尔勒香梨　主产于新疆库尔勒地区，南疆栽培较多，白梨系统。果实倒卵圆形，有沟纹，平均单果重110g；果皮薄，绿黄色，贮后变为黄色，阳面有红晕，果柄基部肉质状，果心较大；果肉白色，肉质细嫩，味甜，有浓香，可溶性固形物含量13.0%~16.0%，品质极上。9月下旬成熟，果实可贮至翌年4月。该品种树势强，枝条较开张，萌芽力中等，成枝力强。定植后3~4年开始结果，丰产、稳产，适应性强，抗寒力中等，抗病虫能力较强。

（5）苹果梨　主产于吉林、辽宁、甘肃。果实呈不规整扁圆形，形态似苹果，平均单果重230g；果皮绿黄色，阳面有红晕，果心小；果肉白色，细脆，石细胞少，味酸甜，汁多，可溶性固形物含量12.0%~13.8%，品质上等。果实9下旬至10月上旬成熟，果实极耐贮藏，可贮至翌年5月。该品种树势及萌芽力强，成枝力中等，定植后4~5年开始结果，丰产、抗旱、抗寒、抗黑星病。

（6）南果梨　主产于辽宁海城、鞍山、辽阳。果实小，平均单果重45g，扁圆形或近圆形；果面绿黄色，阳面有红晕；果实采后即可食用，脆甜多汁，后熟后果肉变软，汁多，香气浓，品质上等。在鞍山，9月上、中旬成熟，栽后4~5年结果，较丰产。适应性强，耐寒、抗风、抗黑星病能力强。芽变品种有红南果梨和大南果梨。

（7）京白梨　主产于北京郊区及河北昌黎，辽宁南部也有栽培。该品种平均单果重60g，扁圆形，果柄细长，萼片多脱落，果面淡黄色、光滑；果肉乳白色，果实初采下时，果肉细脆，经后熟变软、汁多、味甜、有香气、品质上等。北京8月下旬成熟，不耐贮藏。幼树5~7年开始结坚果，产量中等，易大小年结果。抗旱、抗寒力强，适于山地栽培。

（8）丰水梨　日本培育，砂梨系统。果实圆形，平均单果重253g；果皮锈褐色，阳面微有红褐色，果面粗糙有棱沟，果心中大；果肉黄白色，肉质细嫩，柔软多汁，味甜，石细胞少，可溶性固形物含12.0%~14.5%，品质上等。该品种幼树生长势旺，萌芽力强，成枝力弱，3~4年开始结果，以短果枝结果为主，中、长果枝及腋花芽较多，连续结果能力较强。抗黑斑病、黑星病，适宜在华中、华北及长江以南地区发展。

（9）红巴梨　美国培育，为巴梨的红色芽变新品种，西洋梨系统。果实粗颈葫芦形，平均单果重225g；果实阳面紫红色，片红；果肉白色，经后熟变软，易溶于口，肉质细腻，香甜多汁，石细胞少，果心小，可溶性固形物13.8%，品质上等。果实9月上旬成熟，常温下可贮藏10~15d，0~3℃条件下可贮至翌年3月。该品种幼苗新梢和幼叶均为红色，展叶后变为绿色，一年生枝条黄色，一般定植后3年结果。抗寒力较差，抗热、旱、涝能力中等，叶片抗病力强，适宜在胶东、辽南、燕山、晋中等地区发展。

（二）梨树发育时期

1. 萌芽期

梨的萌芽早于苹果，其中秋子梨品种最早，其次是白梨和砂梨品种，西洋梨品种萌芽晚。由于萌芽早，在北方容易受到低温和冷害的影响。

2. 开花期

此期从全树有5%的花开放到谢花为止。此期多数地区仍为风大干旱时期，气温变化幅度仍较大，常因乍暖回寒发生晚霜而使花器受冻，造成大面积减产。

3. 幼果期

此期从坐果开始，经果实细胞分裂和组织分化，到6月果实膨大以前结束。此期气温明显升高、光照充足、干燥少雨，幼果发育与春梢旺长同步进行，养分矛盾突出，肥水需求量大。

4. 花芽分化及果实膨大期

此期从春梢停长，花芽分化，经果实迅速膨大期，到开始着色前为止。此期处于全年的雨季，高温多雨为其显著特点，是形成果树产量的主要时期，亦是春梢生长期和果实叶片病虫害集中发生的时期。

5. 果实成熟与落叶期

此期从果实着色，经成熟采收，到落叶休眠为止。此期的前期为果实成熟期，是采用果实商品化技术的集中时期。采后到落叶前为全年营养积累期，由于昼夜温差大、光照充足、土壤水分适宜，加上果实采收和秋梢停止加长生长，枝叶光合同化产物绝大部分用于积累营养，为翌年全树生长发育奠定基础。

6. 休眠期

此期从落叶休眠到翌年萌芽前。果树处于全年中的休眠阶段。

（三）生长习性

梨为深根性果树，根系分布的深广度和稀密状况，受砧木、种类、品种、土质、土层深浅和结构、地下水位、地势、栽培管理等的影响很大。梨垂直根的生长一般比苹果粗壮发达，侧根则较少。一般情况下，梨树根系的垂直分布可深入地下2~4m，在肥水较好的土壤中，以20~60cm深的土层中根的分布最多，80cm以下则很少；根的水平分布较广，约为冠幅的2倍左右，少数可达4~5倍，越靠近主干根系越密集。梨根系生长每年有两个生长高峰：第一次生长高峰出现在6月新梢停止生长时，第二次高峰出现在9~10月。梨根系伤断后恢复较慢。

梨树为高大乔木，寿命很长。梨干性强，树冠层性明显，顶端优势比苹果更强，易出现上强下弱现象，幼树枝条直立，生长旺盛，新梢年生长量可达80~150cm，树冠呈圆锥形。进入盛果期后，枝条生长减弱，新梢年生长量20cm左右，加之梨树的骨干枝尖削度比较小，结果后主枝逐渐开张，树冠呈自然半圆形。

在我国北方，大多数梨树新梢只有春季一次加长生长，少数有夏梢生长，无明显秋梢或者秋梢很短且成熟不好。新梢停止生长比苹果早，多数能在7月中旬以前封顶。

梨芽在外观上表现为鳞片数量多、体积大、离生。梨萌芽力强，成枝力常因种类、品种不同而有差异。一般秋子梨、西洋梨系统成枝力强，白梨系统居中，砂梨较低。梨树芽的异质性不明显，除下部有少数瘪芽外，全是饱满芽。枝条侧芽芽鳞中常有副芽存在，萌芽抽梢后，鳞片脱落，副芽在枝条基部成为隐芽。梨树隐芽多而寿命长，有利于更新复壮。

梨叶具有生长快、叶幕形成早的特点。5月下旬前，全树85%以上叶片完全展开并停止生长，大部分叶片在几天内呈现出油亮的光泽，生产上称为“亮叶期”。亮叶期标志当年叶幕基本形成，花芽生理分化开始。

梨树花芽为混合芽，以顶生为主，也有腋花芽，腋花芽的数量在品种间有很大差异。梨花芽分化一般在6月上旬至9月上旬，短果枝早于中、长果枝，顶花芽早于腋花芽。梨多数品种先开花后展叶，少数品种花叶同时开放或先展叶后开花。梨的花序为伞房花序，每花序平均有5~10朵花，边花先开，中心花后开，先开的花坐果率高，果实生长快，质量好。梨树自花结实率很低，大部分品种需要异品种授粉才能结果，所以梨园应注意配置授粉树。梨果实发育经过果实迅速膨大期、胚发育期及果实成熟期两个阶段，前期主要是细胞分裂、组织分化，后期则是细胞膨大和果肉成熟。与苹果相比，梨树开花量大，落花重、落果轻、坐果率高，其主要原因是梨叶面积形成早，新梢与幼果之间营养竞争小。一般在果实发育过程中有两次生理落果，第一次在花后5~10d，主要是授粉受精不完全所致，第二次在花后4~6周左右，主要是器官间的营养竞争所引起，两次生理落果都会因气候不良而加剧。

（四）对环境条件的要求

1. 温度

不同种的梨对温度要求有较大的差异。在年生长周期中，不同器官、不同发育阶段对温度的要求也不一样。梨树根系当土温达0.5℃以上时根系开活动，6~7℃时生长新根，21.6~22.2℃生长最快，超过30℃或低于0℃时停止生长。气温达10℃以上即能开花，低于4~5℃时即受冻。梨树开花较早，在华北地区常因晚霜危害而影响产量。花芽分化以20℃左右气温为最好。

2. 日照

梨是喜光树种，要求年日照时数为1600~1700h。在一定范围内，随日照时间、光照强度的增加光合作用增强。所以，生产上应确定适宜的栽植密度，注意树形选择，控制树体高度和冠幅。

3. 水分

梨树耐旱、耐涝性均强于苹果，但树种间有较大差异。砂梨需水量最多，较耐涝；白梨和西洋梨比砂梨需水量少；秋子梨需水量最少，较耐旱。一年中以新梢旺盛生长期和果实迅速膨大期需水最多。

4. 土壤

梨树对土壤的适应性强，不论山地、滩地，还是砂土、黏土均可栽植。但土壤过于瘠薄时，果实发育受阻，石细胞增多，肉质变硬，果汁少而风味差。建园时，应尽量选择土层深厚、土质疏松、透水和保水性能好、地下水位低的砂质壤土。具体要求是土壤肥沃，有机质含量在1.0%以上；土层深厚，活土层厚度50cm以上；地下水位1m以下；pH6~8；含盐量不超过0.2%。

【任务实施】

（一）任务准备

（1）材料准备　梨成树、幼树果园，农肥、农药、果袋、花粉。

（2）工具准备　锹、耙等工具，修剪工具，喷药工具，采收工具。

（二）实施过程

根据农时季节，进行弹性教学安排，每小组进行果园生产和管理。

1. 萌芽期生产管理

（1）刨树盘　3月中旬以后地表开始化冻，将树冠下树盘土壤浅刨一次，深10~15cm，搂平，打碎土块，浅刨范围超出树盘越大越好。

（2）春施基肥　秋季没有施肥的果园，可于4月下旬土壤化冻40cm左右时，顶浆施农家肥，结果树每株施150~250kg，采用环状沟或放射沟施肥。

（3）防治病虫害　防治干腐病、梨大食心虫、蚜虫类、卷叶象甲等病虫害。

2. 开花期生产管理

结合疏花进行授粉，采用人工点授或液体授粉等方法进行人工授粉。

对幼旺树的结果枝采用基部环剥，提高坐果率。

3. 幼果期生产管理

（1）疏果　对结果过多的树要疏果。留果标准：大型果每5~6个顶芽留1个果，中型果每3~4个顶芽留1个果。采用一次定果，对过多的小果、畸形果要彻底疏除。

（2）果实套袋　在疏果的基础上，进行果实套袋。

4. 花芽分化及果实膨大期生产管理

（1）夏季修剪　对开张角度小的枝条，采用支、拉等方法，开张角度。对骨干枝背上直立枝，当长到10~12片叶时，留4~6片叶摘心以控制生长。于5月下旬对辅养枝进行环剥和环割，促进成花早结果。

（2）施肥　根据果树产量，在此期追施花芽分化肥和果实膨大肥，主要以磷、钾肥为主。

5. 果实成熟与落叶期生产管理

采用果实商品化技术，适时采收，及时销售。

6. 休眠期生产管理

（1）整形修剪　要根据不同品种、树势、年龄及栽培管理条件，进行细致修剪，可按基部三主枝临近半圆形或小冠半圆形要求整形。对主干和骨干枝上及剪锯口附近的老翘皮，彻底刮除；对附着在枝干上的虫卵和越冬幼虫用刮老皮的方法防治，对天牛等蛀干幼虫要细心挖出；对刮掉的树皮要用麻袋片、塑料膜等承接，集中烧毁。

（2）高接换种　采用皮下接、带木质芽接、劈接等方法进行高接换种。

【评价与考核】

果园划分作业区，学生划分小组进行管理。按各小组制定的生产管理措施和完成效果进行研讨，评价。

优：合理运用各种果树技术方法，完成规定的工作任务，工作态度端正。管理的果树生长良好，技术失误率控制在3%之内。

良：合理运用各种果树技术方法，完成规定的工作任务，工作态度端正。管理的果树生长良好，技术失误率控制在3%~5%。

中：合理运用各种果树技术方法，完成规定的工作任务，工作态度端正。管理的果树生长良好，技术失误率控制在5%~10%。

及格：合理运用各种果树技术方法，完成规定的工作任务，工作态度端正。管理的果树生长良好，技术失误率控制在15%之内。

不及格：不能完成任务规定的工作量，质量达不到标准。

【复习思考题】

（1）梨树有哪些优良品种？

（2）梨树生长特点和苹果相比有哪些区别？

项目二　核果类果园周年生产

任务一　桃周年生产

知识目标：了解桃树主要品种群及主要优良品种，了解生长结果习性。
技能目标：能够独立进行果园的生产管理，进行相应的技术操作。
德育目标：培养认真扎实的态度，细致的工作作风。

【相关知识】

（一）主要品种群及品种

桃属于蔷薇科（Rosaceae），桃属（*Amygdalus* Linn）。分布于我国的有6个种，即桃（普通桃）、新疆桃、甘肃桃、山桃、光核桃和陕甘桃。桃是原产我国的落叶果树，我国栽培面积及产量居世界首位，生产上绝大多数品种属于桃（普通桃）种。

1. 品种群

果树栽培上按形态、生态和生物特性将桃分为5个品种群。

（1）北方品种群　北方品种群原产我国华北、西北。本品种群树姿直立或半直立，成枝力弱，中、短果枝较多，单花芽多；果实大，果实顶端有突尖，缝合线深；果肉硬质，致密，较耐贮运。由于原产地气候干旱，多数品种抗旱而不耐涝。著名品种有肥城桃、五月鲜。

（2）南方品种群　南方品种群是北方品种群在历史上引种到我国南方后形成的品种群，并传入日本和朝鲜半岛。本品种群适应南方高温、潮湿的生态环境，树姿开张或半开张，成枝力强，中、长果枝比例较大，复花芽多；果实圆形或长圆形，果顶平圆或微凹，果肉柔软多汁或硬脆致密。著名品种有上海水蜜等。

（3）黄肉桃品种群　黄肉桃品种群是普通桃果肉发生突变的后代。树姿直立或半开张，生长势强，成枝力较北方品种群稍强，中、长果枝比例亦稍多；果实圆或长圆形，果皮与果肉均金黄色，肉质紧密强韧，适于加工制罐。著名品种有黄甘桃、晚黄金、黄露桃等。

（4）蟠桃品种群　蟠桃品种群是普通桃果实形状发生突变的后代。本品种群树姿开张，成枝力强，中、短果枝多，复花芽多；果实扁圆形，多白肉，柔软多汁。著名品种有撒花红蟠桃、陈圃蟠桃、白芒蟠桃、黄金蟠桃等。

（5）油桃品种群　油桃品种群是普通桃果皮性状发生突变的后代。本品种群果实光滑无毛，果肉紧密，硬脆，多黄色，离核或半离核。著名品种有新疆李光桃、甘肃紫胭桃等。目前设施生产上应用的优良油桃品种很多，如瑞光5号、早红2号、曙光、华光、艳光、中油4号等。

2. 主要优良品种

（1）京春　属北方品种群。果实近圆形，果顶平，缝合线浅，平均单果重126g；果皮底色绿白，阳面近全红；果肉白色、硬溶质、味甜，成熟后柔软多汁，品质好。京春为早熟品种，果实生育期62~65d。

（2）五月鲜　又名谢花甜，属北方品种群，主产于北京。果实扁平形，果顶凹，缝合线明显，平均单果重115g，最大果重141g；果皮底色黄绿，阳面果顶鲜红，茸毛少；果肉白，近核处微红、黏核、肉质脆、果汁少、味酸甜，可溶性固形物含量14.0%，品质较好，耐贮运。五月鲜为早熟品种，果实生育期80d。

（3）大久保　日本品种，属南方品种群。大久保果实大，平均单果重135~272g，最大果重达500g；果近圆形，果顶微凹；果面黄绿色，阳面有红晕；果肉乳白色微绿，肉质细密，完熟后柔软多汁、味甜、离核，品质上等。果实生育期100~110d。

（4）曙光　早熟油桃品种。曙光果实长圆形，平均单果重125g；果皮全面浓红色，果肉硬溶质，风味甜香，裂果少。休眠期需冷量650~700h，果实生育期65d。

（5）燕红　别名绿化9号，属北方品种群。燕红树姿半开张，树势旺盛，花粉较多；果实近圆形，稍扁，平均单果重300g，最大单果重750g以上；果肉乳白色微有红色，近核处红色；肉质致密，味甜，有香味，可溶性固形物含量13.6%。果实生育期120~130d。

（6）铁岭秋桃　辽宁职业学院园艺系培育，极抗寒中晚熟品种。铁岭秋桃果实长圆形，果顶尖明显，平均单果重145g；果面黄白色，有红晕；果肉为毛桃风味、甜酸浓香，果心红色或紫红色，裂果少，完熟后柔软多汁，可溶性固形物含量14.0%~15.0%，维生素C含量高于普通桃4~6倍；离核，品质上等。果实生育期120~130d（在铁岭8月下旬至9月上旬成熟）。

此外，我国普通桃中还有很多优良品种，如肥城桃、深州水蜜、中华寿桃、冬雪桃等。

（二）桃树发育时期

1. 休眠期

休眠期从树体落叶休眠到翌年萌动为止。在休眠期树体生命活动处于相对静止的状态。

2. 萌芽开花期

萌芽开花期从花芽萌动、膨大，经开花期到谢花为止。

3. 幼果发育及新梢生长期

幼果发育期从受精坐果后子房膨大开始到硬核期结束。同时，叶芽萌发、展叶，随后新梢进入迅速生长期。这期间幼果发育与新梢生长在营养竞争上矛盾较大。

4. 果实膨大期

果实膨大期为桃果实第二个迅速生长期。不同成熟期品种，果实进入膨大期的早晚差别很大。此时，桃树进入旺盛生长期，易发生缺素症。

5. 果实成熟期

果实成熟期从果实在大小、色泽和风味等方面逐渐表现出品种固有特征到果实采收为止。此期大部分新梢停止生长，花芽分化进入高峰期。

6. 采后及落叶期

采后及落叶期从果实采收到枝条自下而上开始成熟，直至落叶为止。此期为树体营养积累期，花芽继续分化发育，后期叶片自下而上开始衰老，功能逐渐减退。

（三）生长结果习性

桃树栽后2~3年开始结果，4~5年进入盛果期，经济寿命15~25年。

1. 根系

桃树为浅根性果树。桃树水平根主要分布在10~40cm土层中，以树冠外围附近最为集中。垂直根不发达，其分布受土壤条件影响较大。在土壤黏重、排水不良、地下水位高的桃园，根系分布主要集中在5~15cm的浅土层中；而在三北黄土高原的粉砂质壤土上，桃的根系深可超过100cm。桃树根系分布也与桃砧木有关，如山桃砧根系分布较深，须根少；李砧根系分布较浅，细根多。

在年周期中，桃根春季生长较早，地温在0℃以上根即开始活动。5℃左右即有新根生长，一年中有两次生长高峰，第一次在5月下旬至7月上旬，第二次在9月下旬。桃树耐旱性强而耐涝性差，土壤含氧量保持在15%左右，根系才能正常生长。

2. 枝条

桃树干性弱，枝条生长量大，幼树生长旺盛，一年中可有2~3次副梢生长，树冠形成快，进入盛果期后树势缓和，短枝比例提高。

桃营养枝按其生长强弱，分为徒长枝、发育枝和叶丛枝。

（1）徒长枝　发生在树冠内膛和剪锯口附近，生长虚旺而节间长，组织不充实，长度超过60cm。

（2）发育枝　生长强旺，长5~60cm左右，粗1.2~2.5cm，其上多为叶芽，有少量花芽，有大量副梢，可培养为骨干枝，或培养为大型结果枝组。

（3）叶丛枝　是只有一个顶生叶芽的极短枝，长1cm左右，其生长势弱，寿命短，但在营养、光照好的条件下，能发育为壮枝，可用于枝组的更新。

结果枝按长度，分为徒长性果枝（>60cm）、长果枝（30~60cm）、中果枝（15~30cm）、短果枝（5~15cm）和花束状果枝（<5cm）。桃树进入结果期后，花芽形成容易，结果枝比例大。

桃叶芽萌发后，经过约1周的缓慢生长期后，随气温上升进入迅速生长期，生长弱的枝停止生长早；生长中庸的枝有1~2次生长高峰；生长强旺的枝可有2~3次生长高峰。同时，桃旺长枝的部分侧芽当年萌发形成副梢，早期副梢亦能形成花芽。

桃的枝组分为大、中、小三个类型。大型枝组有10个以上的结果枝，长度大于50cm，结果多，寿命长；中型枝组有5~10个结果枝，长度30~50cm，一般7~8年后衰弱；小型枝组的结果枝数少于5个，长度小于30cm，结果少，寿命短，一般3~5年后衰老。

3. 芽

桃花芽为纯花芽，芽体饱满，着生于新梢叶腋间。叶芽比较瘦小，着生在枝条顶端或叶腋间，桃树枝条的顶芽都是叶芽。桃花芽和叶芽在当年形成后进入休眠。但在长势强的新梢上，无鳞片的早熟性的芽随着新梢的生长当年萌发，形成副梢。

桃有单花芽、单叶芽、复芽。常见的复芽为1个叶芽和1个花芽的双生芽并生和两侧为花芽、中间为叶芽的3芽并生。花芽充实、着生节位低、排列紧凑及复花芽多是桃树丰产性状之一。

4. 花芽分化

桃花芽分化主要集中在7~9月份。桃花芽生理分化出现在形态分化前5~10d，桃树新梢缓慢生长期与花芽生理分化期时间相同。此期树体营养竞争相对较小，增施氮、磷肥，进行夏季修剪，改善光照条件有利于花芽分化。

花芽分化在秋季形成柱头和子房后，进入休眠期。第二年早春，当气温上升到0℃以上时继续分化，开花前形成花粉与胚珠。

5. 花

桃花为子房上位花，多数1芽1花。桃从花冠形态上分为两种类型：一类是蔷薇型花，花冠大，开花后花瓣平展；一类是铃形花，花冠小，开花后花瓣不平展。桃多数品种为完全花，具备正常的雄蕊与雌蕊，是自花结实率较高的树种。

但有的品种只有正常的雌蕊，雄蕊败育，缺乏花粉，称为雌能花品种。雌能花的品种有深州水蜜、五月鲜、大叶白、岗山白等，栽培时应注意配置授粉树。

桃开花期平均温度为10℃以上，适宜温度为12~14℃。桃开花期，在天气晴朗、温度高时为3~4d，低温、阴雨时为7~10d，遇干热风时花期仅2~3d。开花早晚与品种和花的着生位置有关，同一果枝上，上部花比基部花早开；同一树上，早开的花结的果实大。

6. 果实生长发育

桃果实生长曲线属双S形。有两个迅速生长期。

第一次迅速生长期：从受精后子房开始发育到果核开始木质化为止。此期一般持续约4周，该期子房迅速分裂，果实迅速膨大，果实体积和重量迅速增加，果核也相应迅速增大并达到应有的大小。此期中不同品种增长迅速大致相似。

缓慢生长期（又称硬核期）：此期由果核开始硬化至完全硬化为止。果核逐渐木质化，长到应有的大小，并达到一定的硬度。硬核期的延续时间长短因品种而异，早熟品种约经2~3周，中熟品种4~5周，晚熟品种6~7周或更长。

第二次迅速生长期：此期由硬核期结束，果实再次出现迅速生长开始，到果实成熟为止。此期果实增长很快，果实重量增加占果实总重量的50%~70%。各品种延续时间不同，大约经过4~5周，增长最快时期在采收前2~3周，成熟前7~14d横径增长迅速，呼吸强度、内含物、硬度、底色、彩色等明显改变，标志着成熟期的到来。

（四）对环境条件的要求

1. 温度

桃树适宜冷凉温和的气候，通常在年平均温度8~17℃，生长期平均气温13~18℃的地区均可栽培。桃生长适宜的温度为18~23℃，果实成熟适温24.5℃左右；温度过高时，果顶先熟，果实味淡，品质下降，枝干也易灼伤；夏季土温高于26℃时根系生长不良。桃在冬季休眠期需要一定量的低温才能正常萌芽生长、开花结果，称为需冷量，通常以7.2℃以下小时数计算，一般栽培品种需冷量600~1200h。

桃栽培区域的限制因子是冬季严寒和春季晚霜，一般品种在-22~-25℃时可能发生冻害，有些抗寒桃可以在-30℃地区栽培。桃花芽耐寒力弱的品种，如五月鲜、深州蜜桃等，在-15~-18℃时即遭冻害。桃花芽在萌动后的花蕾变色期受冻温度为-1.7~-6.6℃，开花期和幼果期的受冻温度为-2~-1℃和-1.1℃。

2. 光照

桃原产地海拔高，光照强，形成了桃树喜光的特性，对光照反应敏感。当光照不足时，树体的同化产物显著减少，根系发育差，枝叶徒长，花芽分化少，质量差，落花落果严重，果实品质差，小枝易枯死，树冠下部秃裸。所以桃树宜采用开心树形，栽植密度也不能过大。

但夏季直射光过强，枝组分布不合理的情况下，也能引起枝干日灼，影响树势。

3. 水分

桃树较耐旱，但在早春开花前后和果实第二次迅速生长期必须有充足的水分，果实才能正常发育。桃不耐涝。

由于桃根系呼吸旺盛，耗氧量较多。当土壤中含氧量在10%~15%时，根系生长发育正常；当降到7%~10%时，生长不良；在5%~7%以下时，根变成褐色，很少发新根，新梢生长也弱。

桃园3~5d的短期积水就会造成黄叶、落叶甚至死亡。因此，桃树宜栽在地下水位较低、排水良好的地方。

4. 土壤

树适宜在土质疏松、排水良好的砂质壤土上栽培。要求土壤含氧量在10%~15%，土壤过于黏重易患流胶病。在肥沃土壤上营养生长过旺，易发生多次生长，并引起流胶。在碱性土壤中易得黄叶病。土壤含盐量达0.28%以上，生长不良或部分致死。

【任务实施】

（一）任务准备

（1）材料准备　桃成树、幼树果园，农肥、农药、果袋、花粉。

（2）工具准备　锹、耙等工具，修剪工具，喷药工具，采收工具。

（二）实施过程

根据农时季节，进行弹性教学安排，每小组参考生产案例进行果园生产和管理，并制定周年生产方案。

1. 休眠期生产管理

（1）休眠期修剪　在北方地区，桃树的修剪宜在严寒过后的2月份开始，防止花芽受冻和幼树受冻。修剪时，调整骨干树的枝头角度和生长势。对于枝组的培养，随时在结果枝组下部培养预备枝，防止枝组下部光秃，延长枝组寿命，保持树体生长势的均衡；对不能利用的徒长枝和弱枝要尽早疏除，以减少营养消耗。

（2）树体保护与清理果园　桃树落叶后要采取树干涂白、捆草或埋土等树体保护措施，在春季温度回升后要及时撤除。盛果期，大树应在萌芽前刮除主干和主枝的老翘皮，以消灭越冬害虫；同时要及时清理果园中病虫枝、老翘皮及枯枝落叶，集中烧毁深埋；然后在芽萌动前喷布3~5Be石硫合剂以消灭越冬害虫。

（3）追肥灌水　萌芽前后追施一次速效肥，补充树体贮藏营养的不足，以促进根系生长，提高坐果率。

2. 萌芽开花期生产管理

采取的管理措施有疏花、抹芽等。

3. 幼果发育及新梢生长期生产管理

（1）幼果的管理　包括疏果及定果、果实套袋。疏果分两次进行，第一次在花后2周左右进行，第二次疏果在落花后4~6周（硬核期前）结束。

（2）生长季修剪　第一次生长季修剪在新梢迅速生长期进行，对主侧枝进行摘心或剪梢，对处于有空间位置的强壮新梢都可摘心，使营养集中于果实的生长发育。

（3）土肥水管理　中耕除草，以保持树盘内清洁无杂草；花后追肥，保证幼果发育、新梢生长和根系生长对营养的需要。

4. 果实膨大期生产管理

进行第二次生长季修剪，以控制新梢旺长，调整营养分配，改善光照条件，同时加强肥水管理，促进果实膨大和花芽分化。

5. 果实成熟期生产管理

进行第三次生长季修剪，以控制秋梢旺长，加强肥水管理，促进花芽分化和果实着色，提高果实品质。

6. 采后及落叶期生产管理

加强树体保护，减少树体水分供应，提高贮藏营养水平，增强越冬能力。

桃园周年生产案例

【果园介绍】

2009年北京平谷地区一果农，坡地果园10亩，主栽品种大久保桃400株，其他品种连黄桃100株。树龄12年，土壤为棕壤，管理人员两名。日常管理不需要外雇工人。

物质准备：农家肥两车，桃专用肥1t，杀虫剂40瓶，杀菌剂40袋，秸秆1000捆，包装箱800个，拉枝绳子20捆。

工具准备：修枝剪，疏果剪，刮树挠，水泵，喷雾器，手推车。

【周年生产】

1. 萌芽期生产管理

（1）刨树盘　3月上旬以后地表开始化冻，将树冠下树盘土壤浅刨一次，深10~15cm，搂平，打碎土块，浅刨范围超出树盘越大越好，用工5个；行间覆盖，覆盖秸秆10~15cm，用工6个。

（2）春施基肥　于4月上旬土壤化冻40cm左右时，顶浆施农家肥，结果树每株施100~150kg，由于肥料来源少，用工多，每年施肥50株，用工5个，采用环状沟施肥。为减少用工，其他果树施桃专业肥2.5kg / 株，用工5个，放射沟施肥。

（3）防治流胶病、细菌性穿孔病、螨类、蚜虫类、卷叶虫等　刮治结合涂药为主，用工3个。

2. 开花期生产管理

对幼旺树的直立枝采用拉枝、摘心，加强通风透光，提高坐果率。

3. 幼果期生产管理

对结果过多的树要疏果。留果标准：大型果每15~20cm留一个果，留下垂果，中型果每10~15cm留一个果。采用一次定果，对过多的小果、畸形果要彻底疏除。

4. 花芽分化及果实膨大期生产管理

（1）夏季修剪　对开张角度小的枝条，采用支、拉等方法，开张角度；对骨干枝背上直立枝，当长到15cm时，扭梢以控制生长。

（2）施肥　根据果树产量，在此期追施花芽分化肥和果实膨大肥，桃专用肥1t。

（3）防治病虫害　生长季喷药3~4次，预防食心虫、螨类、潜叶蛾、桃穿孔病、褐腐病等。

5. 果实成熟与落叶期生产管理

采用果实商品化技术，如铺反光膜促进果实增色、适时采收等。

采收用工20个。

6. 休眠期生产管理

整形修剪：根据不同品种、树势、年龄及栽培管理条件，进行细致修剪，全园按自然开心形和杯状形整形。

时期为2~3月，用工20个。

7. 效益核算（见表3–2）

表3–2　　效益核算

项目	数量	单价 / 元	金额 / 元
农家肥	2车		–200
疏花疏果	8人 ×6天	60	–2880
桃专用肥	1t		–2400
包装箱	800个	3	–2400
农药			–1500
销售大久保桃	20000kg	3	+60000
销售连黄桃	5000kg	4	+20000
合计			+70620

【制定生产方案】

要求制定10亩鲜食桃园的生产方案。包括主栽品种、授粉品种的选择，生产资料的准备和不同时期的生产计划制定，成本核算和经济效益分析，减少支出与增加收入的措施等。

【评价与考核】

果园划分作业区，学生划分小组进行生产和管理。对生产过程和效果进行评价，对各小组制定的生产方案进行研讨、评价。

优：合理运用各种果树技术方法，完成生产方案，管理的果树生长良好，技术失误率控制在3%之内。工作态度端正。

良：合理运用各种果树技术方法，完成生产方案，管理的果树生长良好，技术失误率控制在3%~5%。工作态度端正。

中：合理运用各种果树技术方法，完成生产方案，管理的果树生长良好，技术失误率控制在5%~10%。工作态度端正。

及格：合理运用各种果树技术方法，完成生产方案，管理的果树生长良好，技术失误率控制在15%之内。工作态度端正。

不及格：不能完成规定的任务，质量达不到标准。

【复习思考题】

（1）桃树的主要品种有哪些？

（2）简述桃树的生长习性。

任务二　杏周年生产

知识目标：了解杏树主要品种和生长结果习性。
技能目标：能够独立进行果园的生产管理，进行相应的技术操作。
德育目标：培养学生认真扎实的态度，细致的工作作风。

【相关知识】

（一）主要种类及品种

杏属于蔷薇科（Rosaceae），杏属（*Armeniaca* Mill.）植物。全世界杏属共有

10个种。我国杏主要有普通杏、西伯利亚杏、辽杏等9个种。其中普通杏是世界上栽培最广的一个种。

我国现有各种杏品种1463个。根据杏的用途，分为肉用杏、仁用杏和观赏杏三类。其中肉用杏包括鲜食杏和加工杏，仁用杏包括苦仁杏和甜仁杏。

1. 鲜食及加工杏品种

（1）骆驼黄杏　果实生育期55d，果实圆形，平均单果重49.5g；果皮橙黄色，阳面着红色；果肉橘黄色，肉质细软，汁中多，味酸甜，黏核，甜仁，品质上等。该品种较抗寒耐旱，适应性强，较丰产，适宜华北及辽宁南部发展。但自花不实，可用麻真核、华县大接杏等作授粉树。

（2）华县大接杏　果实生育期79d，果实圆形，果顶平或微凹，两半部对称，平均单果重84g；果皮黄色，散生小红果点；果肉橙黄色，肉质致密，汁多，味酸甜，有香气，品质极上。该品种丰产稳产，适宜华北、西北和辽南等地发展。

（3）牡红杏　果实生育期80d，果实圆形，果顶平，两半部对称，平均单果重50g；果皮黄色，阳面着片红晕；果肉橙黄色，肉质硬脆，汁中多，酸甜味浓，有香气。该品种自花不实，需配置授粉树。抗寒力强，适宜东北地区发展。

（4）凯特杏　果实生育期80d，平均单果重105g，最大果重130g；果皮橙黄色；肉质细，可溶性固形物12.7%，味甜酸爽口，口感纯正，芳香味浓，离核，品质上等。该品种易成花，极丰产，适合保护地栽培。

（5）金太阳　果实生育期60d，果实圆形，平均单果重66.9 g，最大90g；果顶平，缝合线浅不明显，两侧对称；果面光亮，底色金黄色，阳面着红晕，外观美丽；果肉橙黄色，可溶性固形物13.5%，味甜微酸，离核。该品种肉质鲜嫩，汁液较多，有香气，花期耐低温，极丰产。

2. 仁用杏品种

仁用杏为我国特有的品种资源，以生产杏仁为主要经济目的，生产栽培较多的有龙王帽、一窝蜂、白玉、超仁、丰仁、国仁、油仁、优一等。

（二）杏树发育时期

1. 休眠期

休眠期从树体落叶休眠到翌年萌动为止。此期树体生命活动处于相对停止的状态。

2. 萌芽开花期

萌芽开花期从花芽萌动、膨大，经开花期到谢花为止。

3. 幼果发育及新梢生长期

幼果发育从受精坐果后子房膨大开始到硬核期结束。同时，叶芽萌发、展叶，随后新梢进入迅速生长期。此期幼果发育与新梢生长在营养竞争上矛盾较大。

4. 果实膨大期

果实膨大期为杏第二个迅速生长期。不同成熟期品种，果实进入膨大期的早晚差别很大。此期杏树进入旺盛生长期，易发生缺素症。

5. 果实成熟期

果实成熟期从果实在大小、色泽和风味等方面逐渐表现出品种固有特征到果实采收为止。此期大部分新梢停止生长，花芽分化进入高峰期。

6. 采后及落叶期

这一时期从果实采收后到落叶为止。此期为树体营养积累期，花芽继续分化发育，后期叶片自下而上开始衰老，功能逐渐减退。

（三）生长结果习性

1. 生长习性

杏树树冠大，根系深，寿命长。杏生长势较强，幼树新梢年生长量可达2m，随着树龄的增长，生长势渐弱，一般新梢生长量30~60cm，在年生长期内可出现2~3次新梢生长高峰。

杏树的叶芽具有早熟性，当年形成后，如果条件适宜，特别是幼树或高接枝上的芽，很容易萌发抽生副梢，形成二次枝。杏树新梢顶端有自枯的现象，顶芽为假顶芽，每节叶腋有侧芽1~4个，为复芽。杏的萌芽力和成枝力比较弱，尤其在瘠薄的山地，枝条基部的芽往往不萌发，成为潜伏芽，潜伏芽的寿命较长，一般可达10~20年，所以树冠更新比较容易。杏树一年生旺枝，除顶端抽生2~3个长枝外，下部多为中、短枝，所以树冠枝条比较稀疏。杏树大部分品种顶端优势弱，干性弱，自然生长的树冠多为无中心干的圆头形。

2. 结果习性

杏树2~4年开始结果，6~8年进入盛果期。杏树在适宜条件下，盛果期比桃树长。杏花芽较小，纯花芽，单生或2~3芽并生复芽，每花芽开1朵花。杏树枝条上部为单芽，中、下部多为复芽。单花芽坐果率不高，开花结果后，该处容易光秃。复芽的花芽和叶芽排列与桃相似，多为中间叶芽，两侧花芽，短枝复芽坐果率高而可靠。

杏树较容易形成花芽，一、二年生幼树即可分化出花芽，开花结果。大多数杏树品种以短果树结果为主，但短果树寿命短，一般不超过5~6年，由于花束果枝较短，且节间短，所以结果部位外移较桃树慢。

杏普遍存在发育不完全的败育花，不能受精结果，雌蕊败育与品种、树龄和结果枝类型有关。仁用杏品种雌蕊败育花的比例明显低于鲜食、加工品种。

杏树落花落果严重，一般在幼果形成期和果实迅速膨大期各有一次脱落高峰。

（四）对环境条件的要求

杏树对环境的适应性极强。普通杏在北纬12°~48°，海拔3800m以下都有分布。主产区的年平均气温为6~14℃。杏休眠期间能抵抗-30~-40℃的低温，但品种间差异较大。杏适宜开花温度为8℃以上，花粉发芽温度为18~21℃，早春萌芽后，如遇-2~-3℃低温，已开的花就会受冻，受冻花中雌蕊败育的比例较高，在杏的主产区花期经常发生晚霜危害。杏果实成熟期适温为18.3~25.1℃，在生长期内杏树耐高温的能力较强。

杏树喜光，光照充足，生长结果良好；光照不良则枝叶徒长，雌蕊败育花比例增加，严重影响果实的产量和品质。

杏树抗旱力较强，但在新梢旺盛生长期、果实发育期仍需一定的水分供应。杏树极不耐涝，如果土壤积水1~2d，会发生落叶，甚至全株死亡。

杏树对土壤、地势要求不严，但是为了保证产量和品质，应尽可能选择肥沃的土壤和背风向阳的坡面栽植。

【任务实施】

（一）任务准备

（1）材料准备　杏成树、幼树果园，农肥、农药、花粉。

（2）工具准备　锹、耙等工具，修剪工具，喷药工具，采收工具。

（二）实施过程

根据农时季节，进行弹性教学安排，每小组进行果园生产和管理。

1. 休眠期生产管理

（1）休眠期修剪　幼树期以整形为主，同时注意大、中型枝组的培养；盛果期注意疏除部分花束状果枝，以达到合理负载。

（2）树体保护与清理果园　在落叶后要采取树体保护措施，如树干涂白、捆草或埋土等，在春季温度回升后要及时撤除。盛果期，大树应在萌芽前刮除主干和主枝的老翘皮，以消灭越冬害虫；同时要及时清理果园中病虫枝、老翘皮及枯枝落叶，集中烧毁深埋；在芽萌动前喷布3~5Be石硫合剂以消灭越冬害虫。

（3）追肥灌水　在萌芽前，对树体贮存营养不足的杏树每株追施0.25~0.5kg的尿素，提高坐果率，促进新梢生长。追肥后，有条件的灌一次透水。

2. 萌芽开花期生产管理

杏树开花早，易遭受春季晚霜危害。春季果园防霜是保证丰产的前提条件，果园防霜的措施有：

（1）烟熏　可在清晨2点气温将达到0℃时，在园内熏烟，通过烟粒吸收湿气，使水汽凝成液体而放出热量，对提高气温有一定作用。

（2）推迟花芽萌动期　避免晚霜，可在杏树芽膨大期喷布青鲜素（又叫抑芽丹）500~2000mg / L溶液，推迟开花4~6d；也可以在萌芽前灌水降低地温和采用树干涂白减少对太阳辐射热的吸收，推迟萌动。

3. 幼果发育及新梢生长期生产管理

（1）幼果的管理　包括疏果及定果，在花后两周左右进行。

（2）生长季修剪　第一次夏剪在新梢迅速生长期进行，对主侧枝进行摘心或剪梢。对处于有空间位置的强壮新梢都可摘心，使营养集中于果实的生长发育。

（3）土肥水管理　果园中耕除草，保持树盘内清洁无杂草。花后追肥，以提高坐果率，保证幼果发育、新梢生长和根系生长对营养的需要。

4. 果实膨大期生产管理

生长季修剪，控制新梢旺长；调整营养分配，改善光照条件；同时加强肥水管理，促进果实膨大和花芽分化。

5. 果实成熟期生产管理

继续进行生长季修剪，控制新梢旺长，加强肥水管理，促进花芽分化和果实着色，提高果实品质。杏的成熟正值天热季节，果实又柔软多汁，及时采收非常重要。

采收时的成熟度要控制好。鲜食杏外运以7~8分熟为宜；制作糖水罐头和杏脯的杏果，应在绿色褪尽、果肉尚硬，即8分熟时采收；仁用杏应是果面黄，果实自然开口时采收。

6. 采后及落叶期生产管理

主要任务有秋施基肥、保护叶片及采取树体越冬保护措施。增加树体营养供应，保证花芽分化，加强树体保护，提高贮藏营养水平，增强越冬能力。

【评价与考核】

果园划分作业区，学生划分小组进行管理。对各小组的生产和管理效果计划进行评价。

优：合理运用各种果树技术方法，完成生产方案，管理的果树生长良好，技术失误率控制在3%之内。工作态度端正。

良：合理运用各种果树技术方法，管理的果树生长良好，技术失误率控制在5%之内。工作态度端正。

中：合理运用各种果树技术方法，管理的果树生长良好，技术失误率控制在10%之内。工作态度端正。

及格：合理运用各种果树技术方法，管理的果树生长良好，技术失误率控制在15%之内。工作态度端正。

不及格：不能完成规定的任务，质量达不到标准。

【复习思考题】

（1）杏树有哪些优良品种？

（2）简述杏树的生长习性。

任务三　李周年生产

知识目标：了解李树优良品种，李树生长结果习性。
技能目标：能够独立进行果园的生产管理，进行相应的技术操作。
德育目标：培养学生认真扎实的态度，细致的工作作风。

【相关知识】

（一）主要种类及品种

李为蔷薇科（Rosaceae），李属（*Prunus*）。我国现有李种类有中国李、欧洲李、美洲李、杏李、乌苏里李、樱桃李、加拿大李和黑刺李八个种。其中栽培较多的是中国李。

1. 大石早生

日本品种，果实生育期60d。果实卵圆形，果顶尖，两半部对称，平均单果重42g；果皮底色黄绿，着鲜红色，果面具有大小不等的黄褐色果点；果肉黄色，肉质细，较致密，黏核，果汁多，味酸甜，微香。该品种适应性很强，但自花不结实，可用美丽李、香蕉李作授粉树。

2. 长李15号

长春园艺所培育，果实生育期70d左右。果实扁圆形，果顶略凹，两半部对称，平均单果重35g；果皮底色黄绿，成熟时果色鲜红、艳丽；果肉浅黄色，肉质致密，汁多味香，酸甜适口，半离核，品质上等。该品种抗寒性极强，早期丰产性强。自花不结实，可用大石早生、龙园秋李作授粉树。

3. 香蕉李

辽宁省地方品种，鞍山以南、凤城以西、凌海市以东都有栽培。树势较直立，果形扁圆，单果重50g左右，最大的可达74g；果皮底色黄绿，色彩红，贮藏后变紫红；果顶平，缝合线浅，梗洼中宽较深；果肉黄色，不溶质果肉脆而多汁，甜酸适口，香味浓，含可溶性固形物12.6%，核小，离核，品质极上。8月中旬成熟，耐贮运，适合鲜食和加工罐头、果酱。该品种具有结果早、丰产稳产、抗逆性强等优点。

4. 龙园秋李

黑龙江省培育品种，果实生育期115d。果实扁圆形，果顶平或略凹，平均单果重76.2g；果皮底色黄绿，着鲜红色；果肉橙黄色，肉质致密，汁多，味酸甜，微香，品质上等。早果性强，极丰产。自花不结实，可用长李15号、绥棱红作授粉树。

5. 跃进李

别名吉林6号，吉林农科院果树所育成，果实生育期100d。树冠大，扁圆形，树姿开张；果实近圆形，平均单果重30g，最大的可达54g；梗洼浅，缝合线浅，不明显；果皮薄，易剥离，果皮底色黄绿，彩色暗紫红；肉质较脆软，甜味浓，汁多，纤维少，黄色，半离核，品质上等。该品种适应性很强，耐寒，结果早，丰产。成熟期7月下旬至8月上旬。

6. 锦西秋李

主产于辽宁省西部，果实生育期120d 。树势强健，树冠扁圆；果实近圆形，平均单果重30g，最大的可达75g；果顶一侧稍凸，缝合线中深，梗洼中深；果面底色黄绿，阳面深紫红色，几乎全面着色；果皮上杂有黄色细点，果粉厚；果肉黄色，质地细软，汁多，纤维少，香味浓，含可溶性固形物13.3%，黏核，品质上等。适应性强，耐贮运，在常温下可贮15d左右。

7. 绥棱红

别名北方1号，黑龙江省绥棱浆果研究所用小黄李与福摩萨李杂交育成。果实生育期85d；果实圆形，平均单果重48.6g，最大76.5g；果皮底色黄绿，着鲜红色或紫红色，皮薄，易剥离，果粉深，灰白色；果肉黄色，质细致密，纤维多而细，汁多，味甜酸，浓香，含可溶性固形物13.9%，黏核，核较小。该品种抗寒和抗旱能力强，在冬季–35.6℃低温下可安全越冬；丰产性强，适应性广，成熟期早；在常温下果实可贮放5d左右，不耐运输。

（二）各发育时期特点

1. 休眠期

休眠期从树体落叶休眠到翌年萌动为止。在休眠期树体生命活动处于相对静止的状态。

2. 萌芽开花期

萌芽开花期从花芽萌动、膨大，经开花期到谢花为止。李树花量虽大，但授粉较差，据记载，朱砂李自交结实率为零，自然授粉率为3.3%，而用小核李为之授粉，则坐果率较高。影响授粉的外界因素主要是温度，另外风及空气湿度也影响授粉。为了保证李花授粉效果，除合理配置授粉树外，还可以采用人工授粉和李园放蜂的办法加以弥补，据统计2~3亩的李园可放一箱蜜蜂，人工授粉可采用点花的方法。

3. 幼果发育及新梢生长期

幼果发育从受精坐果后子房膨大开始到硬核期结束。此期，叶芽萌发、展叶，随后新梢进入迅速生长期。这期间幼果发育与新梢生长在营养竞争上矛盾较大。

4. 果实膨大期

果实膨大期为果实第二个迅速生长期。不同成熟期的品种，果实进入膨大期的早晚差别很大。此期，李树进入旺盛生长期，易发生缺素症。

5. 果实成熟期

果实成熟期从果实在大小、色泽和风味等方面逐渐表现出品种固有特征到果实采收为止。此期大部分新梢停止生长，花芽分化进入高峰期。

6. 采后及落叶期

这一时期从果实采收后到新梢的加长生长基本停止，直至落叶。此期为树体营养积累期，花芽继续分化发育，后期叶片自下而上开始衰老，功能逐渐减退。

（三）生长结果习性

李为小乔木。中国李一般高4~5m，幼树生长迅速，呈圆头形或圆锥形，随着树龄的增长，树冠逐渐开张，寿命30~40年或更长。欧洲李、美洲李树势旺，枝条直立，树冠较密集；美洲李树体较矮，枝条开张角度大；美洲李和欧洲李寿命20~30年。

1. 生长习性

李树属浅根性果树，主要吸收根分布在20~40cm土层。水平根分布范围常比树冠大1~2倍，垂直根深度则因立地条件而有所不同。

李树枝条的顶芽为假顶芽，均为叶芽。枝条上下两端多为单叶芽，中部为复芽。复芽中花芽、叶芽排列方式与桃相似。李树萌芽率高，一般可达90%以上。李树芽也具有早熟性，一年可抽生2~3次枝。李的潜伏芽寿命较长，极易萌发，更新比较容易。

2. 结果习性

李为纯花芽，侧生，一个花芽内可开花1~5朵。李的长、中果枝较少，结果能力低，短果枝和花束状果枝较多。中国李以花束状果枝和短果枝结果为主；美洲李和欧洲李以中、短果枝为主。不同年龄阶段结果枝类型比例不同，幼龄树以长果枝结果为主，初果期以短果枝和花束状果枝结果为主，盛果期大树则主要以花束状果枝结果为主，90%以上的产量由花束状果枝负担。

花束状果枝结果当年，顶芽向前延伸很短，形成新的花束状果枝，长度仅1~2cm，如此可连续结果4~6年，因此，结果部位外移较慢，也不易隔年结果。一般2~4年花束状果枝结实力最高，结果5~6年后，坐果率明显下降，但随生长势逐渐缓和，基部潜伏芽萌发，形成花束状枝群，这是李树丰产性状之一。当营养条件好可受到修剪刺激时，花束状果枝也能抽生较长的新梢，转变成短果枝或中果枝。

李树极易形成花芽，花芽分化比较早。如大石早生李在6月初开始花芽分化，9月中旬进入雌蕊分化期，此后进入休眠期，第二年春开花前完成胚珠和花粉粒的分化与形成。

（四）对环境条件的要求

李树对环境条件的适应性强。中国李有的品种可耐-35~-40℃低温。李树花期最适温度为12~16℃；冻害临界温度花蕾期为–0.5℃，开花期为–2.7℃，幼果期为–1.1℃。

中国李对水分的适应性较强，在干旱和潮湿地区均能生长；欧洲李和美洲李对空气湿度要求较高。本砧抗旱性差，山杏砧抗旱性较强，毛樱桃砧不耐涝。

李树对光照的要求不如桃严格，阳坡和阴坡均能生长良好，但在光照好的条件下，果实着色好、品质佳。

李树对土壤要求不严，以土层深厚的砂壤土至壤土栽培表现好。对碱土的适应性也较强，在瘠薄土壤上亦有相当产量。中国李对土壤的适应性强于欧洲李和美洲李。

【任务实施】

（一）任务准备

（1）材料准备　李成树、幼树果园，农肥、农药。

（2）工具准备　锹、耙等工具，修剪工具，喷药工具，采收工具。

（二）实施过程

1. 休眠期生产管理

（1）休眠期修剪　幼树以整形为主，同时注意大、中型枝组的培养；盛果期注意疏除过密大枝，及时进行更新。

（2）树体保护与清理果园　在落叶后要采取树体保护措施，采取树干涂白、捆草或埋土，在春季温度回升后要及时撤除。盛果期，大树应在萌芽前刮除主干和主枝的老翘皮，以消灭越冬害虫；同时要及时清理果园中病虫枝、老翘皮及枯枝落叶，集中烧毁深埋；然后在芽萌动前喷布3~5Be石硫合剂以消灭越冬害虫。

（3）追肥灌水　萌芽前后追施一次速效肥，补充树体贮藏营养的不足，促进根系生长，提高坐果率。

（4）病虫害防治

①发芽前防病　在3月中旬前后，李树发芽前喷施5Be石硫合剂一次，或5%晶体石硫合剂30倍液或1：1：100波尔多液，可以防治李褐腐病、李穿孔病、李炭疽病。

②防治叶螨类害虫　可在发芽期喷施杀螨剂。

2. 萌芽开花期生产管理

（1）果园中耕　春季中耕应在花前浇水后进行，深度10~15cm，可以有效地提高地温。

（2）果园除草　面积较大的果园，可利用化学药剂除草，主要有草甘磷、百草枯等。

（3）李树追肥　在花后、果实硬核期和果实开始着色时进行，以果树专用肥为主。

（4）果园防霜　采取的防霜措施有：熏烟法、喷水法以及在花芽露白期喷石灰浆等延迟花期，躲避晚霜。采用春灌降低地温，在树干涂白，减少对太阳辐射热的吸收，推迟萌动，也可以减轻霜害。

3. 幼果发育及新梢生长期生产管理

（1）幼果的管理　包括疏果及定果、果实套袋。疏果分两次进行，第一次在花后2周左右进行，第二次疏果在落花后4~6周（硬核期前）结束。小型品种，一般花束状果枝和短果枝留1~2个果，果实间距4~5cm；中型果品种，每个短果枝留1个果，果实间距6~8cm；大型果品种，每个短果枝留1个果，果实间距10~15cm。除短果枝外，中果枝留3~4个果，长果枝留5~6个果。

（2）生长季修剪　夏剪在新梢迅速生长期进行，对主侧枝进行摘心或剪梢，对处于有空间位置的强壮新梢都可摘心，使营养集中于果实的生长发育。

（3）土肥水管理　中耕除草，保持树盘内清洁无杂草。花后追肥，可提高坐果率，保证幼果发育、新梢生长和根系生长对营养的需要。

4. 果实膨大期生产管理

生长季修剪，控制新梢旺长，改善光照条件；同时叶面喷肥和追施磷钾肥，促进果实膨大和花芽分化。

5. 果实成熟期生产管理

生长季修剪，控制新梢旺长，加强肥水管理，促进花芽分化和果实着色，提高果实品质。李的成熟正值天热季节，果实又柔软多汁，及时采收非常重要。

采收时的成熟度要控制好。鲜食李外运以7~8分熟为宜；制作糖水罐头和果脯的李果，应在绿色褪尽、果肉尚硬，即8分熟时采收。

6. 采后及落叶期生产管理

主要任务有秋施基肥、保护叶片及采取树体越冬保护措施。增加树体营养供应，保证花芽分化，加强树体保护，提高贮藏营养水平，增强越冬能力。

【评价与考核】

果园划分作业区，学生划分小组进行管理。对各小组制定的生产计划进行研讨，评价。

优：合理运用各种果树技术方法，工作态度端正。管理的果树生长良好，技术失误率控制在3%之内。

良：合理运用各种果树技术方法，工作态度端正。管理的果树生长良好，技术失误率控制在3%~5%。

中：合理运用各种果树技术方法，工作态度端正。管理的果树生长良好，技术失误率控制在5%~10%。

及格：合理运用各种果树技术方法，工作态度端正。管理的果树生长良好，技术失误率控制在15%之内。

不及格：不能完成任务规定的工作量，质量达不到标准。

【复习思考题】

（1）李树的常用品种有哪些？

（2）李树的生长习性有什么特点？

项目三　浆果类果树周年生产

任务一　葡萄周年生产

知识目标：了解葡萄主要栽培品种，了解葡萄不同发育时期特点。
技能目标：能够独立进行果园的生产管理，进行相应的技术操作。
德育目标：培养学生认真扎实的态度，细致的工作作风。

【相关知识】

（一）主要品种

全世界葡萄品种有8000多个。我国葡萄品种有600个以上，主要为鲜食品种；其他酿造品种主要有西欧品种群的赤霞珠、意斯林、法国蓝、雷司令、霞多丽等，以及东亚种群的长白山9号、通化1号、通化2号、通化3号、北醇、北红、北玫、公酿1号、公酿2号等；制汁品种有康可、康拜尔、贝达（小黑粒）等；制干品种有无核白、无核紫等。

主要鲜食品种有以下几种。

1. 京秀

欧亚种，早熟品种，从萌芽到果实充分成熟生长期105~115d。

果穗圆锥形，粉红色至紫红色，平均穗重510g；果粒椭圆，平均粒重6~7g；果肉厚，质硬脆，可溶性固形物含量14.0%~17.5%，含酸量0.39%~0.47%，味甜，品质上等。

该品种果枝率45%，结果系数1.2，丰产性较强，不裂果，不脱粒，抗病力中等。

该品种易染白粉病和炭疽病，适宜篱架栽培，中梢修剪，亦较适宜保护地栽培。生产上应注意疏花疏果，合理负载。

2. 无核白鸡心

欧亚种，属早熟品种，从萌芽到果实充分成熟生长期为110~125d。

果穗大，平均穗重620g；果粒着生中等紧密，平均粒重4.5g，鸡心形，绿黄色或金黄色；果皮薄而韧；果肉硬而脆，略有香味，可溶性固形物含量16%，含酸量0.6%，味甜，无种子，品质优良。

该品种生长势强，果枝率52%，结果系数1.2，较丰产，抗病力中等，较抗霜霉病，但不抗黑痘病和白粉病。适合棚架栽培，中、短梢混合修剪，栽培中要防止生产过旺影响花芽分化和果实生长。

3. 巨峰系

巨峰系葡萄是巨峰及与巨峰有亲缘关系的一类品种，包括巨峰、峰后、京超、先锋、藤稔等品种，欧美杂交种，多为中熟品种。

巨峰系品种果穗圆锥形，平均穗重400~500g；果粒近圆形或椭圆形，平均粒重11g以上，完熟时呈黑紫色或紫红色；果皮厚韧；果肉肥厚而多汁，有草莓香味，品质中上等。多数品种果枝率65%~85%，结果系数1.6~1.8，丰产性强。

该系品种适应性强，抗病，耐湿，对黑痘病、白粉病、霜霉病抵抗力均强，树势强旺，新梢粗壮，适宜于高篱架或小棚架栽培，宜中短梢修剪。但有的品种落花落果重，大小粒也严重，要注意合理负载。

4. 里扎马特

欧亚种，属中熟品种，从萌芽到果实充分成熟生长期为128~135d。

果穗大，平均重800g；果实为长椭圆形，平均粒重10~11g左右；果皮底色黄绿，半面紫红色，美观，皮薄；果实肉脆多汁，可溶性固形物含量11.5%~14.0%，含酸量0.5%~0.6%，味酸甜爽口，品质上等。

该品种生长势强，果枝率30%~32%，结果系数1.2，丰产性中等，抗病力中等，易染黑痘病、霜霉病，果实成熟期遇雨易裂果。适宜棚架栽培，中长梢修剪。

5. 红地球

又名晚红、大红球、美国红提等。欧亚种，属晚熟品种。

果穗长圆锥形，平均穗重700~800g；果粒圆形成卵圆形，平均粒重12g以上；果皮中厚，鲜红色，色泽艳丽；果肉硬而脆，可削成薄片，酸甜适口，可溶性固形物含量17%，含酸量0.5%~0.6%，品质上等。

该品种果刷长，不脱粒，极耐贮藏和运输，植株生长势强，果枝率70%，结果系数1.5，丰产性强，抗病力弱，易染黑痘病、白腐病、炭疽病、霜霉病。适宜小棚架或篱架栽培。

（二）发育时期

1. 树液流动期

树液流动期从春季树液流动到萌芽时为止。此期植株的主要特征是从伤口分泌伤流液。此期根系分布土层温度达到6~9℃，根系开始活动，吸收土壤水分。

花序原始体可继续分化第二、第三花轴和花蕾。

2. 萌芽与新梢生长期

萌芽与新梢生长期从芽眼膨大、鳞片裂开露出茸毛，在芽的顶端呈现出绿色到新梢加快速度生长、开花为止。这一时期内随着气温迅速上升，树体利用贮藏营养满足萌芽，新梢在短期内迅速扩大叶面积并转为利用当年营养，花序原始体随新梢生长继续分化出雄蕊和雌蕊等。因此，这一时期葡萄对肥水的需求量大，是奠定当年生长、结果的关键阶段。

3. 开花期

从花序上的第一朵花开放到开花终了为开花期。开花期的早晚、延续时间的长短取决于温度、湿度及品种。葡萄开花期已形成大量枝叶，随枝叶生长开始新一轮花芽分化。此期由于开花、花芽分化和枝叶生长均需消耗大量营养物质，导致葡萄落花落果较为严重，是葡萄管理的关键期，称水肥临界期。

4. 果实发育期

果实发育期从子房开始膨大到浆果着色前为止。此期延续时间差异很大，一般为60~110d，早熟品种需要35~60d，中熟品种需要60~80d，晚熟品种需要80d以上。此期植株营养矛盾突出，环境高温高湿，易导致落果严重，病虫害发生频繁，故生产任务较重。这一时期浆果迅速生长，果实增重较快，新梢加粗并出现二次生长高峰。当葡萄浆果长至3~4mm大小时，一部分营养不足或授粉、受精不良的幼果开始脱落。

5. 浆果成熟期

浆果成熟期一般是从有色品种开始着色、无色品种开始变软起到果实完全成熟为止。浆果成熟时期及所需的天数，因地区和品种不同，我国北方葡萄成熟期为7月下旬至10月下旬，一般品种为8~9月份，通常浆果从着色开始到完全成熟需20~30d。

此期果粒不再明显增大，浆果变得柔软，富有弹性，而且有光泽。白色品种果皮逐渐变成透明，并表现出本品种固有的色泽，如金黄色或白绿色；有色品种开始着色。营养物质迅速积累和转化，果实糖分积累增加，酸度减少，芳香物质形成增多，风味形成。中晚熟品种在成熟期前后新梢逐渐木质化，花芽继续分化，植株地上部分的有机营养物质开始向根部运输。

6. 新梢成熟及落叶期

本期从葡萄采收后到落叶为止。浆果采收后，叶片合成的营养物质开始转向积累，运往根部和枝蔓贮藏起来。新梢自下而上不断充实并木质化，为越冬做准备。随着气温下降，叶片的光合作用逐渐转弱直到停止；叶色由绿转黄，叶柄产生离层，相继脱落。

7. 休眠期

从葡萄的正常生理落叶开始，到第二年春季树液开始流动时为止。北方的葡萄休眠多在10月上旬至4月下旬，即气温下降到8~10℃时就进入休眠。此期气候寒冷干旱，树体生理活动极为微弱。

（三）生长习性

1. 根

葡萄属深根性果树，葡萄的根为肉质根，能贮藏大量营养物质，且导管粗，根压大。故葡萄较耐盐碱，春季易出现伤流。葡萄根系的垂直分布为20~60cm，水平分布随架式而不同；篱架的根系分布左右对称；棚架的根系偏向架下方向生长，架下根占总根量的70%~80%。

葡萄根的生长与葡萄种类、土壤温度有关。欧洲种葡萄的根在土温达12~14℃时开始生长，20~28℃时生长旺盛。全年2~3个生长高峰，分别出现在新梢旺长后、浆果着色成熟期及采收后。

2. 茎

葡萄的茎通称为枝蔓。可分为主干、主蔓、侧蔓、一年生枝（又称结果母枝）、新梢和副梢。

从地面发出的茎称为主干。

主干上着生的一级多年生枝称为主蔓。埋土越冬的地区不留主干，主蔓从地表附近长出。

主蔓上着生的二级多年生枝叫侧蔓。

着生混合芽的一年生蔓叫结果母枝。结果母枝上的芽萌发后，有花序的叫结果枝，无花序的叫营养枝。

葡萄的新梢由节和节间构成，节部膨大着生叶片和芽眼，对面着生新卷须或花序，节间的长短因种、品种及栽培条件而异。葡萄新梢生长量大，每年有两次生长高峰，第一次从萌芽展叶开始到花前，主要是主梢生长；此后，随着果穗生长的加快，新梢生长转缓；第二次生长高峰从种子中的胚珠发育结束后到果实快速生长之前，为副梢大量发生期。新梢开始生长时的粗度，反映出树体贮藏营养水平的高低，贮藏营养丰富，新梢开始生长粗壮，有利于花芽分化和果实发育。葡萄新梢不形成顶芽，全年无停长现象。

3. 芽

葡萄新梢的每一叶腋内有两种芽，即冬芽和夏芽。

冬芽正中央有一个主芽，周围有3~8个预备芽，其中2~3个预备芽发育较好，故又称为芽眼。冬芽内的主芽比预备芽分化深，发育好。大多数品种，春季冬芽内的主芽先萌发，预备芽很少萌发，当主芽受到损伤或冻害后，预备芽也萌发，在一个冬芽内，主芽和1~2个预备芽同时萌发，形成双芽、三芽并生。生产上为了集中保证主芽新梢的生长，应及时去除副芽萌发的新梢。冬芽在主梢摘心过重、副梢全部抹去、芽眼附近伤口较大时也可当年萌发，影响下年正常生长，但冬芽当年萌发可形成二次结果。

夏芽为裸芽，无鳞片包被，具有早熟性，随新梢的生长萌发成副梢。夏芽副梢叶腋间，同样形成当年不萌发的冬芽与当年萌发的夏芽，这为快速成形、提早结果及一年多次结果提供了基础，但大量副梢势必消耗养分，故处理副梢是葡萄夏季修剪的重要任务。葡萄冬芽内不萌发的预备芽成为潜伏芽，葡萄潜伏芽的寿命长，有利于枝蔓更新。

4. 叶

葡萄叶为单叶互生、呈掌状，大部分5裂，也有3裂和全缘叶，叶片较大，叶面或叶背着生刺毛或茸毛。葡萄的叶片表面覆盖较厚的角质层，可防止叶片水分的蒸发，是其抗旱力较强的重要原因。叶片的形状、叶缘锯齿、裂刻的多少与深浅、叶柄洼的形状以及叶上茸毛的有无与多少，都是鉴别品种的重要依据。

叶的光合能力强弱与叶面积的大小、叶色深浅和叶龄有关，展叶后30d左右的叶及叶色深绿的光合能力强。因此，夏季修剪保留一定的副梢叶，有利于提高树体营养。

（四）结果习性

葡萄在良好的管理条件下，定植后2年结果，4~5年就可大量结果，经济栽培年限可达30~50年。

1. 花序、花和卷须

葡萄的花序和卷须是同一起源的器官，称为同源器官，在新梢上经常可见到由卷须到花序之间的不同变态类型，卷须也有变成新梢的。当营养充足时，卷须原基可分化为花序；当营养不足时，花序停止分化。

葡萄的花序为复总状花序或圆锥花序，具有3~5级分枝，花序基部分枝级数较多，故花序多呈圆锥形。花序上花的数量随品种而不同，一般有200~1500个花蕾。花序一般着生在结果枝的3~8节上，欧亚种的品种自第3~5节上着生花序，每果枝上有花序1~2个；美洲种的品种自第4~6节开始连续着生花序，多者6~7个，花序较小。

葡萄的花冠呈帽状，开花时花冠基部呈5片裂开，由下向上卷起而脱落。但有的品种有时花冠正常裂开之前，即可在花冠内自花授粉，这种现象叫“闭花受精”。葡萄花的雌蕊具2心室，子房上位，每室有2个胚珠，受精后形成种子。

葡萄的花有三种类型：两性花（完全花）、雌能花和雄能花。葡萄多数品种具有两性花，能自花授粉结实。

当日平均温度达20℃时，欧亚种葡萄进入开花期。花期最适温度为25~30℃，花序基部和中部的花蕾先开，质量好，副穗和穗尖的花蕾后开。花期长短随品种和气候而异，一个花序开花5~7d，单株为6~10d。

2. 果实发育

葡萄开花后，经过授粉受精，花序发育成果穗，子房发育成浆果，花序梗发育成穗梗。果粒由果梗、果蒂、果刷、果皮（外果皮）、果肉（中果皮）、果心（内果皮）和种子组成。果刷的长短与果实耐贮运性有关，果刷长的不易落粒，耐贮运。

葡萄果实的生长发育分为三个时期：第一期在坐果后5~7周，果实迅速生长；随后进入第二期生长缓慢，持续2~3周；再进入第三期，浆果后期膨大期，含糖量迅速提高，含酸量减少，果肉变软，持续5~8周，直至果实成熟。

（五）对环境条件的要求

1. 温度

葡萄属喜温果树。温度对葡萄的影响主要体现在平均温度、有效积温和低温三个方面。平均温度影响葡萄物候期的起止时间及进程；积温影响葡萄的光合作用及营养积累，并最终影响葡萄的生长发育与果实质量；低温影响葡萄的越冬防寒埋土厚度。

不同品种从萌芽到果实充分成熟所需大于等于10℃的有效积温不同，所以生产上必须根据当地有效积温选择品种。葡萄在生长期对温度的要求是不同的：当昼夜平均温度为10℃以上时芽开始萌发；开花期的适宜温度为20~25℃，低于14℃时将影响葡萄的开花；新梢生长和花芽分化期最适宜温度为25~30℃，低于10~12℃新梢不能正常生长；果实成熟期最适宜的温度为28~32℃，低于14℃时果实不能正常成熟。

葡萄不同组织或器官对低温的抵抗能力不同。春季刚萌动的芽可耐-3~-4℃的低温，但嫩梢和幼叶在-1℃时即受冻害，而花序在0℃时就受冻害。

冬季休眠期，欧洲种葡萄品种的芽能耐-16~-17℃的低温，在-18~-19℃有冻害现象。充分成熟的枝条可耐-20℃的低温。多年生蔓在-20~-26℃时发生冻害。

2. 水分

葡萄的根系发达，吸水能力强，具有较强的抗旱能力，但幼树抗旱性差。一般在萌芽期、新梢旺盛生长期、浆果生长期内需水较多。花期阴雨或潮湿天气则影响正常开花授粉，引起落花落果；浆果成熟期雨水过多，会影响着色，引起裂果，加重病害发生，降低品质。葡萄生长后期雨水过多，新梢生长结束晚，枝条成熟度差，不利于越冬。因此，生长后期应注意控制水分和果园排水。

3. 光照

葡萄是喜光植物，对光照非常敏感。光照不足时，枝条比较弱，节间长，组织不充实，花芽分化不良，产量低，品质差。因此，栽培时应在架式、架向、株行距等方面注意创造良好光照，并采用正确的整枝修剪技术。但光照过强，果穗易发生日烧，在管理上应适当利用叶片进行果穗遮光或果穗套袋。

4. 土壤

葡萄对土壤的适应性很强，除了极黏重的土壤和强盐碱土外，一般土壤均可种植。但以土层深厚肥沃、土质疏松、排水良好的砂质壤土上栽培最好。戈壁石砾和河滩沙地，其质地疏松，透气性好，早春温度回升快，昼夜温差大，经过多施有机肥，勤追肥多浇水的改良，葡萄成熟早，色泽艳丽，含糖高。

葡萄在土壤pH6~7.5时生长良好，超过pH8.3~8.7时，易发生缺素性黄叶病或叶缘干焦。土壤含盐量达0.23%时开始死亡，故重盐碱地栽葡萄前先行改良土壤，还要注意洗碱排盐。

【任务实施】

(一)任务准备

(1)材料准备　葡萄成树、幼树果园，农肥、农药。

(2)工具准备　锹、耙等工具，修剪工具，喷药工具，采收工具。

(二)实施过程

1. 树液流动期生产管理

(1)修整架面　棚架、铁丝每年必须修整，扎紧铁丝，对倾斜、松动的立柱必须扶正、埋实。

(2)适时出土　葡萄在树液流动期到芽眼膨大以前，必须撤除防寒土，并及时上架。出土过早根系尚开始活动，枝芽易被抽干；出土过晚则芽在土中萌发，出土上架时很容易被碰掉，或因芽已发黄，出土上架后易受风吹日灼之害，人为造成“瞎眼”及树体损伤，影响产量。

葡萄出土最好一次完成，否则，枝蔓上留有很薄的土层或草等覆盖物容易引起芽眼提前萌发，上架时易被碰掉。但在晚霜危害重的地区应分两次撤除防寒物。出土时要求尽量少伤枝蔓。

出土后应将主蔓基部的松土掏干净，并刮除枝蔓老皮，将其深埋或烧掉，以消灭越冬病虫，然后修整好畦面。为防止芽眼抽干，使芽眼萌发整齐，出土后可将枝蔓在地上先放几天，等芽眼开始萌动时再把枝蔓上架并均匀绑在架面上，进入正常的生长期管理工作。

(3)上架绑蔓　绑缚枝蔓是实现冬季修剪意图的重要途径。绑蔓的对象是主侧蔓和结果母枝。主侧蔓应按树形要求摆布，主蔓间距不少于50cm，注意将各主蔓尽量按原来的生长方向拉直，相互不要交错，不可绑成弓背状，并在关键部位绑缚于架上。对采用中、长梢修剪的结果母蔓可适当绑缚，一般要采用倾斜引缚。弱枝可垂直绑缚，以增强生长优势；强枝或偏向水平或呈弧形绑缚，以缓和枝条的生长极性，促进基部芽眼萌发生长。

(4)喷药保护　出土后至萌芽前，喷一次3~5Be石硫合剂加助溶剂1000倍液，或喷95%精品多硫化钡剂150~200倍液，防治各种越冬病虫。

(5)补肥灌水

①补充基肥　如果秋季未施基肥，应在此期施入基肥。

②催芽肥　葡萄是喜肥水的果树，且生长量大，对肥水反应敏感。第一次追

肥在芽萌动期进行，宜追施尿素、腐熟的人粪尿、碳酸氢铵等，配合少量的磷、钾肥。使用量占全年的10%~15%。但是生长势强旺的巨峰等不宜进行追肥。

③及时灌水　若此期达不到田间持水量的60%~80%，可在萌芽前、萌芽后各灌一次水。

2. 萌芽与新梢生长期生产管理

（1）抹芽　在芽萌动后10~15d，对芽眼发出的双生芽、三生芽等多生芽，每芽选留一个饱满芽，其余的全部抹除。并抹除多年生枝蔓上萌发的潜伏芽，以及过密、过弱的萌芽。通常过10d左右再进行一次。

（2）追肥　在葡萄萌芽后，追施复合肥以保证新梢生长和开花结果。一般每亩可施氮、磷、钾复合肥15~20kg，最迟在花前1周施入；若树势强旺，基肥数量又比较充足时，花前追肥可推迟至花后。追肥后灌水并进行中耕除草，中耕深度一般为5~10cm，里浅外深，尽量避免伤害根系。

在幼叶展开、新梢开始生长时，喷施0.3%尿素加磷酸二氢钾混合液两次，可促进幼叶发育。新梢生长过旺时可喷100~200mg / kg的矮壮素。

（3）定梢定果　当新梢长到15~20cm进行定梢。定梢时，首先疏除过密和过弱的新梢，在新梢生长势相近时，疏密不疏稀，疏前不疏后。新梢达到20cm以上时开始疏花定果，即按负载量要求疏花序，一般壮枝留1~2个花序，中庸枝留1个花序，延长枝及细弱枝不留花序。定梢定果后及时引绑固定，防止风折。

（4）花序整形　花序整形的主要内容是掐穗尖和疏副穗，可在花前5~7d与疏花序时进行。对花序较大和较长的品种，要掐去全长的1 / 5~1 / 4，过长的分枝也要将尖端掐去一部分。对果穗较大、副穗明显的品种，将过大的副穗剪去，并将穗轴基部的1~2个分枝剪去。通过掐穗尖和疏副穗，可将分化不良的穗尖和副穗去掉，营养集中，坐果率提高，使果穗紧凑、果粒大小均匀、穗形较整齐一致。

（5）摘心去卷须　开花前3~5d开始摘心，结果枝在花序上留4~8片叶摘心。并进行副梢摘心，同时要及时摘除卷须。

3. 开花期生产管理

（1）花期放蜂　花期放蜂对提高雌能花品种坐果率尤为重要。巨峰等多数两性花品种可以自花授粉，不必进行花期放蜂。

（2）整理架面　新梢长到40~50cm时绑缚，引导固定到铁丝上，使其均匀分布于架面，以改善光照、通风条件。开花前后进行夏季修剪时，进一步整理和绑缚新梢。随时去除所有发生卷须。

（3）花期喷硼　落花落果严重的品种，在开花前2周喷0.3%的硼砂，隔1周再喷一次，可提高坐果率。

4. 果实发育期生产管理

（1）果穗修剪　开花后在疏花序的基础上补充疏果穗，对留下的果穗，先抖动果穗以震落发育不良的果粒，同时疏除小粒果、病虫果、畸形果和碰伤果，然后将果穗摆顺。

（2）追肥灌水　花后4~8d追壮果肥，每亩施饼肥900~1000kg、尿素15kg、钾肥10kg、硫酸钾复合肥20kg效果较好。尿素的最佳施肥期应在花后4~6d，施肥后灌水。

（3）疏粒套袋

①疏粒　花后20d疏果粒，通过疏粒使果穗大小符合标准、穗重均衡、果粒匀整，提高商品性能。一般以果穗重量300~400g比较理想。疏粒后，全园喷一次杀菌剂，重点喷布果穗。待药液干后即可开始套袋。

②套袋　套袋应根据果穗大小、果实颜色，选择不同规格的葡萄专用商品袋。套袋时，将袋口端6~7cm浸水中，使其湿润柔软，便于收缩袋口，提高套袋效率，并且能够将袋口扎紧，防止害虫及雨水进入袋内。先用手将纸袋撑开，然后由下往上将整个果穗装进袋内，再将袋口绑在穗梗或穗梗所在的结果枝上，用封口丝将袋口扎紧。

5. 浆果成熟期生产管理

（1）熟前追肥　在晚熟品种成熟前，要控制氮肥，增施磷、钾肥。可在开始着色期每亩施磷肥50kg、钾肥30kg，浅沟或穴施均可，施肥后覆土灌水，然后中耕保墒。同时，喷2~3次0.2%~0.3%的磷酸二氢钾或1%~3%的过磷酸钙溶液以提高品质，连续喷2~3次氨基酸钙以提高耐贮运能力。

（2）控制水分　中、晚熟品种此期应控制灌水。若遇连续干旱天气，应适当灌水。对果实已采收的早熟品种，在采收后应及时灌水。降雨较多时，山地果园注意蓄水，平地果园做好排水工作。

（3）去袋增色　无色品种套袋后可不摘袋，采收时连同果袋一同摘下。一般有色品种可在采收前10d左右将袋下部撕开，以增加果实受光，促进良好着色。但要注意仔细观察果实颜色的变化，如袋内果穗着色很好，已接近最佳商品色泽，则不必摘袋，否则会使紫色加深，着色过度。对于着色较重的品种如巨峰也可不解袋。

（4）架面管理　及时处理结果枝、营养枝上的副梢，除顶部副梢留3~4片叶反复摘心外，其余副梢做“留一叶绝后”处理，以促进枝蔓生长和成熟。同时及时绑蔓，防止风害。

（5）采收　采收是控制葡萄质量、提高生产效益的重要环节，合理采收应做到时期适宜、方法适当。

采收鲜食葡萄，特别是供外销或贮藏的葡萄，要注意在每日清晨或傍晚时采收，在温度低时采收，以便降低葡萄呼吸作用，同时尽量留长穗轴，便于包装时拎提果穗。采收时用手指捏住穗梗，用剪刀紧靠枝条剪断，随即装入果筐，然后分级包装。采收鲜食葡萄要轻拿轻放，尽量不擦掉果粉。采下的葡萄放在阴凉通风处，切忌日光下暴晒。

6. 新梢成熟及落叶期生产管理

（1）整形修剪　葡萄在春季修剪有伤流现象，一般在秋季进行修剪，在土壤封冻前完成。

（2）施肥　葡萄在秋季施用基肥，以农家肥为主，可混合磷、钾肥。

7. 休眠期生产管理

（1）防寒时期　秋季落叶和修剪后进行埋土防寒。在一般地区，可在温度降至0℃左右土壤将封冻时，一次埋土；在寒冷地区，特别是温度变化大的地区，可进行二次埋土。第二次埋土要在封冻时进行。

（2）防寒方法　采用塑料膜覆盖的方法防寒，可以大幅度减少土层厚度。在铁岭清河地区采用草苫加盖塑料膜的方法防寒，覆土厚度5cm即可以安全越冬。

葡萄园周年生产案例

【果园介绍】

2010年辽宁中部地区沈阳市东陵区一果农，葡萄园面积10亩，主栽品种巨峰，3000株，树龄10年，土壤为棕壤，管理人员两名。日常管理不需要外雇工人。

物质准备：果袋5万~6万个，农家肥10车，杀虫剂20瓶，杀菌剂50袋，草苫500个，包装箱800个。

工具准备：修枝剪，疏果剪，水泵，喷雾器，手推车。

【周年生产】

1. 树木流动期生产管理

（1）出土　4月中旬以后温度开始上升，山杏开花进行出土作业。将覆盖的土和草苫揭开，行内土壤浅刨一次，深10~15cm，搂平，打碎土块，用工10个。草苫晒干，堆垛，覆盖塑料膜，准备下年重复利用。

（2）防治病害等　喷施5Be石硫合剂，用工2个。

2. 萌芽期生产管理

（1）抹芽　将多余的芽和双芽等，按留强不留弱的方法留成单芽。

（2）定梢　按照修剪留梢量，在新梢5~15cm时进行定梢。

3. 新梢速长期和开花期

对旺树的结果枝采用摘心的方法，提高坐果率，一般留10片叶。

4. 幼果期生产管理

（1）疏果　对结果过多的树要疏果穗和疏果粒。留果标准：大型果穗强枝留

1个，弱枝不留，中庸枝根据树势和产量灵活考虑。过多的小粒果、畸形果要彻底疏除。巨峰葡萄每穗保留40~50粒即可。

（2）套袋　外雇工人8名，工作6天，套袋3万~4万个。

5. 花芽分化及果实膨大期生产管理

（1）夏季修剪　葡萄夏季修剪主要有摘心，副梢处理，绑蔓，去卷须。应经常进行。

（2）防治病虫害　葡萄虫害少，病害多，以预防为主。主要农药应是符合绿色食品要求的无机农药为好，如波尔多液、石硫合剂等；利用果穗套袋防病效果良好；夏季修剪保持通风透光，地面50cm不留枝叶等也有好的效果。生长季喷药3~4次，用药2000元。

6. 果实成熟与落叶期生产管理

解除果袋，合理采收，采用果实增色、采后分级包装等措施增加收入。

解袋用工5名。采收用工10名。

7. 休眠期生产管理

（1）整形修剪　根据品种、树势、年龄及栽培管理条件，进行细致修剪。巨峰葡萄一般短枝修剪。时期为10月下旬，用工5个。

（2）秋施基肥　于10月上中旬施农家肥，结果树每株施15~25kg，用工80个，采用条沟施。

（3）防寒　采用草苫加塑料膜的方法，覆土5cm。用工20个。

8. 效益核算（见表3-3）

表3-3　效益核算

项目	数量	单价 / 元	金额 / 元
农家肥	10车		−2000
疏花疏果套袋	8人 × 6天	60	−2880
包装箱	800个	3	−2400
农药			−2000
草苫、塑料膜	500个	15	−7500
施肥、防寒	20人	60	−6000
销售葡萄	25000kg	4	+100000
合计			+77220

【制定生产方案】

要求制定10亩葡萄的生产方案。包括品种的选择，生产资料的准备和不同时期的生产计划制定，成本核算和经济效益分析，减少支出与增加收入的措施等。

【评价与考核】

果园划分作业区，学生划分小组进行管理。对各小组制定的生产计划进行研讨，评价。

优：合理运用各种果树技术方法，工作态度端正。管理的果树生长良好，技术失误率控制在3%之内。

良：合理运用各种果树技术方法，工作态度端正。管理的果树生长良好，技术失误率控制在3%~5%。

中：合理运用各种果树技术方法，工作态度端正。管理的果树生长良好，技术失误率控制在5%~10%。

及格：合理运用各种果树技术方法，工作态度端正。管理的果树生长良好，技术失误率控制在15%之内。

不及格：不能完成任务规定的工作量，质量达不到标准。

【复习思考题】

（1）简述葡萄的修剪时期与原因。

（2）制定葡萄园的春季工作计划。

任务二　草莓周年生产

知识目标：了解草莓主要品种和生长结果习性。
技能目标：能够独立进行果园的生产管理，进行相应的技术操作。
德育目标：培养学生认真扎实的态度，细致的工作作风。

【相关知识】

（一）主要品种

1. 丰香

日本品种。植物生长势强，株态较开展；叶大，叶片较厚；果实圆锥形，种子在果面微凹，平均单果重16g；果面鲜红色，有光泽，外观好；果肉白色，肉质细软致密，风味甜酸，香味浓，品质好，果实硬度中等。

该品种抗白粉病弱，抗黄萎病中等；为早熟品种，适于鲜食；休眠浅，适合促成栽培。

2. 红脸颊

日本品种。植株生长势强，株态直立，植株较高；叶片大，深绿色；果大，长圆锥形；果面鲜红色，有光泽；果肉红色，甜酸适口，香味浓郁，品质极优。

该品种匍匐茎繁殖能力强，抗病性中等；果实硬度较大，比较耐贮运；休眠浅，早熟，产量高，适合促成栽培。

3. 图得拉

西班牙品种。植株健壮，生长势强；叶片大，椭圆形，叶色浓绿；果实长圆锥形；果面深红色，外观漂亮；果大，一级果平均单果重约30g；果实硬，耐贮运。日光温室生产的果实品质稍差。

该品种匍匐茎繁殖能力强，适应性强，抗病性强，易于栽培管理；花序抽生能力强，连续结果能力强，丰产性强；休眠浅，早熟，适合日光温室促成栽培，亦可进行露地栽培。

4. 新世纪1号

法国品种。植株高大直立，侧芽分较少，匍匐茎发生能力较强，繁苗系数高；根系发达，生长势强，适应性广；果形长圆锥形，完熟后果面为深红色，有光泽；果肉全红色，萼片反卷与果实分离，果面膨大后自然向上翘起，果面不沾地，果肉质地硬；可溶性固形物含量10.0%~12.0%，最高达到16.0%，可作为鲜食和颗粒速冻兼用品种；常温下可存放5~8d。

该品种丰产性好，一般单株产量280g左右，中熟品种。

5. 硕丰

江苏省农业科学院园艺所育出的晚熟、大果、耐热新品种。

植株生长势强，矮而粗壮，株态直立，株冠较大；叶片中等较大，花序高于叶面或与叶面平；每株平均有花序3个。硕丰果实大，平均单果重15~20g，最大果重50g；果实整齐，短圆锥形；果面橙红色，鲜艳；种子黄绿色，分布均匀，平嵌果面；果肉红色，肉质细韧，髓部小，风味甜酸，可溶性固形物含量10.0%~11.0%，维生素C含量51.9mg / 100g。

该品种果实坚韧，硬度大；耐贮性好，在常温下存放3~4d不变质；加工性能好，适于速冻。

（二）生长结果习性

1. 植株形态

草莓是多年生常绿草本植物，植株矮小，呈丛状生长，株高一般20~30cm；茎短缩，着生叶片，并抽生花序和匍匐茎，下部生根。草莓的器官有根、短缩茎、叶、花、果实、种子和匍匐茎等。

2. 根

草莓的根系属于须根系，是由着生在新茎和根状茎上的不定根组成，十分发达。新根肥嫩粗大，呈乳白色到浅黄色，老根呈暗褐色。一株草莓可发出十几条不定根。

3. 茎

草莓的茎分为新茎、根状茎和匍匐茎三种。

草莓当年茎称新茎，上着生具有长柄的叶片，基部发出不定根。加长生长很短，每年生长0.5~2cm，但较粗壮。新茎的叶腋着生腋芽，新茎的顶芽到秋季可分化成花芽。顶端花芽来年春天又抽出花序和新茎。

草莓多年生的茎为根状茎，是由新茎发展而来。新茎在第二年当其上部的叶全部枯死脱落后，便形成外形似根的根状茎。根状茎具有节和年轮，是贮藏营养物质的器官。在第三年，从下部老的根状茎开始，逐渐向上死亡。所以，根状茎越老，地上部生长越弱，产量品质下降，因此老株必须及时更新。

匍匐茎是草莓的营养繁殖器官。茎细，节间较长，由新茎的腋芽发出，当长到超过叶面高度时，逐渐垂向株丛空间光照好的地方。多数品种的匍匐茎，在第二、四、六等偶数节部位向上发生叶簇，向下形成不定根，固定于土中形成匍匐茎苗。匍匐茎养分的来源，一部分靠自身制造，一部分靠母株供给。匍匐茎发生的多少与品种特性有关。

4. 叶

草莓的叶为三出复叶，叶柄较长，密生于短缩的新茎上，呈螺旋状排列。基部与新茎联合的部分，有两处托叶包合成鞘状，紧紧包于新茎上，称之为托叶鞘。托叶鞘常富有颜色，是区别品种的特征之一。

5. 花与花序

草莓的花绝大多数为两性花（完全花），自花能结实。

花序为聚伞花序，或多歧聚伞花序，1个花序可着生3~60个花，一般为7~15朵。在典型的聚伞花序上，第一级花序的中心花先开，再由两苞片间形成的两朵二级花开放，每二级花的苞片腋中产生三级花，以此类推。

6. 果实

草莓的果实由花托形成，肥大柔软多汁，故称浆果。果面为深红色、浅红色或朱红色；果肉红色或白色，充实或有不同程度的空心。浆果表面有多数离生子房形成的褐色“种子”（植物学上称为瘦果），与果面平、稍凸起或凹陷地嵌生于浆果面上。

花序上先开放的花最大，形成的浆果亦大且品质好。在营养不良时，三级花以上形成的浆果即失去食用价值，常需疏去。

（三）对环境条件的要求

1. 温度

草莓对温度的适应性较强。春季当气温达5℃，即开始生长，此时抗寒能力降低，遇到−9℃的低温就会受冻害。草莓根系在10℃时生长较快，最适生长温度为18~20℃，秋季温度降到2~8℃，根的生长减弱。地上部生长发育最适温度为20~26℃。开花期低于0℃或高于40℃，都会影响授粉受精和种子的发育。花芽分化应在低于17℃条件下进行，当温度降到5℃以下时，花芽分化停止。

2. 水分

草莓根系浅，喜湿，叶表面蒸发量大，要求有充足的水分。但在不同的生长发育期，对水分的要求量是不一致的。早春开始生长期和开花期，要求水分不超过土壤最大持水量的70%；果实生长和成熟期需要水分最多，要求在土壤最大持水量的80%以上。但土壤含水量过多时，抑制根系的呼吸，会引起根系死亡，叶片变黄，萎蔫，脱落和果实腐烂，引起植株发病。

3. 光照

草莓是喜光植物，但又比较耐阴，在轻度遮阳情况下，对产量和品质影响不大，故可作果树的间作物。

4. 土壤

草莓可以在各种土壤上生长，但以肥沃、疏松、通气良好的砂壤土为好。草莓对土壤酸碱度要求严格，适宜于在中性或微碱性的土壤中生长。

【任务实施】

（一）任务准备

（1）材料准备　草莓植株，农肥、农药。

（2）工具准备　锹、耙等工具，喷药工具，采收工具。

（二）实施过程

1. 撤除防寒物

早春土壤解冻后，应分期撤除防寒物。防寒物撤除之后，应及时将枯蔓、烂叶和杂草等清除，集中烧毁，减少病虫害蔓延。

2. 疏花蕾及弱花序

草莓花序上高级序花开花晚，往往不能形成果实而成为无效花，即使有的形成果实，也因太小，成熟晚，无采收价值。因此，开花前应将后期才开的花适量疏去，并摘除下部抽生的弱花序，以节省养分，使果实个大，成熟期集中，便于采收。

3. 肥水管理

春季园地清理之后，应施入腐熟厩肥，并结合松土使肥料与土壤混合均匀。在草莓生长期中，还应根据各发育阶段对肥料的需求分期追肥。第一次结合灌返青水施肥，可加速植株生长；第二次在开花期追肥，能提高坐果率。

草莓是喜湿作物，尤其在开花期、浆果成熟期，需要大量的水分。应根据降水情况灌水3~4次，对提高草莓产量有显著效果。在干旱地区，土壤封冻灌一次封冻水，待水渗下后覆盖，以保护根茎越冬。

4. 中耕除草

早春园地整理之后，结合施肥疏松土壤，对消灭杂草具有重要作用。早期中耕不宜过深，否则易伤根，中耕深度以3~4cm为宜。浆果采收后，经常保持土壤疏松无草状态，对花芽分化和来年的产量也有很大促进作用，中耕深度可加深到6~8cm。在灌溉或降雨之后，中耕是防止土壤板结和消灭杂草的有效措施。

5. 地面覆盖

草莓开花之后，随着浆果增大，果穗逐渐下垂至地面，易被土污染，引起腐烂。地面覆盖，除能保水、保温和减少杂草之外，还能起到垫果的作用，有利提高质量。可用稻草或地膜进行覆盖。

6. 及时除匍匐茎、弱芽及老叶

在以生产果实为目的的园内发出的匍匐茎、弱芽及老叶应及时除去，以节省养分。

7. 越冬保护

冬季土温低于−8℃的地区，必须采取越冬保护措施。土壤地面开始冻结、地面出现硬皮时，用草或地膜覆盖防寒，覆草厚度为5~10cm，不露叶即可。

【评价与考核】

果园划分作业区，学生划分小组进行管理。对各小组制定的生产计划进行研讨，评价。

优：合理运用各种果树技术方法，工作态度端正。管理的果树生长良好，技术失误率控制在3%之内。

良：合理运用各种果树技术方法，工作态度端正。管理的果树生长良好，技术失误率控制在3%~5%。

中：合理运用各种果树技术方法，工作态度端正。管理的果树生长良好，技术失误率控制在5%~10%。

及格：合理运用各种果树技术方法，工作态度端正。管理的果树生长良好，技术失误率控制在15%之内。

不及格：不能完成任务规定的工作量，质量达不到标准。

【复习思考题】

（1）简述草莓育苗的特点。

（2）简述露地草莓的栽种时期。

项目四 其他果树生产

任务一 核 桃

【学习目标】

了解核桃的栽培价值和主要优良品种，掌握核桃丰产栽培的技术特点，具备周年综合生产管理能力。

【相关知识】

核桃是一种坚果类果树，也是重要的油料果树和用材树种。核桃的油脂含量高达60%~75%，蛋白质含量达17%以上，同时还含有钙、磷、铁、维生素等营养物质和微量元素。既有营养价值，又有医药效用。

（一）主要优良品种

核桃在我国栽培历史悠久，分布很广。在长期栽培和人为选择过程中，形成了很多优良品种和类型，现将生产中应用的优良品种介绍如下。

1. 辽宁1号

辽宁1号核桃是辽宁省经济林研究所通过人工杂交培育而成，属早实核桃品种。坚果圆形，果重9.4g；壳面较光滑、色浅，壳厚0.9mm左右，可取整仁；核仁重5.6g，出仁率59.6%。该品种侧芽形成混合芽达90%以上，每雌花序着生2~3朵雌花，坐果率60%以上，在辽宁大连地区花期5月上中旬，属雄先型，9月下旬坚果成熟。该品种树势强，树枝直立或半开张，分枝力强，极丰产，5年生平均产坚果1.5kg，最高达5.1kg，高接树4年生平均产坚果2.1kg，适于北方核桃栽培区栽培。

2. 陕核1号

陕核1号是陕西省果树研究所通过实生选种培育而成，属早实核桃品种。坚果圆形，果重11.0g；壳面光滑美观、色浅，壳厚1.0mm左右，可取整仁或半仁；核仁重7.1g，出仁率60%。该品种每雌花序着生1~3朵雌花，坐果率60%以上，在辽宁大连地区花期5月上中旬，属雄先型，9月下旬坚果成熟。该品种树势较强，树枝直立或半开张，中短果枝多，较丰产，6年生平均产坚果1.15kg，适于北方核桃栽培区栽培。

3. 辽宁5号

辽宁5号是辽宁省经济林研究所通过杂交培育而成，属早实核桃品种。坚果圆形，单果重10.3g；壳面较光滑、色浅，壳厚1.0mm左右，可取整仁；核仁重5.6g，出仁率54.4%。该品种在辽宁大连地区花期5月上中旬，属雌先型，9月下旬坚果成熟。该品种适应性强，耐寒，树体矮化，丰产，5年生平均产坚果2.0kg，最高达5.1kg，高接树4年生平均产坚果达2.1kg。

4. 辽宁7号

辽宁7号是辽宁省经济林研究所通过杂交培育而成，属早实核桃品种。坚果圆形，单果重10.7g；壳面极光滑、色浅，壳厚0.9mm左右，可取整仁；核仁重6.7g，出仁率62.6%。该品种在辽宁大连地区花期5月上中旬，属雄先型，9月中旬坚果成熟。该品种适应性强，耐寒，连续丰产性强，5年生平均产坚果4.7kg。

5. 新纸皮

新纸皮是辽宁省经济林研究所通过实生选种培育而成，属早实核桃品种。坚果椭圆形，单果重为11.2g；壳面光滑美观、色浅，壳厚0.8mm，极易取整仁；核仁重7.2g，出仁率64.3%。该品种在大连地区花期为5月上中旬，属雄先型，9月中旬果实成熟。该品种坚果品质优良，丰产性强，喜肥水，树势中等，树枝直立或半开张，分枝力强，侧生混合芽达95%以上。

6. 礼品1号

礼品1号是辽宁省经济林研究所通过实生选种培育而成，属晚实核桃品种。坚果长圆形，单果重为9.7g；壳面光滑、色浅，壳厚0.6mm，极易取整仁，属纸皮类；核仁重6.74g，出仁率70%。该品种适应性强，耐寒，在大连地区花期为5月上中旬，属雄先型，9月中旬果实成熟，嫁接树3年生开始结果，产量中等。

7. 礼品2号

礼品2号是辽宁省经济林研究所通过实生选种培育而成，属晚实核桃品种。坚果大，长圆形，单果重13.5g；壳面光滑、色浅，壳厚0.7mm，极易取整仁，属纸皮类；核仁重9.1g，出仁率67.4%。该品种适应性强，耐寒，在大连地区花期为5月上中旬，属雄先型，9月中旬坚果成熟，丰产性强，15年生母树年产坚果14.6kg，10年生嫁接树株产5.4kg。

（二）核桃丰产栽培技术

1. 核桃对环境条件的要求

核桃是喜温树种，适宜生长的温度范围是年平均温度8~15℃。若夏季温度高于38℃时常受日灼；冬季温度不能低于-25~-30℃，幼苗更不抗冻。

核桃喜光，光照充足的条件下生长健壮。全年日照时数要在2000h以上，核桃能正常生长发育。

核桃根系庞大，所以要求有深厚的土层。核桃耐干燥的空气，而对土壤水分状况却比较敏感，土壤过旱或过湿均不利于核桃的生长与结实，但如多雨则坐果率差。

2. 苗木繁殖

（1）实生繁殖　该方法简单易行，繁殖数量大，发展快，但投产较迟。实生繁殖应选择结果早的良种母树采种，采种果应充分成熟，果皮开裂一半时采收，其发芽率高。核桃种子需层积处理，种子裂口后，即可播种。播种时核果缝合线与地面垂直，有利于苗木根系伸展，幼茎直立，出苗率高，生长迅速。

（2）嫁接繁殖　枝接应采用长30~40cm和粗1~1.5cm、芽饱满、节间较密的外围一年生枝为接穗；芽接选芽体饱满、内部凹陷较浅、容易与砧木紧相贴的芽为好。展叶后10d内完成嫁接成活率最高，但和其他果树相比，核桃嫁接成活率不高。砧木可用麻核桃、核桃、野核桃等。

3. 定植

栽植前应先整地，定植穴规格为80cm × 80cm，挖好以后，将表土和土粪混合填入坑底。核桃苗木定植以前，应将苗木的伤根及烂根剪除，然后放在水中浸泡半天，或用泥浆蘸根，使根系吸足水分，以利成活。

定植时要做到苗正、舒展根系，分层填土踏实，使根系分布均匀，培土到与地面相平，全面踏实后，做出树盘，充分灌水，待水渗后用细土封盖，高出地平面约20cm。苗木栽植深度可略超过原苗木深度，但嫁接口必须露在外面。栽后一周再灌水一次。

4. 肥水管理

核桃对肥水要求高，即使是土层厚的核桃园，也要加强肥水管理。

施肥时期在发芽前、落花后、7月上旬果实硬核期和土地封冻前分四次施肥，对发芽、生枝、开花有利，可以促使果实肥大，种仁饱满。肥料种类以厩肥、绿肥为主，配合施用复合肥。成年树每株约需厩肥或绿肥100~200kg。

在5~6月份，为核桃枝叶生长旺盛期，需水较多，需灌一次透水。如6~8月份降水不足也应灌水，以保持水分充足。

5. 除草

夏季高温干旱时期要将杂草锄尽，减少杂草与果树竞争水肥；其他季节只除去对核桃生长有影响的植物即可。低矮的杂草不宜除尽，有保水、保肥、提高地温的作用。

6. 整形修剪

（1）修剪时期　核桃不宜进行春季修剪，因在萌芽前有伤流现象；以秋季最适宜修剪，有利于伤口在当年内早愈合。

（2）幼树整形　核桃树干性强，芽的顶端优势特别明显，顶芽发育比侧芽充实肥大，树冠层性明显，采用主干疏层形为宜，且整形极易。其整形方法为：

第一年确定干高50~80cm，5~6月选分布均匀生长旺盛的3~4个侧枝为第一层主枝，将其余新梢全部抹去；第二年按同样的方法培育第二层主枝，第二层保留2~3个主枝；第三年选第三层主枝，保留1~2个主枝，1~4年主枝不用修剪，可自然分生侧枝，扩大树冠。一般3~4年成形，成形时树高3~5m。

（3）结果树修剪　核桃进入结果盛期，树冠基本成形。因此，在修剪上应经常注意利用好辅养枝和徒长枝，培养良好的枝组，及时处理背后枝与下垂枝。

【复习思考题】

（1）核桃有哪些优良品种？

（2）核桃在不同的修剪时期如何进行修剪？

任务二　猕　猴　桃

【学习目标】

了解猕猴桃的主要品种和栽培价值，掌握猕猴桃果树的苗木繁殖方法、主要栽培管理技术和猕猴桃的架式整形方法，学习猕猴桃的采收、加工、贮藏技术。

【相关知识】

猕猴桃（又名杨桃、毛梨桃、奇异果等），为中国原产的珍贵果树，是维生素C与微量元素硒含量较高的水果。

陕西、山西、湖北、河南栽培较多。北方较寒冷地区设施温室内可以栽培猕猴桃，露地可栽培抗寒的软枣猕猴桃。

（一）猕猴桃主要品种

1. 海沃德

海沃德为国际上栽培面积最大、市场上占主要地位的品种，成熟期11月上旬。其果实长椭圆形，果形端正美观，平均单果重100g；果肉绿色，果心小，每100g鲜果肉维生素C含量50mg左右，可溶性固型物含量12.0%~17.0%，有浓香。海沃德果品货架期、贮藏性均列第一，但其早果性、丰产性较差。

2. 魁蜜

魁蜜为中熟鲜食加工两用品种，9月中旬成熟。果实近圆形；果肉绿黄色，质细多汁，酸甜味浓，具香气；果个较大，单果重92~110g，最大果重155g，每100g鲜果肉维生素C含量120~148mg左右。该品种坐果率高，早果、丰产、稳产，抗风、耐高温、贮藏性较好，果实常温下可贮存一个月，冷藏条件下可放4个月。

（二）猕猴桃优质丰产栽培技术

1. 猕猴桃对环境条件的要求

（1）温度　猕猴桃对寒冷特别敏感，喜温暖湿润的环境，要求年平均温

11.3~17.9℃，≥10℃的有效积温4000~6000℃，无霜期300~350d。东北的软枣猕猴桃抗寒能力强，在东北地区可露地正常生长。

（2）光照　猕猴桃属喜光树种，但随着树龄不同对光照的要求也不一样。幼苗期喜阴，怕强光直射；成年树需有充足的光照，但喜欢漫射光，忌强直射。

（3）土壤　猕猴桃属浅根性树种，喜中性偏酸性的土壤，pH 5.5~7.0。要求生长在土层深厚，疏松肥沃，排水良好的沙质壤土。

（4）水分　猕猴桃叶片较其他果树叶片大而厚，枝条年生长量亦大，故猕猴桃年降水量需800~2000mm左右，空气相对湿度需60%~86%。虽猕猴桃叶片角质层厚，有一定的抗旱能力，但由于根系分布浅，且为肉质根，故不抗旱、涝灾害，种植需有一定的排灌条件。

（5）风　早春的大风会导致新梢折断、嫩叶受损，秋季风大会造成擦伤果实，故应选择背风或种植防风林的缓坡地或平地种植。

2. 苗木繁殖

（1）种子繁殖　种子繁殖优点是种子容易获取，繁殖快，可提供大量苗木；缺点是不容易保持母本的优良性状。

（2）嫁接繁殖　嫁接繁殖的特点是生长快、结果早、能保持母本的优良性状。嫁接时间在春季3~6月进行。中华猕猴桃由于枝条伤流重、树胶多、枝条髓部大、纤维多而韧、伤口易失水干枯、接口难削平等众多因素，不能用常规嫁接方法，常用单芽片腹接法、单芽枝腹接法等。

（3）扦插繁殖　扦插繁殖的特点是能保持母株的优良性状，提早开花结果，且繁殖不受时间限制，一年四季均可大量繁殖。扦插方法主要有硬枝扦插法、嫩枝扦插法。

3. 定植

一般株行距在3m×5m。

定植时要配植授粉树，雌雄株比例（5~9）:1，以保证能正常授粉受精，又不影响产量质量。

4. 施肥

（1）基肥　基肥以农家肥等有机肥为主，同时辅以一定量的速效氮肥和磷肥等。施肥时期一般在采果后至落叶前的秋末季节。

（2）萌芽肥　一般在伤流期开始之后至萌芽前进行，以速效氮、磷、钾复合肥辅以稀粪尿为佳。

（3）壮果肥　壮果肥需重施，一般在谢花后1个月内施入，同时结合多次叶面追肥。壮果肥宜施以磷、钾为主的复合肥，在结果多而树势不强旺的情况下，除5月中、下旬追施壮果肥外，宜于6月再追施一次壮果促梢肥，以进一步促进果实肥大及新梢充实。

5. 水分管理

猕猴桃怕旱不耐涝，故水分管理尤为重要。

雨季及时排水，旱季及时灌溉。旱季采用土壤覆盖作用明显，可采用树盘覆盖、行带覆盖和全园覆盖进行保水，覆盖材料有秸秆、绿肥、杂草等。

6. 整形修剪

（1）架式　猕猴桃为藤本果树，若自然生长则易发生攀缘和严重相互缠绕现象，必须设立适宜其藤蔓生长的架式并采用相应的整形修剪技术。猕猴桃架式很多，一般以篱架、水平大棚架、“T”形小棚架及简易架较为普遍。

（2）整形　“T”形架整形采用单主干，苗木定植后，从饱满芽处短截，当所抽生新梢长至一定高度时，从中选一直立向上、生长最健壮的作主干培养，其他枝条留作辅养枝，不必引缚，任其自然生长。同时，在苗木旁插一竹竿作临时支柱，将所选主干绑缚其上，当主干长至中心铁丝时摘心，促发分枝，选其中最接近中心铁丝、生长健壮枝条两根，沿中心铁丝顺行向两边延伸作为主枝培养。

（3）修剪

1）冬季修剪　一般在落叶后进行，目的是及时更新衰弱枝，每年更新量控制在1/3左右为宜。其修剪方法为：疏去枯枝、病虫枝、细弱枝、密生枝、交叉枝、重叠枝、无利用价值的根际萌蘖枝、生长不充实的营养枝及其副梢，结果母枝依生长势强弱适当短截；一般强旺母枝轻剪多留芽，约剪留40~60cm；中庸母枝则中度修剪或轻重结合，剪留20~30cm；细弱母枝重剪少留芽，留15~20cm。

2）夏季修剪　主要在5~8月的旺盛生长期进行，其修剪量较冬季修剪小。主要工作有：

①抹芽　在芽刚萌动时进行，抹除位置不当或过密芽。

②疏梢　在能辨认花序时进行。首先疏除来年不需要的营养枝及位置不当的徒长枝，其次疏过于细弱结果枝、病虫枝、密生枝等。

③短截　对于需预留作更新用的徒长枝，在疏梢同时将其只留基部2~3芽短截，使所留芽在当年形成两个发育良好的枝；对于新梢开始卷曲和缠绕的部分及超过相应架面范围部分剪截掉。

④摘心　对需要控制的新梢，可连续摘心，副梢留2~3片叶反复摘心，可使植株通风透光。

7. 采收、加工、贮藏

（1）采收　采果时应单个采果，轻摘轻放，尽量不碰伤果面；堆置要避免挤压，碰伤。采收后要经过8~10d后熟期才能食用，可喷50mg/L的乙烯利催熟，也可与苹果、梨混装在一起催熟。

（2）加工　猕猴桃鲜品在常温下难以久贮，一般可加工成果脯、罐头、果汁、果酒、果酱等以保存果实的营养价值。

（3）贮藏　国外采用低温冷库贮藏；国内河南产区采用通风降温措施，贮藏半年左右，好果率能保持在80%。

【复习思考题】

猕猴桃有哪些栽培品种？

任务三　石　榴

【学习目标】

了解石榴的主要品种和栽培价值，掌握石榴的苗木繁殖方法、主要栽培管理技术和整形方法，学习石榴的采收、加工、贮藏技术。

【相关知识】

石榴为石榴科（Punicaceae）石榴属，原产伊朗、阿富汗等干旱地区。石榴是多年生植物，寿命长，结果期可维持百年左右。中医学认为，石榴具有良好的保健和治疗作用。

河南、山东栽培较多。北方寒冷地区露地栽培越冬困难，一般在温室栽培和盆栽。

（一）石榴主要品种

石榴在我国栽培历史悠久，目前大约有70多个品种，分为观赏和食用两大类。现将主要品种介绍如下。

1. 豫石榴1、2、3号

河南省开封市农林科学研究所选育。果大、色泽好、丰产、稳产、抗逆性强、适生范围广。在河南、河北、山东、安徽、江苏、湖北、贵州、云南、四川等省栽植100多万株，表现良好。

豫石榴1号：树势开张，平均单果重270.5g，最大单果重672g，果形指数0.92；果皮红色，有星点果锈；出籽率56.3%，出汁率89.6%，籽粒可溶性固形物含量14.5%，含酸量0.37%，味酸甜。

豫石榴2号：树冠紧凑，平均单果重348.6g，最大单果重850g，果形指数0.90；果皮黄白色，洁亮；出籽率54.2%，出汁率89.4%，籽粒可溶性固形物含量14.0%，含酸量0.16%，味甜。

豫石榴3号：树势开张，平均单果重281.7g，最大单果重536g，果形指数0.85；果皮紫红色，洁亮；出籽率56%，出汁率88.5%，籽粒可溶性固形物含量14.2%，含酸量0.36%，味酸甜。

2. 大红一号

大红一号系从农家品种优选培育出的芽变大果型石榴新品种。1998年获河南省科技进步一等奖。

该品种丰产，树体强健，枝条粗壮，叶片中等；果为圆形，单果重500~800g，最大的1600g；果皮厚0.5cm，皮色鲜红，光洁艳丽；籽粒红色，百粒重55g，营养丰富，可溶性物19.0%以上，味甜微酸，口感好，含果汁69%，品质极佳。

早果性强，一般当年栽培，翌年即开花结果，单株结果15~30个，3年后进入盛果期，9月中下旬果实成熟，具有不裂果、耐贮运等特点，是一个很有发展前途的新品种。

（二）石榴优质丰产栽培技术

1. 园地规划

选择土层深厚、地下水位低于1m，土壤pH4.5~8.2的地段建园。应根据因地制宜、方便管理的原则搞好防护林的配置，栽植小区要规划设置排灌系统。

2. 苗木繁殖

可用扦插、压条和分株多种方法繁殖苗木，生产上多用扦插法。扦插时插条以充实饱满的二年生枝最好，插条长约20cm，下端剪成马耳形，并将其上小枝剪除；发育健壮的一年生枝也可用作插条；但老龄枝条插后成活率低，不宜应用。

3. 栽植

石榴对栽植地要求不严，栽植距离依品种生长势和土壤肥瘠而定。栽植管理良好的石榴树，栽植后3~4年开花结果，10年左右可进入盛果期。

（1）栽植时间　春、夏、秋三季都可定植。营养袋苗木一般宜在5月中下旬至6月上旬定植，露地扦插可在春季进行。

（2）栽植方式和密度　一般采用宽行距小株距开沟密植带状栽培，以提高石榴产量。定植前，按4.0~5.0m的行距开定植沟，南北走向；定植沟宽80cm、深80cm，按2.5~3.0m的株距挖定植穴；穴的大小0.5m左右，深0.6m左右。栽前施有机肥作底肥，并与表土充分拌匀。

（3）授粉树配置　在建园定植时，要选择2~3个品种，其中一个作为主栽品种，其余作为搭配品种。定植时，可采用两行主栽品种、一行搭配授粉品种，交替栽植的方法进行配置。

4. 肥水管理

（1）水分管理　苗木栽植后立即灌水，连浇两次透水。果园应浇灌春季萌芽水、秋季封冻水和果实膨大期灌水。石榴耐旱，在雨季应注意排水。

（2）施肥　一般1年两次施肥，第一次施肥时期在秋季果实采收后，结合深翻施肥，肥料以有机肥为主，同时配合适量氮、磷肥，根据树体大小和生长情况确定施肥量；第二次施肥时期在春季出土后，以速效化肥为主，结合春季灌水施入。除此之外，在生长季进行叶面喷肥，同时在石榴开花期喷硼肥和磷酸二氢钾，可提高石榴坐果率；在果实发育期叶面喷洒尿素和磷酸二氢钾等，可促进果实膨大，提高果实品质。

5. 整形修剪

石榴树是喜光树种，对光照非常敏感，树冠应通风透光。主要树形为多主枝开心形和多主枝扇形。

（1）多主枝开心形　全树无主干，留4~6个均匀分布而互不交叉的主枝，呈半圆形分布；每个主枝培养3~4个侧枝，侧间距40~50cm，在主枝两侧交替着生，主枝下部距离地面60cm范围内，分枝和萌蘖全部疏除。

（2）多主枝扇形　全树无主干，留3~5个主枝，各主枝向南、东、西三个方向呈扇形分布，互不交叉重叠，形成一个扇面；每个主枝培养3~4个侧枝，侧枝在主枝两侧交替着生，侧枝间距30cm左右，主枝下部40cm范围内的分枝和根蘖全部剪除。

石榴树的修剪时期分冬季修剪和夏季修剪。

（1）冬季修剪　一般在冬季埋土前或春季出土后至萌芽前进行。主要任务是开张树冠，剪除基部萌蘖枝条和树冠内徒长枝，疏除干枯枝、病虫枝、交叉重叠枝、过密过弱的下垂枝等，便利通风透光。

（2）夏季修剪　一般在5~6月进行。主要采用抹芽、摘心、环剥、疏除过密小枝等方法，以防止树丛基部萌蘖发生，节约养分，促进上部的生长发育，培养健壮的枝组，提高坐果率。

6. 采收和贮藏

石榴果实的成熟期全树参差不一，采收宜分批进行。充分成熟的果实皮色转亮，着色品种全果着色均匀，阴阳面色泽差别缩小，有的品种果侧棱状突起日益明显。

少量贮藏石榴时可用坛瓮，用含水量约5%的湿沙与石榴混放，中央竖一草把以利换气，上面再覆一层湿沙封口，随需随取，可较长时间保持新鲜。大量贮藏时，可在室内进行堆藏或挖井窖贮藏，贮藏期间每隔15~20d检查一次，可贮放2~3个月。

【复习思考题】

（1）怎样繁殖石榴的苗木？

（2）石榴的贮藏方法有哪些？

任务四　蓝　　莓

【学习目标】

了解蓝莓的营养价值、栽培价值和主要品种，掌握蓝莓的栽培技术，学会蓝莓的采收方法和贮藏方法。

【相关知识】

蓝莓学名越橘，属于越橘科越橘属植物。蓝莓营养丰富，果实含有大量的花青素，具有保健作用。

黑龙江、吉林、辽宁为主要生产区，生产的鲜果主要用于鲜食、果汁加工、鲜果速冻，国内以高档商场销售和大城市销售为主。

（一）蓝莓主要品种

1. 高丛蓝莓

包括南高丛蓝莓和北高丛蓝莓。南高丛蓝莓喜湿润、温暖气候条件，适于我国黄河以南地区栽培，如华中、华南地区；北高丛蓝莓喜冷凉气候，抗寒力较强，有些品种可抵抗-30℃低温，适于我国北方沿海湿润地区及寒地发展。

主要优良品种有：

（1）康维尔（Coville）　美国中熟品种，生长势强，丰产。果实大，果皮中等蓝色，鲜食加工品质俱佳。该品种突出特点是果实采收期长，在长春地区从第一批果实成熟到最后一批果实成熟可延续45d时间，是供应当地鲜果市场的一个优良品种。

（2）达柔（Darrow）　美国品种，晚熟。树体生长健壮，直立，连续丰产，果实大；果皮淡蓝色；肉质硬，风味好。

（3）蓝丰（Bluecrop）　美国品种，中熟。树体生长健壮，开张，抗旱能力极强，可抗-32℃低温，极丰产且连续丰产能力强。果实大；果皮淡蓝色，果粉厚；肉质软，不耐贮藏，完全成熟时偏酸，具清淡芳香味，风味佳。

（4）北陆（Northland）　1968年美国密执安大学农业试验站选育的中早熟品种。果实圆形中大；果皮蓝色，果粉厚；果肉紧实，多汁，酸度中等，风味佳，成熟期较为集中。北陆树体生长健壮，树冠中度开张，成龄树高可达1.2m左右；对土壤适应性较广，极丰产；抗寒，是寒冷地区栽培的优良品种。

（5）北村（Northcountry）　1986年美国明尼苏达大学选育的中早熟品种。果实中大；果皮亮蓝色；果肉甜酸，风味佳。北村树势中等，树高约1m，冠幅1m；耐寒性很强，抗-37℃低温。该品种早果、丰产性好，一般株产量可达

1.0~2.5kg；叶片小、暗绿色，秋季叶色变红，树姿优美，适宜观赏，是高寒山区蓝莓栽培的优良品种。

（6）北蓝（Northblue） 1983年美国明尼苏达大学选育的晚熟品种。果实大；果皮暗蓝色；肉质硬，风味佳，耐贮藏。北蓝树势强，抗-30℃低温，树高约0.6m，叶片暗绿色、有光泽；丰产性好，株产量可达1.3~3.0kg，在较温暖地区株产量会增加，适宜于北方寒冷地区栽培。

2. 矮丛蓝莓

矮丛蓝莓也称作野生蓝莓，目前经济价值较高的主要为狭叶越橘及其变种。

主要优良品种有：

（1）美登（Blomidon） 加拿大农业部肯特维尔研究中心从野生矮丛蓝莓的品种中杂交选育出的中熟品种，在我国长白山地区7月中旬成熟。果实圆形，淡蓝色，果粉厚；有清淡香味，风味佳。美登树体生长势强，丰产，5年生树平均株产0.83kg，最高达1.59kg；抗寒性极强，是高寒山区发展蓝莓的首推品种。

（2）芝妮（Chignecto） 加拿大选育的中熟品种。果实近圆形，蓝色，果粉厚；叶片狭长。该品种树体生长旺盛，易繁殖，较丰产，抗寒性强。

（3）芬蒂（Fundy） 加拿大选育的中熟品种。果实略大于美登，淡蓝色，有果粉，丰产。

3. 兔眼蓝莓

兔眼蓝莓是从野生兔眼越橘类品种中选育出来的栽培品种，果实成熟前其颜色红如兔眼，故得名为兔眼蓝莓。适合在南方高温高湿地区栽培。

主要优良品种有：

（1）芭尔德温（Baldwin） 1985年美国佐治亚州选育的晚熟品种。果实中大；果皮暗蓝色，果粉少；肉质硬，酸味中等，风味佳；树势强，直立，树冠大。该品种丰产能力强，需冷量为18~25d，抗病性强，果实成熟采收期可延续6~7周，适宜于庭园和观光园栽培。

（2）乌达德（Woodard） 1960年美国佐治亚州选育的早熟品种。果实中大；果皮亮蓝色，扁圆形，果粉厚；果实完熟后风味极佳，但完熟前果味偏酸，果实质软，不适于鲜果远销。该品种幼树时期树势弱，开张型；成年期后树体生长旺盛。需冷量低，春季高温后很快开花，易受霜害。

（二）蓝莓优质丰产栽培技术

1. 园地选择

蓝莓适宜生长在土壤肥沃、透气性好、有机质含量高、pH4.0~5.5的酸性土壤中。在pH值不适合地区栽培蓝莓，必须进行土壤改造。

土壤pH值过高常造成缺铁性失绿，生长不良，产量降低甚至植株死亡。可施硫磺粉或硫酸铝来降低pH值。施硫磺粉要在定植前3~6个月进行，因为施硫磺粉前期分解较慢，作用很小，一般不起作用，如暗棕色森林土壤，每平方米土层15cm厚度要降低1个pH值需施硫磺粉130g，其效果可以维持3年以上，其他类型土壤可参考此用量。如果施用硫酸铝，用量则为硫磺粉的6倍。此外，土壤掺入酸性草炭、施用酸性肥料覆盖锯末和烂树皮等都有降低pH值的作用；硫磺粉和草炭配合使用，效果更佳。

目前栽培上多采用全面改良配合局部改良方式，降低硫磺粉对土壤的板结作用。全面改良不要一下将pH值降到合适，留有0.5~1个值在局部改良时调整。

土壤pH值过低时，由于重金属元素过量而造成中毒，也使蓝莓生长不良甚至死亡。常施石灰进行调节。

而当土壤有机质含量低于5%时，也不利于蓝莓生长，需增施有机质或河沙改善土壤结构。常用锯末、草炭、烂树皮或腐烂苔藓，在定植时掺入土壤。

2. 苗木繁殖

以扦插法最常用，现在组织培养法育苗也开始应用。

3. 苗木栽植

（1）定植时期　春栽和秋栽均可，其中秋栽成活率高，春栽则宜早不宜晚。

（2）株行距　兔眼蓝莓株行距2m × 2m或1.5m × 3m；高丛蓝莓株行距1.2m × 2m；半高丛蓝莓、矮丛蓝莓株行距（0.5~1）m × 1m。

（3）授粉树配置　兔眼蓝莓自花不实，必须配置授粉树，栽培兔眼蓝莓时必须种植两个以上品种，可选用高丛蓝莓品种；高丛蓝莓和矮丛蓝莓自花结实率较高，但配置授粉树也可提高果实品质和产量。配置方式采用主栽品种与授粉品种1∶1或1∶2比例栽植。

（4）栽植　栽植苗木时，挖40cm × 40cm的定植穴，选择2~3年生根系完整、枝干粗壮的大苗，可相应提高成活率，苗木栽植后浇水踏实。

4. 土壤管理

蓝莓的根系纤细，无主根，没有根毛，分布较浅，主要集中在土壤30~50cm范围内，要求土壤疏松湿润、透气性好，可采用清耕法和生草法。

（1）清耕法　栽培高丛蓝莓常采用清耕方法，清耕的深度以5~10cm为宜。长白山地区暗棕色森林土壤23~30cm以下往往为黏重的黄土层，清耕过深时将黄土翻到上层，不利于根系发育。因此，蓝莓耕作的工具深度一般不超过15cm，清耕的时间从早春到8月份都可进行，入秋以后清耕对越冬不利。

（2）生草法　生草法与清耕法相比，有利于产量的提高，并且具有明显保持土壤湿度、便于机械作业的优点。一般采用行间生草，行内使用除草剂。

5. 肥水管理

当降水量不能满足蓝莓生长需要时，需进行灌溉。不能用碱性水源，最好用水库及河流地表水灌溉。

蓝莓的施肥也不同于一般果树，施肥不足或过量，都会对蓝莓的生长发育不利。因此，施肥量的确定要视土壤肥力及树体营养状况而定。应每2~3年进行一次土壤及叶片分析，确定施肥量，避免盲目施肥。蓝莓的施肥有以下特点：

①蓝莓是典型的嫌钙植物，蓝莓对钙有迅速吸收积累的能力。在钙质土壤栽培时，对钙的迅速吸收会影响到铁的吸收而使植株失绿。

②蓝莓是低营养植物，树体对氮、磷、钾等元素需要量很低，因此施肥时切忌一次施入量过多，肥料氮、磷、钾的比例为1∶1∶1。

③蓝莓对铵态氮肥的吸收比硝态氮肥的吸收要好，因此追肥提倡使用硫酸铵，且有降低土壤pH值的作用。

6. 整形修剪

蓝莓栽培后，应进行适当的整形修剪，以调整营养生长与生殖生长的矛盾，达到通风透光、丰产优质的目的。

栽后第二年植株就有花芽形成，此时开花结果会消耗大量的营养，影响树体发育，应当进行疏花，促进根系发育、树冠扩大、增加枝量。

第三、四年仍以培养壮树、增加枝量为主，主枝量在5~8个为宜，但也可以少量结果。进入成年丰产期后，主要疏除内膛枝、弱枝、病虫枝及根蘖，并适当保留1~2个较壮、位置合适的基生枝，用来更新复壮，对一些多年结果枝组及时进行回缩更新。

7. 越冬保护

尽管矮丛蓝莓和半高丛蓝莓抗寒力强，但仍有冻害发生，最主要表现为越冬抽条和花芽冻害，在特殊年份可使地上部全部冻死。因此，在寒冷地区蓝莓栽培中，越冬保护也是保证产量的重要措施。

在北方寒冷多雪地区，冬季可以进行人工堆雪防寒，经堆雪防寒的蓝莓产量较不防寒以及盖树叶、稻草的产量大幅度提高，并且具有取材方便、省工省时、费用少、保持土壤水分等优点。一般覆盖厚度以树体高度2/3为宜，适宜厚度为15~30cm。

其他方法有埋土防寒，在入冬前，将枝条压倒，覆盖浅土将枝条盖住即可，但蓝莓的枝条比较硬，容易折断，因此，采用埋土防寒的果园宜斜植。另外，树体覆盖稻草、树叶、麻袋片、稻草编织袋等都可起到越冬保护的作用。

8. 采收处理

蓝莓成熟后，应及时进行采收。同一品种、同一植株、同一枝组成熟期都不一致，应分批采收。

由于蓝莓果肉较软，果面有白霜，所以对采收人员要求较高，采收过程中需带橡胶手套，防止损伤果面及果粉。

采摘后，按大小分级、精美包装、分级包装的果实，可直接进入市场销售，也可预冷后贮存于4℃左右的冷库中或进行速冻后销售。

【复习思考题】

（1）当土壤pH值不符合时，如何进行土壤改造？

（2）冬季蓝莓如何进行防寒？

任务五　树　　莓

【学习目标】

了解树莓栽培的主要品种，掌握树莓的优质栽培技术，具备周年综合生产管理能力。

【相关知识】

树莓又名覆盆子、托盘、刺莓、马林等，是蔷薇科（Rosacea）悬钩子属（*Rubus*.L）多年生半灌木果树。

黑龙江、辽宁栽培较多，辽宁以大连、沈阳、丹东为主要生产区。生产的鲜果主要用于果汁加工、鲜果速冻，以出口为主，德国、法国、日本为主要目的地，国内以高档商场销售和大城市销售为主。

（一）树莓主要品种

目前生产上主要有野生种、栽培种和半栽培种三种类型。

1. 黑莓

赫尔（hull）：原产北美，从美国引入。植株半直立，无刺，新生枝条为绿色，近成熟时为红褐色；果实初结时为绿色，成熟前15~20d变为红色，成熟时由红色变为紫黑；果实长圆形，极似草莓，单粒重8~12g，最大26g；果粒晶莹透亮，外观美丽，味甜多汁，果香浓郁，品质上等；果实成熟期为6月下旬。该品种早熟、丰产，为大果型黑莓品种，适应露地和保护地栽培。

2. 红莓

澳洲红：澳大利亚引入。新生枝为黄绿色，成熟基生枝变为黄褐色，枝上密生小刺，易发二次枝，极易发根蘖枝；花多为复花序，花朵3~5个；果实近圆锥形，花谢后幼果为绿色，成熟前10~15d变为淡黄色，成熟为红色；平均单粒重3~6g；7月上旬开始成熟，7月下旬采收完毕。该品种抗病、丰产、含糖量高、品质优良。

3. 黄莓

波兰黄莓：波兰引入。果实近圆锥形，初结果实为淡绿色，果实成熟时淡黄色；平均单果重3~5g，最重16g。该品种极丰产，7月上旬至8月上旬果实成熟，为中熟品种。

4. 蓝树莓

蓝宝石：美国引入。当年生枝条绿色，第二年变为褐色，通常每果枝着生6~10个花序，1个花序2~5朵花；果实初为浓绿色，成熟时为蓝黑色，果面颜色与黑莓相似；浆果圆锥形，单粒重3~6g。该品种丰产，但不易发根蘖枝。

（二）树莓优质丰产栽培技术

1. 园地选择

树莓属于浅根性植物，要求土质肥沃、排水良好的平地或缓坡地。由于果实耐贮性差，所以园址要选城市近郊，或交通方便的地区，或在果汁加工厂附近。

2. 树莓栽植

（1）时间　树莓春秋两季都可栽培。秋栽苗木失水少，栽后易成活，大部分地区以秋季定植为主。

（2）栽植方式　栽植方式有单株栽植和带状栽植。单株栽植株行距均为2m；带状栽植适用于大面积栽植，行距为2.5m、株距为0.3m，每亩定植333株。

（3）栽植方法　栽前修剪根系，将根系在水中浸泡12~24h，使根系吸足水分。栽时根部蘸满泥浆，以提高成活率。栽植要深栽浅埋，深栽即苗木根系要距地面10~15cm；浅埋即在苗木周围30cm以内，覆土时不要超过枝条上原有的土痕。

3. 立架与引缚

立架是树苗丰产的重要措施之一。在行内每隔5~10m立一支柱，高1.2~1.5m，并拉两道铁丝，上层铁丝固定在支柱顶端，下层铁丝距地1m。将修剪过的二年生枝条（结果母枝）逐一引缚到支柱铁丝上形成扇面，枝条间距10~15cm，当年新梢任其自由生长，待结果母枝结完果剪除之后，再将新梢引缚到铁丝上。

4. 整形修剪

树莓结果枝基部每年抽生大量基生枝，伸长可达2~5m，架面上枝条抽生的新结果枝如不修剪，易造成光照不足、果实小、品质差而降低产量。

春剪在4月中下旬至5月中旬枝条绑架后、展叶前进行。疏除病枝、伤枝、冻枝、抽干枝，截短枝梢，再依据枝条强弱适当剪留；对绑架的枝条梢部进行短截，距地表剪留1.3~1.8m高即可，上部铁丝以外枝条的长度不能超过20cm；每株保留6~8个枝，最多不要超过10个。

夏剪在5月中旬至6月初基生枝全部萌发后，枝条伸长到30~40cm时进行。主要对基生枝修剪，修剪原则是留强去弱，剪口与地面越近越好，对枝条稀疏的植株可摘心10cm左右，促进侧芽萌发分枝，增加枝量。

秋剪首先是对结果母枝的剪除，一般7月至8月中旬果实采收结束后，立即齐地面剪除结果母枝；其次是休眠期修剪，在入冬埋土防寒前，对基生枝进行梢部短截，华北地区一般在10月中旬进行，短截时从地面起保留1.3~1.8m长的枝条为宜，剪后用绳将枝条捆起并防寒，防止植株分散、倒伏、相互摩擦损伤表皮。

5. 肥水管理

树莓生长快，需肥量大，应加强肥水管理。

基肥以农家肥为主，第一次在4月中旬至5月上旬树莓上架后施入，第二次早秋时施入，距植株基部40~60cm，挖坑或开沟施肥，一般亩施优质土杂肥4~5t。追肥一般分三个时期进行，第一次追肥在开花后至幼果形成期（6月中旬至7月初），以氮肥为主，以促进基生枝的生长和果实膨大；第二次追肥在基生枝第二次旺盛生长期（7月下旬至8月中旬），此期以磷、钾肥为主，以利于基生枝后期生长更加充实；第三次追肥应结合早秋施基肥一同施入。

灌水可结合施肥进行。在果实膨大到成熟期要加大浇水量，此期气温高，应在早晚灌水。越冬埋土防寒前灌封冻水。

6. 中耕除草

4月中旬至5月上旬进行第一次中耕，深度以10~12cm为宜，铲除地上杂草，以减少土壤水分消耗；第二次于5月下旬至6月中旬进行，深度20cm左右，将地下部分蘖根切断，减少养分消耗；6月中旬至下旬如天气干旱，可结合灌水进行第三次浅松土，深度10cm左右，以利保墒。

果实采收后如果土壤板结，再进行两次中耕，深度10~15cm，以保证根系正常生长发育。

7. 采收

树莓果实的成熟期不一，采收可分期进行。

采收时，果盒容量不要过大，避免果实相互挤压破碎，一般每隔一天采收一次。采后的果实应放在阴凉处，避免阳光照射。

8. 越冬防寒

树莓地上部枝条在冬季易失水而枯死，北方地区必须埋土防寒越冬。

通常在白天化冻，夜晚上冻时进行。先将树莓沿行向顺直压倒，并对其进行捆绑，每株基生枝压倒前先在其基部弯曲处堆好枕土，防止压倒及埋土负重后基部折断。埋土时先在基生枝两侧培土，要边培土边拍实，应在距植株1m处取土，以免伤根。

翌年春再撤土解捆，将母枝上架固定。

【复习思考题】

（1）树莓如何进行越冬防寒？

（2）树莓栽植时怎样确定株行距？

任务六 柿

【学习目标】

了解柿栽培的主要品种，掌握柿的优质栽培技术，具备周年综合生产管理能力。

【相关知识】

柿原产于我国长江流域。抗逆性强，适应性广，耐瘠薄、干旱和粗放管理；对土壤要求不严，无论平地、坡地或盐碱不过重的滩涂地，都能良好生长结果。果实除供鲜销外，多加工制成柿饼，运销国内外，也可制成柿子汁、柿蜜等加工品。

（一）柿树主要品种

柿属于柿树科柿属植物。栽培柿通常分为甜柿和涩柿两大类，甜柿在较高气温下能在树上自然脱涩，涩柿采下后一般需经处理才能脱涩。

生产上常见栽培的甜柿品种有伊豆、一木系次郎、松本早生、次郎和富有等几种，栽培的涩柿品种主要有磨盘柿、铜盆柿、灯笼柿、牛心柿、扁花柿、高脚方柿、大方柿、小方柿等。

（二）柿树优质生产栽培技术

1. 苗木繁殖

柿苗主要采用嫁接繁殖，常用砧木有君迁子（又称黑枣）、野柿和油柿。嫁接可采用枝接或芽接，枝接多在春季接穗芽开始露青时进行，这时砧木已萌芽；芽接掌握在当年8月中旬至9月上旬或次年花期，花期芽接多采用方块芽接法。

2. 苗木定植

柿树秋栽或春栽都可以，但以秋栽为好。由于柿根内含单宁物质较多，一旦伤根后愈合困难，所以起苗时要避免少伤根系，同时贮苗、运苗期间要注意保湿、保温。

栽植株行距依品种而异。一般涩柿品种树冠高大，株行距以5~7m为宜；甜柿品种树冠较小，株行距可缩小到4~6m；无明显中心干的矮生品种（小方柿），可掌握3.5~4m的间距密植。

3. 整形

一般涩柿品种生长势强，中心干明显，宜采用疏散分层形树形；甜柿品种宜采用自然开心形或延迟开心形的树形；对干性更弱、树姿开张的品种还可采用自然圆头形的树形。

4. 肥水管理

柿树需肥量较大，施基肥需占全年总施肥量的60%~80%，追肥在新梢停长后至开花前及果实迅速膨大时分两次施入。

柿根吸水能力较弱，土壤宜经常保持一定的湿度。花果发育期如遇长期干旱或土壤忽干忽湿，均会加剧生理落果。干旱时要适当灌水，加强保墒。

5. 果实管理

柿树贮藏养分不足容易引起落果，除加强肥水管理、防止叶片早落外，可在花期进行环剥减轻落果；有些品种单性结实能力差引起落果，可在花期喷布250~500mg / L的赤霉素溶液减轻落果。

6. 采收、脱涩和加工

供软柿鲜食的，在果皮由黄转红时采收；供脆柿鲜食的，在果皮转黄时略早采收；供制饼用的则在果皮稍转红色而肉质未软化前采收，这样削皮容易，制饼率高，制的柿饼质量也好；供贮藏用的柿果应提前在果面绿色消褪而肉质硬脆时采收。

涩柿刚采下时，果实内含有多量可溶性单宁物质，涩味很重，不能食用，需经人工脱涩处理后才能销售。脆柿脱涩多用40~50℃的温水或1:10的石灰水在缸内浸没柿果，然后密封缸口，加以保温，经1~3d即能脱涩。

柿成熟期气温尚高，不适于长期贮藏，如选用带硅窗的聚乙烯袋贮放，同时放入0.6mg的仲丁胺防腐，保持室温10~12℃，则可贮藏50多天，柿子风味正常。为延缓柿果脱涩后的软化，可在采收前3d对树冠喷布200mg / L的赤霉素溶液；或用柿鲜工药剂进行浸果处理，晾干后密封。

【复习思考题】

（1）柿树的主要品种。

（2）如何确定柿树的采收时期？

任务七 枣

【学习目标】

了解枣栽培的主要品种，掌握枣的优质栽培技术，具备周年综合生产管理能力。

【相关知识】

枣原产于我国，至今已有3000年的栽培历史。枣营养丰富，自古以来就被列为“五果”（桃、李、莓、杏、枣）之一，维生素含量高，有“天然维生素丸”的美誉。

我国以华北、西北为主要产区。

（一）枣主要品种

我国现有各种枣品种500多个。根据枣的用途，可将枣分为鲜食枣、制干枣和加工枣三类。按果实形状和大小，分为大枣和小枣两类，大枣平均单果重8g以上，小枣5g左右。

1. 金丝小枣

分布在河北、山东及津京地区，主要用途是制成红枣，也可鲜食，成熟期在9月下旬。该品种树势较弱，丰产稳产，果实类型有20余种，平均果重4.7g。果实皮薄、肉厚、色鲜红，光亮美观；肉质细脆，汁中多，味极甜，核细小，干制率60%，鲜枣可溶性固形物含量30%~38%，过熟的枣果，掰开时拉有黄丝，故名金丝小枣；干制红枣含糖74%~80%。

该品种果实耐贮运；喜肥沃黏土、壤土，耐瘠性较差；抗盐碱力强，适宜盐碱地发展；是目前品质最好的红枣品种。

2. 赞皇大枣

主产河北赞皇，为当地主栽品种，在赞皇已有400多年栽培历史。果实长圆形或倒卵形，平均果重17.3g，最大果重29g，大小整齐；果皮深红褐色，光泽较差，韧性好，不裂果；果肉近白色，致密质细，汁液中等，味甜略酸，含可溶性固形物30.5%，可食率96.0%，制干率47.8%；鲜食风味中上，干制红枣果形饱满，有弹性，耐贮运，品质上等；9月下旬成熟采收，果实生育期100d左右。

3. 灵宝大枣

主产于河南灵宝、陕县、新安和山西平陆等地。果实大，扁圆形，平均果重22.3g，最大果重34g，大小较均匀，果肩广圆，略宽于果顶；果面平整，果皮中等厚，紫红色或深红色；果肉厚，绿白色，质地致密，较硬，汁液少，味甜略酸，含可溶性固形物32.4%，总糖23%，可食率96.7%~97.7%，出干率58%左右，制干品质中上；干枣含总糖70.2%，皮较脆，易裂，肉质松软，不耐压挤和贮运；果核较小，含仁率70%左右；9月中旬采收，果实生育期110d左右。

4. 冬枣

分布在河北、山东及津京地区，为鲜食晚熟品种。果实圆形或扁圆形，平均果重13g；果实皮薄、肉厚、色鲜红，光亮美观；果实肉质细脆，汁多，味极甜，核较大；鲜枣可溶性固形物含量30%~38%，品质上等。

该品种果实耐贮运；喜肥沃黏土、壤土，耐瘠性较差；抗盐碱力强，适宜盐碱地发展；树势较弱，成熟期在10月上中旬。

5. 梨枣

原产山西临猗。果实特大，梨形，纵径4.1~4.9cm，横径3.5~4.6cm，单果平均重31.6g，最大单果重80g；果面不平，皮薄，淡红色；果肉厚，绿白色，质地松脆，汁液中多，味甜；鲜枣含糖量22.75%，含酸量0.368%，含维生素C292.5mg / 100g；核中大，长纺锤形，可食率达97%，品质上等，是优良的鲜食品种。

其他的品种有敦煌大枣、临泽小枣、长红枣、南票大枣等。

（二）枣优质丰产栽培技术

1. 园地选择

枣对土壤、地势要求不严。但是为了保证产量和品质，尽可能选择肥沃的土壤和背风向阳的坡面栽植。

2. 苗木繁殖

枣多用嫁接法或分株法繁殖，北方枣区的传统繁殖方法是根蘖繁殖。

嫁接时砧木用本砧或酸枣，接穗用1~2年生枣头上的二次枝，嫁接方法，一般可用芽接、切接、腹接和皮下接。酸枣接大枣，容易愈合，成活率高，能增强耐寒和耐瘠薄的能力。

根蘖繁殖一般选高产、稳产、优质的植株为母树，直接刨取根蘖苗。此外，有些品种也可用实生繁殖，如山西的相枣、板枣，核内多有饱满的种仁，可用于播种。

3. 栽植技术

（1）栽植时间　枣树栽植时期可在春、夏、秋三季，以春季栽植最好。

（2）株行距　单独枣园株距3~5m，行距4~6m。枣粮间作，行距8~10m，株距3~4m。

（3）栽植方法　栽植穴深宽约30~50cm，根蘖苗和砧木苗可适当深栽，以根群埋入地下20cm左右为宜；嫁接苗可以接口露出地表为准。枣苗栽植后，有时会发生直到第二年春季才萌芽生长的“假死”现象，这一般是由起苗时伤根过多、运输过程中受旱造成的。

4. 土肥水管理

枣树虽对土壤的适应性很强，但要早结丰产优质，仍需有良好的肥水条件。枣萌芽迟而落叶早，生长期短，施肥以采后施用肥效长的基肥为主，追肥为辅。

5. 花果管理

枣为虫媒花。花量大而着果率低，除自身原因外，与授粉受精、花期天气及树体营养有关。改善授粉受精条件主要是花期放蜂，如花期天气严重干旱，可在傍晚对树冠喷清水，以促进花粉发芽。此外，花期喷布0.2%~0.3%的硼砂溶液，能提高着果率；喷10~15mg / L的赤霉素溶液，对小枣类、长枣类的品种的效果尤好。

花期主干环剥可以加强树体营养，减少落花落果，环剥宽度约0.3~0.5cm，以剥口在30~40d内能愈合为度，落花重的品种宜在盛花初期进行。

6. 整形修剪

枣树喜光，冠内光照强弱对枝组的结果能力和寿命有很大影响。疏散分层形内膛光照较好，是枣的一种丰产树形。

疏散分层形全树有主枝7~9个，分三四层着生在中心干上，每层主枝数可比苹果树稍多。第一层主枝3~4个，以上各层2~3个，第一、二层层间距保持100~120cm，以上各层可稍小，为60~80cm。

此外，土壤肥沃、干性强的品种还可采用主干形树形。这种树形全树有主枝6~8个，以50~70cm的间距上下错落排列在中心干上，不分层，必要时，各主枝上可再分生副主枝（侧枝），以填补空间。

干性弱而土壤较贫瘠的可采用自然开心形树形。这种树形与桃相似，树干上部着生3~4个主枝，分枝角保持30°~40°，然后在主枝的外侧方再培养1~2个副主枝（侧枝）。

7. 采收、干制和贮藏

枣果成熟过程按皮色和质地的变化，可分成白熟期、脆熟期和完熟期三个阶段。枣果在白熟期已充分长大，肉质较松软，皮薄，糖煮后皮肉不易分离，是加工蜜枣用的果实采收适期；脆熟期果皮已渐转红，此期枣果质脆、糖高、汁多，是鲜食用枣的采收适期，加工南枣和乌枣则要求在全红脆熟期采收；完熟期的枣果色泽深艳，含糖量达到最高，肉质由内向外逐渐变软，含水率降低，是干制红枣的采收适期。

枣果采收后，鲜枣需在−15℃条件下经过速冻才宜进一步冷藏保鲜。民间一般多经干制或加工后进行贮藏。干制通常采用晒干法，选平坦、干燥通风处设置晒场，将枣果摊放于席箔上，厚10cm左右，暴晒10~15d，每天翻动数次，至枣果含水量降至28%以下，手握不发软时即可收藏；如果天气不好，也可用烤房烤制红枣。

红枣中有较高的含糖量，较易吸湿，贮藏时需选冷凉干燥的房屋，缸藏、囤藏均可。此外，用聚氯乙烯薄膜小包装，每袋10~25kg，贮放于阴凉处，也有较好的效果。

【复习思考题】

（1）简述枣的主要品种。

（2）枣的主要加工方式有哪些？

任务八　山　楂

【学习目标】

了解山楂栽培的主要品种，掌握山楂的优质栽培技术，具备周年综合生产管理能力。

【相关知识】

山楂又称红果或山里红，是我国特产的一种果树。北方栽培较多，其中山东、河北栽培的品种果实较大，不耐贮藏；辽宁、吉林栽培的品种果实较小，但耐贮藏。山楂果实营养丰富，特别是铁、钙等矿物质和胡萝卜素、维生素C的含量很高。山楂的药用价值非常广泛，具有散淤、消积、化痰、解毒、开胃、收敛等多种效能，已制成山楂丸、健脾丸、保和丸等十几种传统中成药，山楂还有降压、强心、扩张血管以及降低胆固醇的作用。

（一）山楂的主要品种

山楂品种不多，多数为晚熟品种，以山东、河北、辽宁、吉林等老产区资源最为丰富。主要品种有以下几种。

1. 辽红

辽宁省农业科学院果树所在辽阳市选育。果实圆形，平均单果重7.9g；果皮深红色，果点中多、黄褐色；果肉红或紫红，肉质细密，味微酸有香气；果实10月上旬成熟。该品种适于鲜食和加工，耐贮藏，抗寒力较强，结果早，丰产稳产。

2. 叶赫

中国农业科学院特产研究所选育。树势中庸，树姿较开张；果实近圆形，果肩部略粗，平均单果重6.2g；果皮深红色，果点黄白色、大而多，较粗糙无光泽；果肉粉白或粉红，较厚，肉质较硬，品质中等；10月上旬果实成熟。该品种抗寒性强，丰产、稳产，东北各地区均可栽培。

3. 秋金星（又名大金星）

辽宁地方品种，属于大山里红类型。树势较强，树姿开张；果实近圆形，平均单果重5.60g；果皮深红色，光亮，果点大、黄白色、显著，故称大金星；果肉粉红至鲜红色，果肉细密，甜酸，稍有香气，品质上等，较耐贮藏；9月中下旬果实成熟。该品种是鲜食、加工兼用的中熟优良品种，自花结实率高，较丰产、抗寒，东北各地区均可栽培。

4. 集安紫肉

吉林农业大学等单位育成。树势中庸，树姿较开张；果实近圆形，果肩部略大，平均单果重7.2g；果皮鲜紫红色，有光泽，果点小、黄褐色；果肉较厚，深红或紫红色，肉质细密，味甜酸，品质上等；10月上中旬果实成熟，耐贮藏。该品种适于鲜食和加工，丰产，较抗寒，可在辽宁大部和吉林小气候好的地区试栽。

5. 大旺

中国农业科学院特产研究所育成。树势强健，树姿半开张；果实阔卵圆形，平均单果重6.2g以上；果皮深红色，果点黄褐色、较稀；果肉粉白至粉红，肉质松软，品质中上；9月下旬果实成熟。该品种适于鲜食和加工，抗寒性极强，–41℃无冻害，丰产性中等，东北各地区均可栽培。

6. 西丰红

辽宁省农业科学院园艺所在铁岭市选育。果实圆形，平均单果重7.60g；果皮深红色，果点中多、黄褐色；果肉深红色，肉质细密，味微酸有香气，制汁色泽鲜艳，风味浓郁。该品种果实极耐贮藏，抗寒性强，结果早，丰产稳产，适应性广，果实10月上旬成熟，适于鲜食和加工。

7. 磨盘

辽宁省抚顺市地方品种。树势较强，树姿半开张；果实扁圆形，平均单果重8.60g；果皮鲜红，果面光滑；果肉绿白或粉白，肉质细密，略有苦味，品质较差，加工性能较好；5月下旬开花，10月上旬果实成熟。该品种抗寒性强，丰产、稳产。

（二）山楂优质生产栽培技术

1. 苗木繁殖

山楂苗木多用嫁接法繁殖，砧木用野山楂或栽培品种都可以。山楂种仁外的核壳骨化，通气和吸水困难，用常规方法层积，播种后发芽率极低，所以应先破壳，破壳后用100mg / L的赤霉素处理后再沙藏。

软籽山楂作砧木有矮化作用，种子层积时间2个月即可，是有发展前途的砧木品种。

2. 栽植

（1）栽植时间　山楂新根在春季发生较早，苗木以秋植为宜。

（2）株行距　株行距在土质瘠薄处为3~4m，在土质肥沃、地势平坦处可为4~5m。

（3）授粉树配置　栽植时宜2~3个品种分行混栽，以提高坐果率。

3. 整形修剪

根据山楂的生长特性，一般采用疏散分层形、多主枝自然圆头形或自然开心形的树形进行整形。因为山楂树干性较弱，容易发生偏干、偏冠现象，整形中可利用剪口芽的剪留方向或更换中心干的延长枝加以控制调整，当中心干严重倾斜不易培养时，也可顺应其长势除去中心干，改成自然开心形树形。采用多主枝自然圆头形整形时，可根据枝条的自然长势，使主枝间保持30cm左右的间隔适当疏散排列，并向四外伸展，全树共培育6~7个主枝。

盛果期的山楂树，要对连续结果数年的结果母枝轮流回缩复壮，防止结果部位外移，稳定产量。对结果多年而下垂的枝群应在3~5年生枝段上较重回缩。

4. 土肥水管理

秋季基肥应在早秋施用。生长季追肥可在发芽展叶、开花坐果及果实膨大等几个时期施用，春季花期追肥和叶面喷硼（用0.5%硼酸溶液）能显著提高坐果率和促进新梢生长，大年树则应加强后期（8~9月）追肥，促进花芽分化。

遇有旱情引起落果时，应进行灌溉或松土覆草，减轻旱情。

5. 花果管理

树势衰弱、授粉受精不良、土壤干旱、光照不足等会造成落花落果，可针对不同情况采取相应措施。

对因授粉受精不良引起的落果或花而不实时，可在初花期到盛花期喷布50mg / L的赤霉素溶液，重点喷布花簇，能提高坐果率1~2倍以上，并使果实提前着色成熟。

6. 采收、贮藏和加工

山楂果实后期增重较快，不宜早采，以免影响果实产量、品质和耐贮性。9~10月间果实皮色显露，果点明显时即可采收。果实采收后，在空气畅通处堆放几天，上覆草苫，使其散热，然后包装贮运。

贮藏山楂应选耐藏品种适期采收。北方多用窖藏法，在天气转冷后入窖；民间少量贮藏时多用水缸等容器，将山楂与细沙混放，然后封口，并保持一定湿度，容器置阴凉处，保持较低的温度，贮藏期间进行1~2次检查，剔除变褐腐烂的果实。

山楂的加工制品很多，如山楂片、山楂糕、山楂卷等。

【复习思考题】

（1）山楂苗木繁殖方法有哪些？

（2）山楂的贮藏方法有哪些？

任务九　榛　子

【学习目标】

了解榛子的主要品种和栽培价值，掌握榛子的苗木繁殖方法、主要栽培管理技术和整形方法，学习榛子的采收、加工、贮藏技术。

【相关知识】

棒子是我国北方重要的干果食品，由于它的独特风味和营养而深受广大的喜爱。榛树栽培在欧洲地中海沿岸已有1000多年的历史，主要栽培欧洲榛子，其产量高、坚果大、风味佳，为国际贸易市场的四大坚果之一。我国主要栽培利用野生榛子（主要是平榛），其坚果小、产量低。随着我国果树产业的发展，目前已经引入国外的欧洲榛子，通过杂交育种培育出了抗寒、丰产、质优的榛子新品种，为我国榛子生产从野生状态走向人工栽培奠定了良好的基础。

（一）主要种类和品种

我国榛树目前榛子的栽培品种分为三个类别，即杂交榛子、欧洲榛子和平榛。

1. 杂交榛子

由辽宁省经济林研究所用东北原产的平榛与由意大利引进的欧洲榛子进行种间远缘杂交育种而培育的新类型榛子品种。其主要特点是果实大、色泽美观、果壳较薄、出仁率较高、果仁光洁饱满，风味佳、产量较高、抗寒力强，大多数品系可以在北纬42° 以南地区安全越冬。适于沈阳以南地区栽培。主要品种有：

（1）平顶黄（80–43） 树冠中大、开张。坚果大，平均果重2.4g；扁圆形，黄褐色，具纵条纹，美观；出仁率41%，果仁光洁。8年生平均株产1.6kg。在沈阳越冬基本正常，个别年份有抽梢现象，对产量无影响。

（2）薄壳红（82–4） 树冠大、开张。坚果中，平均果重2.1 g；坚果长圆形，红褐色；出仁率45.9%，果仁光洁、丰产。8年生平均株产1.85kg。在沈阳越冬基本正常，个别年份有抽梢现象，对产量无影响。

（3）魁香（82–8） 树势强壮、树冠较直立，丰产。坚果大，平均果重2.3g；果实长圆形，暗红色，美观；果厚度1.46mm，出仁率43%，果仁极光洁。8年生平均株产1.3kg，抗寒力稍差，适合在年平均9℃以上地区栽培。

（4）达维（84–254） 树冠中型，半开张，直立。坚果大，平均果重2.5g；果实长圆形，整齐，红褐色，美观；果皮厚度1.54mm，出仁率达44%。8年生平均株产1.6kg，在沈阳越冬基本正常。

（5）金铃（84–263） 树势中庸，树冠直立。坚果中型，平均果重2.2g；果实圆形，金黄色，美观；果壳薄为1.38mm，出仁率40%，果仁较光洁。8年生平均株产1.1kg。

2. 欧洲榛子

榛属植物的栽培树种，在世界上分布广泛，栽培历史悠久。特别是在欧洲地中海沿岸国家已栽培，其产量占世界总产量的80%以上，成为四大坚果之一。我国培育的欧洲榛子优良品系有：

（1）连丰（11–8）该品系树冠大、开张，树势强壮，雌花形成能力强，坐果率高；耐寒性较强。平均果重2.6g；坚果长圆形，红色；果壳厚度1.2~1.3mm，出仁率43.2%。缺点是肥水不足时，果仁不十分饱满。

（2）意丰(15–5）树冠小、较直立，生长势中庸。坚果大，平均单果重2.5g；坚果长圆锥形，具纵条纹，金黄色，美观；果壳平均厚1.3mm，出仁率45.2%；果仁光洁，风味佳。本品系适于密植栽培，穗状结实，年年丰产。

3. 平榛

我国东北原产的榛树，抗寒，适应性强，可以在我国东北地区栽培。主要品种有：

（1）永陵平榛（C–80–15）来源于野生平榛选优。坚果圆形、黄色、整齐美观；平均单果重1.7g，果仁饱满光洁，出仁率38%。坚果一般在8月下旬成熟。该品系抗寒性强，可以在辽北地区栽培。

（2）旺兴平榛（G–80–0452）来源于野生平榛选优。坚果中小型，单果重1.6g；黄色、整齐；出仁率37%，果仁饱满。抗寒、丰产。

（3）长果平榛（D–80–105）来源于野生平榛选优。坚果较大，平均单果重1.8g；坚果长圆形、黄色；果皮厚度1.5mm，出仁率35.4%。该品系树势强壮、抗寒、丰产，是平榛中的大果类型的优良品种。

（二）榛子优质栽培技术

1. 实生苗木繁育

平榛种子繁殖获得实生苗，可直接用于生产或作为栽培榛树的砧木。播种平榛要选择个大、种仁饱满、无病虫害的种子，其发芽力可保持一年。

2. 压条苗繁殖

适于杂交榛子、欧洲榛子育苗。

直立压条是于冬季或早春靠地面将榛丛母株的地上部分剪去，待生长出许多新的基生枝（新梢）时，再适当疏除过密的基生枝，当新梢生长60~80cm时，于其基部环割并培土（现在多利用湿锯末等材料），厚度达30cm，并保持土壤湿润，促其生根。待秋季落叶时于基部剪断，即可形成独立的苗木。

3. 分株繁殖

分株繁殖在秋季榛树落叶后和春季萌芽前进行。适于杂交榛子、欧洲榛子育苗。

4. 嫁接繁殖

无论欧洲榛子或者杂交榛子的砧木，均可选用本砧，亦可选用平榛的实生苗。由于平榛实生苗容易繁殖，适应性强，所以目前多采用平榛实生苗作砧木。

砧木宜选1~2年生实生苗。一般室内嫁接砧木基径以0.5~1.0cm为宜；露地嫁接砧木应略粗些，以0.7~1.5cm为宜。否则，砧木过细过粗均不易成活。

5. 榛树对环境条件的要求

（1）栽培榛树对温度的要求　榛子的越冬能力和湿度密切相关，冬季湿度大可以明显提高越冬能力。

①平榛　是东北原产种，抗寒性最强，可在冬季-40℃的低温条件下越冬。

②杂交榛子　适宜在温带和暖温带地区生长。具体来说，从辽宁沈阳以南一直到黄河流域均可栽培，适宜年平均气温为7~13℃，最冷月份（一月）平均气温约在-30℃以上。有些抗寒的杂交榛子品系可以在辽北地区栽培。

③欧洲榛子　属于亚热带树种，喜温暖湿润的气候，特别是冬季要求温暖湿润。欧榛的适宜年平均气温为13~15℃，极端最低气温-10℃以上，极端最高温度在38℃以下。夏季气候凉爽湿润则有利于榛树生长发育。

（2）水分和湿度　榛树喜湿润的气候和土壤条件。榛树的雄花序是裸露的，叶芽和花芽的鳞片少而松散，因此要求在休眠期（冬、春季节）的空气湿度较高，一般杂交榛子在休眠期空气相对湿度达到60%以上即可，欧洲榛子则需在65%~70%以上才能安全越冬。因此，欧洲榛子栽培应选择具有较大水面的地区，如在临海、湖泊、江河或大水库附近栽培更为适宜。

（3）光照　榛树是喜光植物，充足的光照能促进其生长发育和结实。如果枝叶郁闭、光照不足的榛园，榛树枝条生长细弱、雌花花芽分化少、产量低。一般日照时数在2100h以上，则可以满足榛树对光照的要求。

（4）土壤　榛树喜肥沃的沙壤土，特别是腐殖质含量高的土壤适宜榛树生长。一般杂交榛子要求土壤中性和微酸性，但在微碱性的土壤上也可正常的生长发育和结实；欧洲榛子则要pH5.5~7.0的酸性-中性土壤。

（5）地势　榛树对地势要求不十分严格，一般在我国北方地区以海拔750m以下栽培，在南方地区以海拔1000m以下栽培榛子均可。丘陵地的中下部缓坡地带栽植榛树，有利于生长发育；坡度过陡（15°以上），则不利于榛园的管理和采收。

6. 栽植密度及方式

目前栽培平榛以等高带状栽培为好，适宜密度在1~2年时23~30株/m^2，3~4年时15~20株/m^2。

杂交榛子的丛性与欧榛相似，因而采用少干丛状形整形，采用长方形、正方形、三角形配置均可。栽植密度为株距2.5~4m，行距3~5m。在栽植方式上各地要因地制宜。采用长方形和三角形栽植有利于通风透光，便于管理。

7. 生长结果特点

欧榛和杂交榛是落叶灌木或小乔木，自然生长为丛状。其栽培植株的高度为2.5~4m，无性繁殖植株3~4年生开始结果，8~10年生进入盛果期，其株丛寿命可达几十年甚至上百年。

平榛生长结果3~4年之后，结果量明显减少，在生产中采用冬季平茬处理的方法进行更新。也可以隔行交替更新以保持每年的产量。

【复习思考题】

榛子繁育苗木的方法有哪些?

任务十　无　花　果

【学习目标】

了解无花果的主要品种和栽培价值，掌握无花果的苗木繁殖方法、主要栽培管理技术和整形方法，学习采收、加工、贮藏技术。

【相关知识】

无花果原产阿拉伯南部，后传入叙利亚、土耳其等地，目前地中海沿岸诸国栽培最盛。无花果是人类最早栽培的果树树种之一，从公元前3000年左右至今已有近5000年的栽培历史，西汉时引入中国，目前在新疆地区栽培最多，长江流域、陕西和华北沿海地带栽植也较多，北京以南的内陆地区仅见有零星栽培，寒冷地区栽培以温室和盆栽为主。

（一）主要优良品种

无花果属于桑科，榕属，落叶乔木或灌木。作为果树栽培的仅有普通型无花果一种。

1. 新疆早黄

新疆早黄是新疆南部特有品种，为夏秋果兼用品种。秋果扁圆形，单果重50~70g；果成熟时黄色，果顶不开裂；果肉草莓红色，可溶性固形物含量15%~17%，风味浓甜，品质上等。在原产地新疆阿图什，夏果7月上旬始熟，秋果8月中下旬成熟。该品种果中大，品质好，丰产，鲜食加工均佳。

2. 麦司依陶芬

原产美国加州，果实8月下旬成熟。果较大，倒圆锥形，最大达175g，一般在70~100g；果颈短，果实纵线明显，色浓；果皮薄，紫褐色；果肉桃红色，肉质粗，水分多，甜味及香气少，可溶性固形物含量10%~15%，品质中等；宜鲜食，也可加工。

该品种树势强壮，树形开张、呈杯状，结果多，适合在许多地区和保护地栽培。

3. 布兰瑞克

原产法国。该品种夏果少，以秋果为主。夏果呈长倒圆锥形，成熟时绿黄色，单果大者可达100~140g。秋果倒圆锥形或倒卵形，一般单果重40~60g；成熟时果皮绿黄色，果顶不开裂；果实中空，果肉淡粉红色，可溶性固形物16%以上，风味香甜，品质上等。夏果成熟期一般为7月上中旬，秋果成熟期8月中下旬，果实生育天数约70d，供应期约60d。

该品种耐盐力强，在含盐量0.3%~0.4%的土壤上生长结果正常；耐寒力很强，黄河以南地区栽培皆可露地越冬。该品种果实大小适中，品质良好，不仅可供鲜食，加工适性也很广。适宜制果脯、蜜饯、罐头、果酱、饮料。适应性强，较丰产，是目前国内重点推广的优良品种之一。

4. 波姬红

原产美国。单果重80~100g；果面光滑美观，浅紫色；含糖量高，味甜，汁多，品质极佳。该品种树势中庸，健壮，分枝力强，树势半张开，新梢年生长量可达2.5m，叶色浓绿；耐贮，宜鲜食，耐寒较强，丰产性好。

5. 金傲芬

原产美国。单果重100~200g；果面光滑，金黄色，十分美观；含糖量高，耐贮、丰产、耐寒，品质极上。该品种树冠大，自然圆头形，树势旺，枝条粗壮直立，分枝少幼嫩枝黄绿色较脆，多年生枝条灰褐色，叶片较大，是鲜食大果优良品种。

6. 日本紫果

原产日本。单果重100~180g；成熟果深紫色，果肉鲜艳红色，味甘甜，品质极上。该品种树势强旺，分枝力强，一年生枝条基部灰绿色，上部绿色，多年生枝条青灰色；叶片大而厚，亮紫色，极为艳丽美观；丰产性好，抗寒性强，耐旱耐涝，是鲜食加工兼用优良品种。

（二）无花果优质栽培技术

1. 生长结果习性

属于亚热带落叶灌木或乔木，高达12m，有乳汁。一般栽后2~3年开始结果，6~7年进入盛果期，经济年限为40~70年，寿命可达百年以上。

（1）根　无花果的根为茎源根系，无主根，根系分布浅。根为肉质根，白色或褐色。抗旱力强。在10℃开始生长，20~26℃时进入生长高峰，8℃以下停止生长。

（2）枝叶和芽　无花果生长势强，枝条有多次生长习性，年生长可长达2m。枝条开张角度大，萌芽力和成枝力弱。

叶片为倒卵形或圆形，掌状单叶，5~7裂，互生、革质。叶面粗糙，背面有短毛。

树皮灰褐色，平滑或不规则纵裂。小枝粗壮，托叶包被幼芽，托叶脱落后在枝上留有极为明显的环状托叶痕。

无花果一年生枝上的顶芽饱满，中上部的芽次之，基部多为瘪芽而成为潜伏芽。潜伏芽的寿命可达数十年，骨干枝上容易形成大量的不定芽，所以树冠容易更新。

无花果在春季气温15℃以上时开始萌芽，22~28℃时新梢生长旺盛。萌芽后，新梢从基部3~4节起，在每一个叶腋内形成1~3个芽，中间圆锥形的小芽为叶芽，两侧圆而大的芽为花芽，花芽抽生隐头花序。

（3）花与果实　无花果为隐头花序，花托肥大，多汁中空，顶端有孔，孔口是空气和昆虫进出的通道。在花托内壁密生小花，有1500~2800朵，当果实形成20d左右时开花。普通型无花果的花托内只有雌花，但无受精能力，不经授粉受精即可膨大为聚合果。花期4~5月，无花果自6月中旬至10月均可成花结果。

根据果实的成熟期可分为春果、夏果和秋果。无花果的果实一般从下向上逐个成熟，下一节位的果实成熟后，临近的上节位果实才能成熟。

2. 对环境的要求

（1）温度　无花果栽培容易，适应性广，对环境条件要求不严，凡年平均气温在13℃以上、冬季最低气温在-20℃以上、年降水量在400~2000mm的地区均能正常生长挂果。基本以山东、河南、陕西、甘肃、宁夏为进行无花果露地栽培的北限，北京以北地区栽培无花果必须采用温室、大棚等设施，否则无法露地越冬。大体说来，我国北至黄河流域，南至广东、海南、云南的广大地区均是我国无花果栽培的适宜生态区。

（2）光照　无花果是喜光树种，在良好的光照条件下，树体健壮，花芽饱满，坐果率高，果枝寿命长，果实含糖量高。园地尽量选择光照较好的阳坡或平坝地区。

（3）土壤　无花果对土壤要求不严，在典型的灰壤土、多石灰的沙质土、潮湿的亚热带酸性红壤以及冲积性黏壤土上都能正常生长。它抗盐碱能力强，在盐碱地上也能良好地生长结果。

（4）水分　无花果发源于西亚干旱地带，对水分条件要求不太严格，较抗旱。无花果不耐涝，建园宜选择地势高爽的山坡或排水通畅的平坝建园。

3. 繁育技术

栽培上以扦插繁育为主，也可播种或压条繁育。生产上普遍采用硬枝扦插育苗，当春季气温达15℃以上时进行扦插，间距30~40cm，出苗后仅保留一个新梢，当年可成苗。

4. 建园技术

鲜食无花果宜建立在城市附近、交通便利的地区，选园应注意防风和防止水涝，露地栽培的密度以（2~3）m ×（3~4）m为宜。

5. 整形修剪技术

由于无花果树冠主枝直立，分枝角度大，喜光，整形修剪以三主枝开心形为好。

整形方法是定植后留60cm定干，培养3~4个强壮主枝。当新梢长到40~50cm

时摘心，促进发枝，每个主枝上培养2~3个侧枝，第二年春对主枝的延长枝中短截，促进萌发健壮枝，一般在三年可以成型。

无花果发枝力较弱，修剪程度应轻；对较长的枝条，可以用摘心的方法进行控制。

6. 各时期管理技术

（1）休眠期　进行整形修剪，培养树形。萌芽前，全园喷一次4Be石硫合剂，灌一次萌芽水。

（2）萌芽和新梢生长期　萌芽后抹芽定梢，保留健壮的枝条，使枝条间距在20~25cm；加强肥水管理，N：P：K＝0.86：1：0.77。追肥以农家肥为好。

（3）果实发育期　追施叶面肥；可以利用摘心、摘老叶的方法，保持通风透光。

（4）采收和落叶期　适时采收成熟的果实，采收后及时施基肥。落叶后灌封冻水。

【复习思考题】

无花果栽培怎样进行修剪？

模块四　果树设施生产

项目一　果树设施生产基础

通过学习掌握果树设施生产的概念、类型、作用，掌握设施果树生长发育规律、生产关键技术（尤其是与露地生产的区别）。

【相关知识】

（一）果树设施生产概述

果树生产是农业生产的重要组成部分，对促进农村经济发展和农业结构调整起到重要作用。随着社会不断发展和进步，人民的生活水平得到日益提高，对果品的需求量越来越大，而且要求越来越高。尤其是加入世界贸易组织后，无论是对果品质量、新鲜度，还是果品市场供应期、品种多样化上都提出了更高的要求，果树露地生产已经不能满足这种高消费水平的需要。而果树设施生产正是适应这种需要发展起来的一种现代果树生产技术，使果树生产由被动适应自然环境的露地生产，转为主动创造适宜果树生长发育所需环境的设施生产，人类对果树生产的调控更为主动和高效。

1. 果树设施生产的概念

果树设施生产是指利用温室、塑料大棚或其他设施，改变或控制果树生长发育的环境因子（包括光照、温度、水分、二氧化碳等），并通过实施现代先进的生产技术手段，调控果树生长发育规律，达到特定果树生产目标（促成、延后、防灾、异地、提质等）的新型生产方式。

在设施生产条件下，由于温度、湿度、光照、气体等环境因子的改变，导致果树生长发育规律发生变化，同时也导致果树树体内部生理生化等一系列变化，形成其独特的变化规律。在这种特殊的生产体制下，从果树品种选择、生产模式、整形修剪、树体调控和花果管理、肥水管理、病虫防治到环境调控等一系列技术和露地生产体制下均应有所不同。因此，研究和总结果树设施生产的理论和技术，对促进果树设施生产的发展，不断丰富果树设施生产学的内容具有重要的现实意义。

2. 果树设施生产的类型

根据目前国内外果树设施生产的发展现状和设施生产的目的不同，可将果树设施生产划分为以下五种类型：

（1）半促成生产　利用日光温室、塑料大棚等设施在冬季果树通过自然休眠后，创造适宜果树生长环境条件，促进果树提早萌芽生长，达到果实提早成熟错季上市的目的。这是目前国内外果树设施生产最主要的形式。

（2）促成生产　在人为创造的低温条件下，满足果树自然休眠对低温量的要求，打破果树休眠，自然休眠结束后，提供适宜的生长条件，使果树提早生长发育，实现果实提早成熟上市的目标。其主要的技术特点是利用设施和其他技术手段，使其提前生长，果实提早成熟、提早上市。

（3）延后生产　通过设施生产和其他技术手段，推迟果树的物候期，促使果树延迟生长，果实延迟成熟、延后上市，实现淡季供应。目前这一生产形式已在草莓、桃、葡萄等果树上获得成功，并取得了较高的经济效益。

（4）防灾生产　利用设施保护，避免果树遭受风、雨、雹、霜、冻等自然灾害影响，还能减轻病、虫、鸟危害，从而达到果树丰产稳产、提高果实品质的目的。例如，在雨水较多的地区，樱桃、桃、葡萄等容易出现裂果现象，通过设施和覆盖栽培避雨可以防止裂果，提高果实品质和商品价值。

（5）异地生产　通过利用设施人为调控各种环境因子，创造出适合果树生长发育的环境条件，可以不受地理经纬度和果树自然分布的制约，在不适于果树自然生长的地区进行生产，从而扩大果树的生产区域。例如，木瓜、火龙果、番石榴、杨桃等在北方引种生产，实现了南果北栽，发展前景广阔。

3. 果树设施生产的特点

果树设施生产改变了传统的露地生产形式，与露地生产相比具有以下特点：

（1）多种设施类型　果树设施生产必须选用适宜的设施类型，创造良好的生长发育条件。常用的主要有单栋、连栋日光温室，塑料大、中、小棚。其中落叶果树适合日光温室和塑料大棚生产；草莓可利用日光温室，塑料大、中、小棚配套生产。

（2）人工创造小气候条件　果树设施生产，是在不适宜果树生长季节或区域进行生产。因此，保护设施中的环境条件，如温度、光照、湿度、营养、水分和气体条件等，要靠人工进行创造、调节或控制，以满足果树生长的需要。

（3）高投入高产出　果树设施生产除需要设施设备投资外，还需要加大生产资料和科技投资，人工投入也较露地生产多。同时，果树的产量和销售价格也远远高于露地生产。

（4）要求较高的管理技术　果树设施生产较露地生产要求更严格和复杂的技术，所以要求生产者素质高、知识全面。首先必须了解不同果树不同发育期对环境条件的要求，并掌握保护设施的性能及其变化规律，协调好两者间的关系，从而创造适宜果树生长的环境条件。

（5）果树设施生产区域性较强　果树设施生产应选择冬季晴天多、光照充足，利于果树解除自然休眠的地区发展。还要考虑当地的经济状况、技术实力和市场消费水平，避免盲目性。

4. 果树设施生产的作用

（1）调控果实成熟期，延长鲜果供应期　在果树设施生产条件下，可以人为调控生产环境条件，使果实成熟期提前或延后，供应水果淡季市场；还可使一些果树如草莓四季结果，周年供应。

（2）生产绿色果品　在设施中生产果树，环境条件相对稳定，与外界比较隔绝，一些外界病虫害难以在其内传播蔓延。同时，集约化经营具有投入高、管理细致的特点，使果树生长健壮、抗逆性增强，因而病虫害较露地少而轻。

（3）改善果树生长的生态条件　果树设施生产可以根据果树生长发育需要，调节光照、温度、湿度和气体等环境生态条件，果树的物候期提早，生长期延长，制造的光合产物多，成花一般较好，产量增加。

（4）预防自然灾害，扩大栽植区域　由于设施的保护，果树可免受许多自然灾害的影响和侵袭。例如我国南方，夏季高温、多雨，不利于果实生长，有了设施条件，便可以避雨、防风、遮阳、降温和防病、防虫、防鸟，使难于在南方落户的葡萄、桃、李、樱桃等得以正常生长结果；而在北方，可以防御风、雪、霜、冻和雹等自然灾害，使南果北栽或反季生产。

（5）显著提高果树的经济效益　虽然设施生产成本高，但其目的是以满足淡季水果供应和提高果实品质为目标，因此同露地相比其经济效益高。一般比露地生产增加产值2~10倍以上；并可在外界不适合生产管理的条件下正常进行管理，从而提高劳动效率。

（二）设施果树的生长发育规律

1. 设施果树营养生长规律

（1）设施生产对果树根系的影响　果树在设施生产条件下，由于栽植密度增加、小冠整形和疏松肥沃的表层土壤等原因，促使果树根系分布普遍变浅，尤其是为了控制树冠生长而采取限根措施的更为明显。且主要向行间发展，并明显受到相邻果树根系竞争性的限制，与此相关联，反过来又抑制地上部树冠的发展。

（2）果树设施生产对枝叶生长的影响　果树的枝叶生长除了受树种品种本身的遗传特性和砧木类型制约外，环境条件对其也起着重要的作用。设施生产为果树提供了一个高温、高湿、密封、弱光照的生长环境，对果树枝叶生长产生较大的影响。

2. 设施果树生殖生长规律

果树设施生产对花芽分化的影响：果树在设施生产条件下，开始生长早，落叶晚，生长期加长，枝叶快速多次生长，枝叶量增长迅速；具备良好的营养生长基础，使设施果树比露地生产花芽分化早，结果期提前。

【任务实施】

（一）设施生产树种、品种的选择

选择适宜的优良树种、品种，是确保果树设施生产成功的前提和根本保证。果树设施生产是在人为控制果树生长发育的环境条件下所进行的反季节生产，是一种高度集约化、资金和技术密集型的产业。因此，对树种、品种的选择有着特殊的要求。

1. 依据生产目的和区域特点选择适合的树种

果树设施生产选择的树种成熟期应该早于或晚于当地果树成熟期，同时又要求树种生长快、树体矮小紧凑，花芽形成早而容易，结果早、丰产、优质，易于管理、效益较高。

北方选择较多的树种有葡萄、桃、李、杏、樱桃、草莓；南方果树如柑橘、杨桃、木瓜、台湾青枣、火龙果、菠萝、番石榴、杨桃、香蕉等在北方日光温室也成功引种生产。

南方设施生产发展也较快，树种以草莓、葡萄为主，还有柑橘、枇杷、杨梅、无花果、桃、李、梨、果桑、樱桃等果树，并获得了较高的经济效益。

2. 根据设施生产目的选择“两极”品种

果树设施促成生产的目标是使果实提早成熟上市，因此必须选择极早熟和早熟品种；而延后生产是为了使果实推迟到晚秋和冬季成熟上市，最好在春节前后上市供应，故必须选择极晚熟和晚熟品种。以桃树提早生产为例，其桃果成熟上市时间，原则上应在本地和南方地区露地桃果上市之前，才有明显的反季节优势。

同一品种在不同气候条件下的成熟期有所不同，因而各地选择品种的范围也有差异。河北、河南、山东等地，可选用果实生育期在80d以内的品种，否则将失去“早”的优势；而沈阳地区，桃树较早地进入了休眠期，则可选用果实生育期在100d以内的品种。

3. 选择需冷量低的品种

果树落叶后进入自然休眠状态，只有满足一定的低温量，解除休眠后才能正常萌芽开花。品种的需冷量越低，通过自然休眠的时间就越短，扣膜升温的时间也就可以相应提早，其果实的成熟期比露地生产的果实成熟期提早的时间也就越多。因此，在设施促成生产中，要尽可能选择需冷量低的果树品种；而延后生产则需冷量影响不大。

4. 选择花粉量大、自花结实力强、早实丰产的品种

设施生产的果树缺乏昆虫等传粉媒介，设施内空气湿度又较高，不利于花期授粉受精。因此，要尽可能选择花粉量大、自花授粉坐果率高、结果早、能连

年丰产的优良品种，并应配置好授粉品种。

5. 选择优质鲜食品种

由于设施生产的果品主要用于鲜食，因此，要选择那些果实个大整齐、色泽艳丽诱人、果形端正、果面光洁、含糖量较高、糖酸比适度、耐贮藏运输、商品性强、货架寿命长的适合鲜食优质品种。

6. 选择树体紧凑、矮化，易花、早果的品种

由于设施生产的空间有限，加之光照较弱、湿度较高、通风较差。因此，必须选择树势中庸和树体矮小、紧凑，花芽形成容易，结果早，适合密植生产的品种，以便于树冠控制和管理。

矮化砧的应用与紧凑型品种的选育，是果树设施生产苗木和品种选择的重要目标。

7. 选择适应性强的品种

由于设施内的小气候特点是光照弱、温度高、湿度大，加之采取密植生产方式对土壤条件要求较高。因此，应选择对温、湿、光、气环境条件适应范围较宽，耐弱光、耐高湿，对土壤适应性强，抵抗病虫害能力较强的品种。

（二）设施果树打破休眠技术

1. 果树的需冷量

各种果树解除自然休眠所需求的有效低温时数，称为果树的低温需求量或需冷量。果树完成自然休眠的最有效温度是2~7.2℃左右，而10℃以上或0℃以下的温度对低温需求的积累基本无效。

落叶果树的低温需求量表现为累加效应和记忆效应，当秋天果树临近休眠或进入休眠期后，只要有低于10℃的温度，即使只有数小时或几十分钟，也会被准确地记忆下来，并按物候期的进程累加。通常落叶果树在每年的11月至翌年的1月通过自然休眠，一般认为在0~7.2℃条件下，要求200~1500h的需冷量才能通过。

不同树种、品种的需冷量不同，差异很大。

2. 打破休眠的方法

提早打破果树休眠是设施条件下提早生产的重要措施之一。随着果树设施生产技术研究的不断深入，打破休眠技术也取得了一定进展，目前常用的方法有低温处理、摘叶和化学药剂处理等。

（1）低温处理　生产实践中，为促使设施果树提早通过自然休眠，在葡萄、桃、李、杏、樱桃、草莓等果树上采用“人工低温处理法”均取得了较好效果。即当深秋平均气温低于10℃时，夜间揭开草苫，开启棚室通风口做低温处理；白天盖上草苫关闭通风口，保持夜间低温，尽量使棚室内的温度维持在0~7.2℃温度范围内。采用此种方法集中处理20~30d，大多数果树可顺利通过自然休眠，以后即可进行正常升温保温设施生产。

（2）摘叶或促落叶处理　摘叶或促落叶对打破果树休眠也有一定的作用。我国台湾、海南等地生产中利用摘叶的方法促使葡萄、桃、梨、苹果等休眠芽的萌发，可使葡萄一年3次开花，收获3次；使桃、梨、苹果一年2次开花，2次收获。目前研究还表明，10月底至11月初摘叶或喷6%~10%尿素促落叶能使李树的休眠芽提早萌发，具有解除自然休眠的作用。

（3）化学药剂处理　使用化学药剂处理打破果树休眠的方法，目前在国内外都收到了效果。所用的药剂主要有石灰氮、益收生长素（Ethrel）、2-氯乙醇以及赤霉素等植物生长调节剂，其中以石灰氮应用比较广。石灰氮对打破葡萄、桃、李等果树休眠均有作用，例如，经实践证明，葡萄涂抹石灰氮的时间应在11月中至12月上旬之间，即开始升温前1个月左右，2月以后自然休眠已结束时再涂抹则无效。

（三）设施果树树体调控技术

果树设施生产投资大、成本高，而且空间有限，必须在短期内实现早结果、早丰产，并有效控制树冠，取得较高的经济效益，才能真正达到设施生产的目的。因此，应以矮化、密植、早果、丰产、优质为树体调控目标。

1. 果树设施生产密度的控制

根据国内外资料，目前生产上常用的栽植密度为：桃、油桃多为（1.0~1.5）m×（1.5~2.0）m；李树多为（1.0~1.5）m×2.0m；杏树多为1.5m×（2.0~2.5）m；中国樱桃多为（1.0~1.5）m×（2.0~2.5）m；甜樱桃多为2m×（3~4）m；葡萄多为宽窄行，窄行60cm，宽行250cm，株距60~80cm。

2. 设施果树整形技术

高密度设施生产果树的整形原则是低干、矮冠、紧凑和少主枝、少侧枝、多枝组。根据这一原则和设施内空间实际情况，目前设施果树所采取的主要树形有纺锤形、圆柱形、自然开心形、“Y”字形及丛状形等。

（四）设施果树的修剪技术

1. 冬季修剪

设施果树冬季修剪的主要任务是以幼树培养树形、成年树维持树形和保持枝组健壮为主。和露地生产相比，修剪方法简单，修剪量轻，应重点配合生长季节修剪目标完成修剪任务。

2. 生长期修剪

设施生产的果树修剪应以生长期修剪为主，以促进果树快速成形、缓和树势促进花芽分化、控制树冠大小、改善树体通风透光条件等为主要目标。采用的主要方法有：摘心、拉枝、扭梢、疏枝、回缩、环剥。

（五）设施果树的控冠技术

1. 限根控冠

果树根系生长和分布与树冠大小具有明显的相关性。限制根系的生长和分布，直接能控制树冠的扩展，是控制树冠生长的主要措施之一。其方法主要有：

（1）容器限根　利用普通大瓦盆、塑料编织袋、木箱、草袋等容器栽植苗木，配以肥沃、疏松、透气性好的土壤基质，将果树与容器一起埋入土中栽植。实践证明，此种限根方法效果非常显著，树体生长矮小健壮，花芽数量增加，果实品质好。

（2）垫根栽植　定植时，在栽植穴或沟的底部垫瓦片、草片或其他隔离物，以限制根系的垂直扩展，进而控制地上部的高度。常用的方法是底层铺垫草料，即于定植沟或穴底铺5~7cm踏实的秸秆、杂草、草片等材料，其中撒入少量的氮肥，然后回填，浇水沉实后栽树；也可在底层铺设无纺布、旧农膜、塑编袋等限制根系生长。

（3）起垄生产　起垄生产是设施果树生产中最简便实用的方法。即在建园时将耕层土壤与充分腐熟的有机肥（约占总体积的30%）混匀，堆积起垄，垄高40~50cm、宽度50~80cm，将果树栽植在垄上。此方法，水平根因垄外空气阻隔，生长受到抑制，根系垂直分布较水平分布范围大，但总的生长体积减小，起到了限制根系生长的作用，从而促使地上部树冠矮小紧凑，花芽分化早，早期产量高。

（4）根系修剪　通过根系修剪调节根系生长发育，进而调控地上部生长发育状况，比直接对地上部采取措施更为有效。果树设施生产中，可较多地利用根系修剪技术，达到控冠促花的目的，根系修剪的时间以花期和新梢旺长期为宜，旺树可修剪两次，中庸偏旺树可修剪一次，弱树不修剪。根系修剪后的效应时间一般可持续30~45d。根系修剪的方法主要有：

①物理修剪法　即利用人工或机械等物理手段，将根尤其是垂直根、粗大根切断损伤，以达到修剪的目的。可用人工方法将根系扒开露出，用剪刀或其他工具将根切断；也可用特制的机械将根系在一定范围内切断。

②化学修剪法，即利用一些化学药剂将根致死或抑制其生长，以实现修剪的目的。常用的化学药物主要是铜离子制剂，如碳酸铜、硫酸铜等，既可用于抑制侧根，也可用于除去直根。

2. 化学控冠

利用植物生长延缓剂减缓果树的营养生长，促进生殖生长，从而达到控冠的目的。多效唑（PP_{333}）、整形素、矮壮素等植物生长延缓剂都有控冠的作用。

多效唑使用时期，一般土壤使用以秋季10月末为宜，使用量为每株3~4.5g；叶面喷施以春季5月中旬进行效果较好，浓度为1500~2000mg / L。但生产AA级绿色果品时应禁用。

3. 修剪控冠

通过修剪尤其是夏季修剪，是果树设施生产控冠缓势的重要手段。常用的方法有拉枝、开角、摘心、扭梢、拿枝、环剥、疏枝、回缩等，特别是采果后去冠修剪，更能达到控冠的目的。

4. 限水控冠

通过实施人为干旱胁迫也可有效地控制树体生长，树体生长量大幅度减少，控制了营养生长，促进了花芽形成，产量比对照增加40%。

5. 选用矮化砧木

设施生产时应尽量采用矮化砧木，以达到控制树冠的目的。如毛樱桃和欧李作为桃树的矮化砧，矮化效果很好。

6. 以果压冠

果树一旦开花结果，其营养生长就会受到抑制。因此，利用各种促花、促果措施，促使果树早结果早丰产，也是实现树体矮化的重要途径。

（六）设施果树结果调控技术

科学合理调控果树结果，按计划和目标进行生产和管理，是设施生产的关键技术之一，也是实现果树早结果、丰产、稳产、优质、高效的重要环节。果树结果的调控技术，除了果实成熟期的提早和延后外，还应包括花芽分化的促控、保花保果和优质果品的生产技术。

1. 花芽分化促控技术

设施果树花芽分化的早晚、数量、质量，直接影响设施生产树体结果的早晚、产量的高低、品质的优劣、树冠的大小。因此，在选择好适宜的树种、品种的基础上，采取有效措施合理促控果树花芽分化进程非常重要。

果树的花芽分化受多种内外因素制约，通过改变果树各器官间的生长发育的平衡关系和调节有关外部条件，就可以有效调控果树的花芽分化。目前，调控果树花芽分化的方法主要有营养调控、夏剪调控和化学调控三种。

2. 保花保果技术

果树设施生产，由于设施内温度高、湿度大和封闭，普遍存在生长旺盛、缺乏授粉条件等不利于坐果的问题。因此，采取综合有效的技术措施，保花保果，提高坐果率，保证丰产稳产十分重要。主要措施有：

（1）创造适宜的设施环境　选择适宜的设施类型，加强科学管理，采取有效措施保证扣膜后果树开花坐果对温度、湿度等环境条件的要求，并根据物候期的进程及时进行调整，是设施果树保花保果的首要前提。

（2）选择适宜的扣膜升温时间　果树在自然休眠期间，仍进行着一系列的生理生化变化和组织形态的分化发育过程，其中花器官仍进一步充实和分化。过早扣膜升温，果树没有正常通过自然休眠，经升温后，花芽勉强开放，往往开花不整齐，尤其是花粉生活力大大降低，造成落花落果，坐果率极低。

（3）提高树体的营养水平　通过加强果园土、肥、水和树体的综合管理，尤其是上一年秋季的科学调控，提高树体的贮藏营养水平，并使之合理分配，树体科学疏花疏果合理负担，满足花芽分化、开花、幼果发育、新梢生长对有机营养的需要，是促进花芽进一步发育和提高坐果率的关键。

（4）人工辅助授粉　由于设施在果树花期处于封闭状态，虽然配置了授粉树，但由于冬季、早春温度低，缺少蜜蜂等昆虫传粉，加之空气流动小，花粉很难随风传播，不利于异花授粉和授粉受精。除影响坐果外，桃和葡萄等还容易出现单性结实，果实大小不一致，差异较大，草莓容易形成畸形果，影响果实质量的提高。有时，由于当年设施内果树的花粉因某种原因生活力往往不高，即使人工授粉，坐果率也不会理想。因此，在果树设施生产中最有效的措施就是搞好花粉贮藏储备，可采用人工点授、喷粉或撒粉等方法进行人工辅助授粉。花粉最好采集露地自然条件下的果树适宜品种的花粉或混合花粉，也可从设施内授粉树上提早1~2d采集。

（5）设施内花期放蜂　人工授粉费工费时，在人力不足时，可采用蜜蜂或壁蜂授粉，效果良好。一般每亩日光温室释放蜜蜂1~2箱，壁蜂100~400头，即可保证授粉受精需要。

（6）喷施生长调节剂和微肥　据试验报道，杏树盛花期喷布0.2%~0.3%的硼砂或硼酸或0.3%硼砂+0.3%尿素，可明显提高坐果率；盛花期喷布0.2%尿素、50mg / kg赤霉素、0.2%硫酸锰和0.5%钼酸钠等均可提高坐果率；花后5~10d喷布10~50mg / kg赤霉素可促进坐果；花后2周喷布赤霉素、防落增色剂和防落素等，可以提高坐果率10%~90%；盛花期和幼果期喷施两次600mg / L稀土，可提高坐果率和果实品质。此外，硼、锌、铜、钼、锰等微量元素，赤霉素、生长素、多效唑、矮壮素、比久等生长调节剂，对不同树种和不同品种都有防止落花落果、提高坐果率的作用。

3. 设施果树的果实品质提高技术

设施果树生产中，由于设施内高温、高湿、弱光，密植、旺长、高肥水、高产等原因，在调控不当的情况下，容易出现果实畸形比率高、整齐度差、含糖量低、风味淡、采后易软化、耐贮运性差等问题，直接影响生产的经济效益。因此，采取有效措施提高果实品质和档次，已成为设施生产的必然选择和关键技术。主要措施有：

（1）科学施肥，控氮、增磷、增钾　果树设施生产与露地生产相比，其集约化程度更高，对肥料的需求量更大。根据设施果树生长发育特点和需求及立地环境，科学进行土肥水管理，最好依据绿色无公害果品生产标准实施，对提高产量改善品质十分重要。设施生产果树施肥应以腐熟有机肥为主，满足果树对多种营养的需求，同时改善土壤结构和理化性状；速效性化肥施用要合理，施用量应尽量减少，注意控氮、增磷、增钾，以利提高果实品质。

（2）调控环境，改善光照条件　根据设施果树不同发育阶段对环境条件的需要，合理调控温、湿、气、光条件，尤其是改善光照条件，对促进果实发育、提高品质十分重要。

（3）铺挂银色反光膜　利用银色反光膜的反光作用增强树冠内部的光照、增进果实着色和提高品质，在果树设施生产中，已得到了广泛应用。

（4）摘叶、转果　在果实采收前4~6周，将果实附近遮光的叶片人工摘除，使阳光直射；同时将果实的阴面轻轻转向阳面，可促进和扩大果实的着色面。此法在设施桃果上应用效果很好。

（5）合理负载，疏花疏果　果树设施生产，为了实现年年丰产和优质，在保证较高产量的前提下，必须进行疏花疏果，使树体合理负载。

（6）适时套袋，促进着色　实践证明，果实套袋能有效促进果实着色，使果面光滑洁净，减少果实农药污染，是目前提高果实品质和档次的重要措施之一。设施生产的桃、葡萄等应用较多。

（7）喷施激素和微肥，改善品质　研究表明，PP_{333}等植物生长调节剂和钼、钙、稀土等微肥，对不同树种、不同品种都有一定的改善果实品质的作用。但如果生产A级绿色果品，应限量使用植物生长调节剂；生产AA级绿色果品，应禁止使用任何植物生长调节剂，以免影响果实品质。

（8）防病治虫，减少污染　果树设施生产一般病虫害较少，重点是通过科学用药，有效预防，生物防治，减少对果实的污染，按照绿色无公害果品或有机果品生产标准要求严格实施，真正提高果实品质和档次，实现丰产、优质、高效。

【评价与考核】

（1）要求在学习设施果树生产前要了解相关的露地果树生产的知识与技能。

（2）考核相关设施基础的相关内容及果树休眠的相关知识及打破休眠的相关技术。

（3）考核设施果树生产与露地果树生产的关联及区别。

【复习思考题】

（1）果树设施生产的类型有哪些?

（2）果树设施生产的特点。

（3）尽早打破果树休眠的方法。

项目二　桃设施生产

【相关知识】

桃是人们喜食的果品之一，在露地生产条件下，果实成熟期主要集中于

7~10月，而在严寒的冬季和早春无新鲜的果实供应市场。由于鲜食桃不耐贮运、季节差价大，树体矮小、结果早，果实产量高、易管理，因此是最适宜设施生产的树种之一。通过设施提早或延后生产，可以延长鲜桃的供应期，采收期可提前50~120d以上或推迟10~30d；同时提高产量40%~50%，经济效益高。因此，在我国北方辽宁、山东、河北、河南等地区桃树的设施生产发展迅速，南方部分省区也开始发展。

【任务实施】

（一）品种选择和适用设施

1. 品种选择原则

（1）选择植株矮小树冠紧凑的品种　一般要求当年可以形成花芽，第二年开花结果，易于丰产的品种；或者树冠开张易于调控，适于矮化密植生产的品种。

（2）适宜在设施内进行促成生产　为了使果实提早成熟上市，应选择休眠期需冷量少的品种，一般要求7.2℃以下低温500~850h，同时选择果实生育期为50~60d的早熟品种。而果实延后成熟，使鲜果在晚秋和冬季成熟，则应选择果实生育期为180~240d的极晚熟品种。

（3）选择花粉较多、自花结实率高、连年丰产的品种　在选定一个主栽品种的基础上，要选择1~2个与主栽品种休眠期需冷量相近、花期相近的品种进行搭配，以满足授粉需要。

（4）适用于鲜食的品种　要选择果个较大、果形端正、果面少茸毛或无茸毛、色泽鲜艳、果实含糖量高、品质好、较耐贮运的品种。对油桃应选择不裂果的品种。

我国设施生产的早熟水蜜桃品种有春蕾、早花露、京春、雨花露、早霞露、早魁、北农早蜜、春花、砂子早生等；油桃品种群中可选择早红2号、五月火、超五月火、华光、丹墨、早红艳、阿姆肯、曙光、艳光、早美光、早红珠、早红宝石、早红霞、瑞光1号、瑞光2号、瑞光3号、瑞光5号、瑞光7号、红珊瑚、香珊瑚等；蟠桃品种群中的早露蟠桃、新红早蟠桃、早蜜蟠桃、早魁蜜、早黄蟠桃、瑞蟠2号等也可用于设施生产，增加花色品种。延后成熟生产以晚熟中华寿桃、冬雪蜜、铁岭秋桃、燕红等品种为主。

2. 适用设施

用于桃设施生产的设施主要有防雨棚、薄膜日光温室、塑料大棚。

防雨棚是在树冠上搭建简易防护设施，用塑料薄膜和各种遮雨物覆盖，达到避雨、增温或降温、防病、提前或延迟果实成熟等目的。

薄膜日光温室和塑料大棚是桃树设施生产的主要设施，又有加温和不加温两种生产形式。

南方桃设施生产多采用塑料大棚和防雨棚。

（二）设施生产与环境调控

1. 温度调控

（1）扣棚及打破休眠　桃树进入自然休眠后，多数品种需要7.2℃以下的低温500~1000h的需冷量才能通过休眠。在深秋桃树落叶后，当夜间温度在0~10℃时，便可开始扣棚（辽宁、河北一般11月上旬），并加盖草苫。夜间揭开草苫，打开通风口，让冷空气进入，使其降温；白天关闭通风口，盖严草苫，尽量保持夜间的低温。当白天温度保持在7.2℃以下时，扣严棚膜和草苫进行闷棚（低温）处理，这样集中处理30~40d就可满足多数品种对低温的要求，使其通过自然休眠。保温性能差的设施，应适当推迟打破休眠和扣棚升温的时间，以免发生冻害。

（2）揭帘升温到揭除棚膜期温度的调控　多数品种在12月中、下旬至翌年1月上旬，棚室内的桃树已经通过自然休眠，这时开始升温。塑料大棚、日光温室的温度主要靠开启通风口和盖草苫来调节，必要时可通过增厚覆盖物或加温等增加棚室内温度。

①从开始升温到萌芽　温度不要升温过快，应缓慢升高，以保证花芽和花器的进一步发育需要，同时保证地温缓慢回升，根系恢复功能，地上地下同步生长，确保萌芽开花物候期顺利通过。白天最高温度控制在14~16℃，夜间温度在2℃以上。

②从萌芽至开花初期　最高温度控制在20~22℃，最低温度不低于5℃。

③开花期　最高温度控制在20~24℃，最低温度在7℃以上。

④果实生长期　最高温度控制在25℃，不超过28℃，最低不低于10℃。果实生长期温度过高，会造成新梢徒长，加重果实生理落果,因此，必须加强白天温度监控，超过25℃时要及时打开通风口，放风降温。

⑤揭除棚膜时间，应在棚外气温达到桃树生长适宜温度时进行，一般在5月中旬，气温达到25~30℃时揭除棚膜为好。揭膜以后要进行综合管理，增加营养积累，复壮树势。

2. 湿度调控

扣棚升温后立即浇足水，覆地膜提温保湿。

从扣棚升温到萌芽期，空气相对湿度保持在70%~80%，开花期保持在50%，花后至采收期保持在60%左右。花期湿度过大时，会造成树体结露，使散出的花粉吸水涨裂失活或花粉黏滞，扩散困难，影响坐果。棚室内湿度过大时，可加大放风排湿；湿度过小（相对湿度低于40%）时，进行地面和树冠洒水、喷雾或浇水。

3. 光照调控

由于冬春的太阳光照较弱，加上棚膜及其他因素的影响，远远不能满足桃树生长发育对光的需要，难以达到优质高产高效，因此，采取有效的增光措施是很必要的。

第一，选择科学合理的温室结构，包括温室的方位角和前、后屋面角、温室高度以及尽量减少支柱立架等。

第二，选择透光性能好的棚膜，以聚乙烯长寿无滴膜为好。

第三，经常清扫屋面棚膜上的尘土、杂物，使其洁净光亮。

第四，室内悬挂反光幕，地面铺设反光膜。

第五，应用科学的生产管理技术，包括采用南北行栽植，选择适宜的栽植密度，培养采光良好的树形和合理的冬、夏季修剪等。

4. 气体调控

桃树在设施保护下，因棚膜封闭保温，在阳光和水分充足的情况下，棚室内桃树叶片的光合作用使CO_2的含量不断减少，从而影响光合作用继续进行，影响树体正常生长发育。

可通过增施有机肥、施固体CO_2气肥等，及时补充CO_2。在中午棚室气温高时，通风换气，打开通风口，促进室内外空气的交流，也可有效补充CO_2含量，同时排出氨气、亚硝酸气等有害气体。

（三）设施生产管理技术

1. 定植

（1）定植方式和密度　根据桃树的生长发育的要求，宜选择土质疏松、排水良好的沙质壤土。设施生产密度大，需要肥多，苗木定植前应进行充分的土壤改良，结合土壤深翻，每亩施入充分腐熟的有机肥5000kg，氮、磷、钾复合肥20kg。为了在设施生产有限空间内，取得较高的经济效益，一般采用计划密植的方式栽植为好。即前期采取高覆盖率的定植密度，后期树冠拥挤郁密时隔行、隔株把过密的植株移植到其他园内或疏除。计划密植株行距，前期以1m×1m或1m×1.25m为宜；第二至第三年结果后，视树冠郁密程度，可隔行或隔株移植，使株行距变为1m×2.5m直至2m×2.5m。

（2）定植时期和方法　一般于3月中、下旬至4月上旬定植为宜。定植前在设施生产的地块按行距挖深80cm、宽80cm，南北方向的定植沟；施入腐熟的有机肥，将定植沟回填后立即浇透水，使土壤沉实，待定植沟表层土壤干燥后集中定植。定植前将健壮合格苗木根系浸水24h左右，再用1%的硫酸铜溶液浸根5min防止根癌病，用水冲洗后即可栽植。栽植时需要按3:1的比例配置授粉品种，同一设施内最好栽植2~3个品种。

2. 土肥水管理

在土壤管理上适时进行中耕除草，创造桃树生长的疏松土壤环境。降雨后及时中耕除草保墒，多雨季节注意排水防涝。

为了能够达到当年扣棚膜结果的目的，必须在7月份之前形成较大的树冠，使覆盖率达80%。因此，要采取措施加强前期肥水管理，4~6月视土壤肥力情况进行1~2次追肥，每次每亩施尿素30kg、磷酸二氢钾50kg。6月中旬撤除地膜时，结合中耕除草追施复合肥料；8月上旬施复合肥；10月份施腐熟有机肥。7月上旬还要喷布15%的多效唑以便抑制新梢生长，促进花芽分化。棚室桃树根外追肥对于提高产量、改善品质有显著效果，从谢花后的10d起，每10d叶面喷施0.3%尿素+0.5%磷酸二氢钾，连续两三次。

3. 整形修剪

（1）主要树形　桃树设施生产的树形，应与生产空间有限的高密度栽植方式相适应。生产上常用的树形有匍匐扇形、两大主枝开心形、圆柱形、自由纺锤形等。

（2）整形修剪　桃设施生产的修剪要重视和加强夏剪。定植后，根据树形的要求，在完成快速整形的基础上，夏剪要进行四、五次。主要采用摘心、扭梢、疏枝、开张角度等手段。

4. 花果管理

（1）提高坐果率　在设施生产中，缺乏自然条件下的授粉受精条件，应采用花期人工辅助授粉、放蜜蜂、花期喷布GA_3、合理调控棚室内环境等措施提高坐果率。

（2）疏花疏果　设施生产坐果较多，如不及时疏花疏果，会影响树体生长发育和果实品质。适时疏花疏果、合理负载，是设施生产丰产优质高效的关键措施之一。疏花在蕾期和开花期进行，疏果在第二次落果后开始、坐果相对稳定时进行。一般每5朵花保留1朵，6片叶留1个果。留果量一般为定果量的2倍左右，长果枝中部选留2~4个果，中、短果枝上部留1~2个果，花束状果枝留1个果。

5. 采收、包装及保鲜

桃果不耐贮运，需要成熟度达8成时采收，果实底色由绿转白或乳白、表现出固有底色和风味时采收。日光温室内桃树中部果着色好，成熟早，其他部位果实着色略差，成熟期略晚。

采收后进行分级、包装。可采用特制的透明塑料盒或泡沫塑料制品的包装盒，每盒以0.5~1.0kg为宜。

在进行运输贮藏前，先使果实预冷，待果实降至5~7℃后再进行贮运。贮藏适温为−0.5~1℃。

【评价与考核】

（1）桃设施果树生产品种选择的原则及生产上常用品种。

（2）桃设施果树生产中环境的调控技术。

（3）考核桃设施果树生产与露地生产的区别。

【复习思考题】

（1）考察当地桃设施果树生产所用品种及特点。

（2）简述桃进行设施果树生产存在的优势。

项目三　葡萄设施生产

【相关知识】

葡萄属于浆果，果实含水量高，不耐贮运，销售及上市期比较集中，市场淡季明显，露地生产已不能满足人们日益增长和不断提高的消费需求。因而通过设施生产提早和延后果实成熟，调节果实鲜果上市时间，具有特殊重要作用。我国葡萄设施生产起步较晚，辽宁果树研究所自1979年开始到1985年止，先后利用地热加温的玻璃温室、不加温薄膜温室和塑料大棚等设施，对巨峰葡萄进行了设施生产试验研究，使果实提早25~60d成熟上市，而且还利用葡萄的二次结果习性进行了延后成熟生产，并利用设施内低温延迟采收，其延迟效果长达60d。

葡萄属于藤本植物，枝干柔软易于弯曲，适合设施生产。通过设施生产不仅能使其浆果提早或延后成熟，而且能有效抵御自然灾害和延长营养积累生长期以及减少病虫害发生，使植株营养积累多、花器分化充分、授粉受精良好、坐果率高、果实污染少，从而实现高产、稳产、优质的生产效果。据辽宁省果树所调查，一般于栽后第一年每亩可产果1500~2000kg，产值可达3万元以上，是同面积果树设施生产的2~3倍。

【任务实施】

（一）品种选择与适用设施

1. 品种选择的原则

（1）早熟品种　设施生产葡萄的主要目的是使浆果提早成熟。一般选择果实生长期在120d左右的早熟品种，正常情况下，设施内葡萄可比露地生产提早50~70d，可保证获得较高的经济收益。此外，如果进行延迟生产，则应选择晚熟或极晚熟品种，并最好易形成二次果，以延迟果实成熟和上市。

（2）优良品质　设施葡萄主要满足鲜食需要，因而品质必须优良高档，才能体现其商品价值。欧亚种葡萄品质极佳，穗形美观，色泽鲜艳，肉质较硬，酸甜适中，且易于管理，早果丰产，非常适合设施生产。

（3）适应设施环境　适合设施生产的品种主要有乍娜、凤凰51、里扎马特、京秀、京玉、京早晶、郑州早红、早红无核、森田尼无核等欧亚种；胜宝、康太、京亚、京优、金星无核、滕稔、先锋、黑奥林、巨峰等欧美杂交种。

目前我国北方生产较多的有京早晶、京亚、京秀、京优、郑州早红、凤凰51、玫瑰露、玫瑰香、巨峰、8611、绯红等。对于南方设施生产品种而言，除需要具有一般露地品种的要求外，还需要具有耐高温、耐弱光、成花能力强、坐果率高、穗形完整、品优色艳、无不良性状（如裂果、小粒、易脱粒等）的特殊要求。

2. 适用设施

葡萄设施生产的方式有促成和延后生产及避雨生产，主要设施有日光温室、塑料大棚、简易避雨设施和玻璃温室。

日光温室是我国北方生产葡萄的主要生产设施。

塑料大棚在南方葡萄设施生产中应用较多，在经济较发达的上海、江苏、浙江等地区应用单栋镀锌管大棚比较普遍，有些地区还采用连栋大棚，而经济不发达地区多采用竹木结构大棚。

简易避雨设施在我国南方主要用于避雨生产，一般以涂有防锈漆的角铁做骨架，弧形架采用毛竹或细竹条，在弧形架上拉铅丝，其上覆盖塑料薄膜。

（二）设施生产与环境调控

1. 设施生产方式

（1）促成生产方式　促成生产是适宜葡萄提早上市的一种生产方式。生产上不同的生产地区，根据植株解除休眠状况和设施种类及其性能的不同，确定不同的升温催芽时间，因而果实提早成熟的早晚不同，一般可分为三种类型：

①早促成生产型　是以高效节能日光温室、加温日光温室等为保护设施，白天主要靠太阳辐射热能为温室增温，夜间加盖草苫、保温被等覆盖材料保温，并施以人工加温。能在寒冷冬季满足葡萄生长发育需要，可提早打破休眠升温催芽，果实成熟提早的效果最好。这种生产类型一般升温催芽的时间可选在元旦前后，2月上中旬萌芽，3月中下旬开花，中、早熟品种果实可在5月下旬到6月中旬成熟上市，约比露地生产提早60~90d。如果采取集中低温处理或石灰氮等措施以及低温来临早的北方地区提早打破休眠，升温催芽的时间还可提前，果实成熟更可提早。例如，京亚葡萄在辽宁熊岳露地生产8月上旬成熟，日光温室中可在4月下旬成熟。

②标准促成生产型　主要以节能日光温室为保护设施，在葡萄完全解除休眠后的2月上中旬升温催芽，只靠太阳辐射热能给温室加温。葡萄可于3月下旬到4月初萌芽，4月中下旬进入花期，中、早熟品种果实可在7月中下旬成熟上市，提早效果在45d左右。这种生产类型果实成熟期正值外界高温季节，昼夜温差小，不利于果实糖分积累，着色较差，巨峰品种尤其明显。

③一般促成生产型　主要以塑料大棚为保护设施，由于这种保护设施在夜

间无保温覆盖，棚内早春气温回升较慢，出土上架和人为升温催芽的开始期应选择在3月上中旬，使其于3月底到4月上旬进入萌芽期，5月上旬前后开花，中、早熟品种的果实可在8月上中旬成熟上市，提早效果20d左右。如棚内增设拱棚、地膜覆盖、保温幕等保温设施，人为开始升温的时期还可提早15d左右，果实相应也可提早成熟。

（2）促成兼延迟生产　促成兼延迟生产，是在促成生产的基础上利用葡萄具有一年多次结果的特性，实行既促成又延迟，一年两熟的生产形式。其二次果成熟后，还可不立即采收，利用当时的低温环境条件，延迟一段时间再采收上市，因而可有效调节葡萄鲜果的上市期。

主要有利用冬芽副梢二次结实和利用夏芽副梢二次结实。

①适于利用冬芽副梢二次结果的品种有巨峰系品种、凤凰51、玫瑰香、沙巴珍珠等。二次果成熟后，一般可不立即采收，而是利用当时的自然低温条件，继续留在树上延迟一段时间再采收上市，以利调节市场供应。例如，玫瑰香利用冬芽二次结果，9月份开花，春节前后成熟上市。

②适于诱发夏芽二次结果的品种有巨峰系品种、玫瑰香、葡萄园皇后、白香蕉等。

（3）避雨生产　避雨生产是以避雨为目的，利用各种材料的支架，将薄膜覆盖在树冠顶部以躲避雨水、防菌健树、防风护树、提高品质和扩大生产区域的一种葡萄设施生产的方式。一般在开花前覆盖，落叶后揭膜，全年覆盖约7个月。避雨覆盖最好采用厚度0.08mm的抗高温高强度膜，可连续使用两年，不能用普通膜。棚架、篱架葡萄均可进行避雨覆盖，在充分避雨前提下，覆盖面积越小越好。通过避雨生产可以减少病害侵染，提高坐果率和产量，减轻裂果，改善浆果质量，避免雨日误工，提高劳动生产率，扩大欧亚种葡萄的种植区域。我国长江流域及南方生产欧亚种高品位葡萄常采用此法。

2. 设施生产温度调控

（1）低温调控及打破休眠　设施内葡萄落叶后1周进行修剪。冬剪后，要灌一次封冻水，然后扣棚，使植株处于低温的休眠状态直至升温催芽前。

扣棚适期为早霜来临前10d左右，此期盖上塑料薄膜和草苫，打开所有通风口，使棚室内见不到阳光，保持室温7.2℃以下。冬季室内温度不低于-10℃，最高不高于7.2℃。如果是塑料大棚，棚内气温稳定出现低于-5℃一周时，植株要下架埋土防寒，一般覆土10~15cm即可。

自然条件下，葡萄的冬芽一般于8月份开始进入休眠，9月下旬到10月下旬休眠最深，以后，由于外界低温的作用，休眠的冬芽逐渐被打破，到1月底或2月初始趋于完全解除休眠。葡萄进入自然休眠后，多数品种需要7.2℃以下的低温800~1600h的需冷量，才能通过休眠。

为了提早萌芽和果实成熟上市，则必须在自然休眠趋于结束前15d左右用药剂处理结果母枝的冬芽，以打破休眠。一般生产上常用5倍液石灰氮（500g石灰氮兑2.5kg温水搅拌均匀），在升温前15~20d喷涂葡萄的结果母枝。对于一年一栽制的葡萄枝蔓，应从基部40cm左右处开始向上涂抹。经生产实践证明，涂抹石灰氮后升温，15d左右即可萌芽，且新梢生长整齐，果枝多，比不涂抹石灰氮的早萌芽20d左右，早开花15d左右，早成熟10d左右。

而于8月份冬芽刚进入休眠时，通过修剪、摘叶再涂石灰氮，可迅速打破休眠，应用于冬芽二次结果。

（2）升温催芽　在解除休眠的基础上要逐渐升温催芽。一般塑料日光温室在提前打破休眠的情况下，于1月上旬至1月中旬开始揭苫升温催芽，若正常经过低温结束自然休眠，则于1月下旬至2月初开始揭苫升温催芽。

升温催芽不能过急，要缓慢升温，如果气温升高过快，常使芽提前萌发，而地温一时跟不上，导致地上部与地下部生长不协调，发芽不整齐，花穗孕育不良，甚至造成落花落果严重。因此，从揭苫升温的第一周，要实行低温管理，白天温度由10℃逐渐升至20℃，夜间由5℃升至10~15℃，此后逐渐升高棚室温度直至萌芽时为止。催芽升温的第二周，白天温度保持20~25℃，夜间15~20℃。第三周以后，白天为28~30℃，夜间20~25℃。

为使萌芽更早、更齐，可以在升温催芽期间，顺栽植行的方向覆盖地膜，或扣一小拱棚把葡萄植株罩在其内，使植株的地上、地下温度能同时上升。

（3）萌芽至开花期的温度调控　萌芽后，植株新梢进入初期生长时期。为了防止新梢徒长，有利于花器分化，此期要撤掉小拱棚，实行低温管理，也就是萌芽后的棚室温度管理指标要从催芽末期的高水平降下来，白天控制在25~28℃，夜间保持15℃左右，地温15℃左右。

当温度达到25℃以上时葡萄开花，如果低于15℃则不能正常开花与授粉，受精会受到抑制。葡萄植株在开花授粉期间对温度要求严格，虽因品种不同而有差异，但多数品种要在较高的温度环境下，授粉受精才能顺利进行。温度过高过低均不利于授粉受精，若温度超过35℃时，开花受到抑制。

（4）浆果生长期温度调控　花期过后，幼果进入迅速膨大期。花后15d内，夜温应保持在20℃左右，以后控制在18~20℃，但不要超过20℃，昼温保持25~28℃，注意最高不能超过30℃。

浆果进入着色期后，加大昼夜温差，以利果实品质提高。一般5月中旬以后，外界气温逐步升高，白天设施内常出现高温现象，当温度超过35℃时，要注意防风降温。当外界气温稳定在20℃以上时，设施内常出现40℃以上的高温，这时应及时解除裙膜，再逐渐揭去顶膜，使葡萄在露地生长，以改善光照和通风条件，促进一次果成熟良好。

当秋季外界气温逐渐下降到20℃以下时，要及时扣膜保温。二次果膨大生长期，一般白天应保持30℃左右，夜间保持15~20℃。当浆果已趋于成熟、夜间棚室内出现5℃以下温度时，应及时盖草苫保温，以避免浆果受低温伤害。如只生产一次果，应在葡萄落叶后或霜冻前再扣膜，以使植株得到充分的抗寒锻炼。

3. 促成生产湿度调控

（1）升温催芽期的湿度调控　葡萄在发芽前的催芽期间，是其生长期中需水量最大的一个时期。因此，在设施开始升温催芽的同时，要充分灌水，一般以30mm的灌水量，灌溉2~3次，并把设施的门窗紧闭，使其空气湿度能保持在80%以上。

（2）萌芽至开花期的湿度调控　葡萄萌芽后，是易发生灰霉病的时期，在严格控制灌水的同时，还要严格控制空气湿度，及时通风换气，使空气湿度保持在60%左右。

（3）浆果生长期的湿度调控　葡萄花期过后，浆果膨大生长期，空气湿度不宜超过60%，可通过加大通风量加以调节。浆果进入着色期后，应延长通风时间，夜间可不封闭通风口，以增大昼夜温差，空气湿度保持在60%左右。

（三）设施生产管理技术

1. 栽植

（1）栽植制度　目前葡萄设施生产主要有三种栽植制度：一种是成龄园扣棚生产，即在现有的果园上，直接加盖设施进行保护生产；二种是一年一栽制，即上一年栽植，第二年浆果采收后将植株立即拔掉，栽植新苗；三种是多年一栽制，即一次定植苗木，通过人为进行树体调控，可连续生产结果多年，此种制度生产中应用最多。

（2）苗木准备　设施生产的苗木必须选用品种纯正、生长健壮、枝芽饱满、根系发达的优质苗木。葡萄一级苗木的标准是：枝蔓长度20cm、粗度0.7cm以上，芽眼3~4个以上，根系有20cm左右的侧根6条以上。一年一栽制应提早培育健壮营养袋苗木。一般5月上旬前，把充分腐熟的有机肥和土壤混合均匀，装入直径30cm、高30cm的袋中，并将选好的苗木栽到袋内，再把营养袋放在事先挖好的深40cm的土池内摆好，灌足水，进行精心露地管理。

（3）栽植密度　葡萄设施生产是集约化生产，要求栽后第二年就得达到丰产指标。因此，葡萄定植前，应确定合理的栽植密度。如果密度过小，单位面积产量低，不能发挥设施生产的高效性；如果密度太大，设施内树体容易郁闭，不能保证生产的延续性。合理的栽植密度要根据品种特性、架式、立地条件、效益目标及管理技术而定。

①一年一栽制　一般采用株行距为0.5m×1.5m的单篱架，或大行2~2.5m、小行0.5~0.6m、株距0.4~0.5m的宽窄行带状栽植或单行栽植双篱壁整枝、南北行栽植的双篱架。

②多年一栽制　应适当降低栽植密度，一般可采用株距0.5~1.0m、行距2~3m，南北行栽植的单篱架或小棚架；或株距0.6~0.8m、行距6m左右，东西行

向栽植的小棚架。为提早丰产，可在设施内栽植床南北两侧各定植一行。

（4）栽植时期　葡萄设施生产原则上应适时早栽。我国北方大部分地区，新建的葡萄设施内，无论一年一栽制还是多年一栽制，多在春季3月中旬至5月上旬进行栽植。而对于已经进行生产的设施内，需要更新栽植时，一年一栽制和多年一栽制，为了保证第二年获得丰产，应在5月下旬至6月中旬浆果全部采收后，立即拔掉设施内老株，彻底清园，结合深翻增施有机肥的同时，注意清除土壤中残留的各种根段，然后按要求将预先栽植在营养袋中的健壮苗木移到设施内定植，定植时间最迟不得晚于6月下旬。

（5）栽植技术　葡萄苗木定植前，应加大土壤改良的一次性投入，尤其是对黏重的土壤或阴湿低洼的盐碱地要进行提早改良，如黏土掺沙、沙土混泥、底层通透等，但其改良的核心是增加土壤有机质含量。土壤改良一般结合挖定植沟进行，定植沟深、宽均为60~80cm。按株距在定植沟中挖直径30cm、深30cm的栽植穴，把苗木放入穴中，使上端芽眼略高于地面，将根系分布均匀，然后逐层培土踩实，使根系下垂45°。定植后立即灌足水，待水全部渗透后，用细沙土将苗木培成小土堆，以不见苗木为宜，待顶芽萌发后撤除土堆。栽植营养袋苗时应去掉塑料袋或编织袋，以免影响根系扩展和苗木生长。

2. 土肥水管理

土壤在定植前改良的基础上，应通过松土或覆盖地膜、秸秆等使土壤保持疏松无杂草状态，并根据葡萄植株生长结果需要科学进行施肥和灌水。此外，还可充分利用地下间作草莓、果树、天麻、食用菌等。

（1）施肥　设施葡萄由于栽植密度大，第二年就大量结果，因此，营养条件要求较高。施肥应以有机肥为主，于每年采收后及早施入，同时可增施钙、镁、磷肥。

（2）灌水　由于设施中土壤水分和露地生产相比大部分时期可以人工控制，所以设施葡萄的水分管理相对比较容易，可根据葡萄不同生长发育时期的需水特点进行灌水。但是，在封闭的设施条件下，灌水过多时会增加空气湿度，而高温高湿又易引起新梢徒长和病害发生。因此，灌水时要注意掌握好时期、方法和灌水量，并注意及时通风换气，最好采取地膜下滴灌的方法。一般一年中应掌握以下几个关键灌水时期：

①催芽水　在葡萄发芽前，结合施肥灌足水，使树体营养状况良好，促进萌芽和花芽的进一步分化。

②催花水　在开花前10~15d左右灌水，以满足新梢和花序生长的需要，为开花坐果创造良好的肥水条件。

③催果水　在完全坐果后到浆果着色前，是果粒生长发育阶段中需水量最大的时期，也是促进设施生产葡萄提早成熟的一个关键管理时期。干旱时适时灌水，能促使幼果迅速膨大，着色良好。此期要小水勤浇，每周可灌一次。进入

硬核期要谨慎地少量给水，应以15mm的水量每10~15d灌水一次。浆果成熟期要减少灌水，不旱不灌，后期为了提高果粒含糖量，促进成熟，防止裂果，提高品质，一般要停止灌水。

④采后水　葡萄浆果采收后，一般立即去掉全部棚膜进行重修剪，然后结合施肥灌一次透水，以促进新梢萌发和结果母枝的重新培养。

3. 整形修剪

葡萄属蔓性植物，有利于充分利用设施空间，但由于植株具有新梢生长旺盛的特点，加之设施生产环境下植株易于徒长和空间有限，必须选择适宜栽植制度和架式，并采用相应的整形方式，通过实施合理冬夏整形修剪技术，才能有效控制植株生长和结果，从而达到设施生产的目的。

（1）架式　葡萄设施生产采用的架式主要有棚架、单篱架和双篱架。

①棚架　日光温室多年一栽制葡萄多采用棚架，便于植株和树势控制。倾斜式棚架的设立，先在温室的东西两侧墙壁上，沿南北方向各架设一根直径4cm的铁管，铁管要与温室的采光屋面近平行，与薄膜屋面的间距至少60cm以上；然后，再东西方向牵拉8~10号铁线，系在两侧墙壁的铁管上，铁线要每隔50cm拉一道，最南端的一道铁线，距温室的前沿至少要留出1m的距离，每道铁线都要通过紧线器拉紧，如果温室太长，中间可设立柱支撑铁线，确保架面牢固。亦可利用不同高度的水泥柱按一定的距离搭建倾斜式棚架。

②篱架　葡萄一年一栽制多采用篱架，单篱架和双篱架均有应用；多年一栽制也可采用篱架。双篱架的设立，首先在南北栽植行两端向东西两侧各距离40cm定点设立支柱，单篱架在南北栽植行两端各设立一个立柱即可；支柱地上高1.8m，地下埋入0.4~0.5m，两端的支柱因其承受的拉力最大，必须在其内侧设立顶柱或在其外侧埋设基石牵引拉线；立柱固定后，再沿行向在立柱上牵引8号铁线4道，第一道铁线距地面至少0.6m，其余等距各0.4m，立柱要上下竖直，以保持双壁上下等距，这样就构成间距为0.8m的双壁篱架。

（2）整形方式　设施内的葡萄，不需要埋土防寒，其整形方式原则上可以不受限制。其常见的整形方式如下：

①单臂单层水平形整枝　适用于日光温室和塑料大棚的篱架栽植。选留1个健壮新梢培养成主蔓，待新梢长到1.5~1.6m时摘心，冬季修剪时，将主蔓上的副梢全部剪掉，只留一条1.5~1.6m长的主蔓来年结果。第二年将主蔓从南向北水平绑在距地面高50~60cm的第一道铁线上，新梢萌发后，将主蔓基部60cm以下的萌发芽眼尽早抹去，60cm以上的萌发芽眼则隔1节留1个结果新梢，共留4~5个新梢结果，并均匀地将其绑在架面上，冬剪时，在每个结果枝的基部留2个芽眼短截。第三年，在每个短结果母枝上留1~2个结果新梢结果，冬剪时仍留2节短结果母枝下年结果。以后按第三年的方法继续培养即可。

如果苗木按2m的株距定植，则可萌芽后选留2个健壮新梢分别培养成两侧的主蔓，使之培养成双臂单层水平形整枝，其方法同上。

②龙干形整枝　适用于日光温室和塑料大棚的棚架栽植。龙干形整枝通常分独龙干和双龙干两种整枝形式，在设施生产中，多采用独龙干整枝。一般苗木按株距0.5~0.75m定植。苗木萌发后，选留1个健壮新梢培养成主蔓，待新梢长到2~2.3m时摘心，冬季修剪时，将主蔓上的副梢全部剪除，每株只保留一个长2~2.3m的健壮主蔓结果。第二年，芽眼萌发后，将主蔓近50cm以下的萌发芽眼全部抹除，从80cm处开始，每个主蔓的两侧分别每隔30cm左右留1个结果新梢结果，每个结果新梢留1个果穗，冬剪时，每个结果新枝的基部剪留2芽作结果母枝，较弱的结果新枝剪留1芽，至此树形基本完成。以后每年继续剪留短结果母枝，并选留1个健壮结果新梢结果。在架面尚未布满时，可利用主蔓先端结果新梢作延长枝，延长枝冬剪时剪留长度不宜过长，一般剪留6~7节，到架顶为止。

③小扇形整枝　适用于日光温室和塑料大棚的篱架栽植。特别是对需要简易埋土防寒的塑料大棚生产更为有利。这种整形方式，苗木定植株距多为1m，也可采用1.2m。一般苗木萌发后，选留2个健壮新梢培养成主蔓，待新梢长到1.3~1.5m时摘心，冬季修剪时，剪去全部副梢，只留两个长1.3~1.5m、粗1cm左右的主蔓结果。第二年，芽眼萌发后，将主蔓基部50cm以下的萌发芽眼全部抹去，主蔓50cm以上的两侧分别每隔30cm左右留1个结果新梢结果，每个主蔓保留4~5个结果新梢，冬剪时，除主蔓先端各留一个5~7节的延长枝扩大树冠外，其余部位的结果母枝均留基部2~3芽短剪。至此，树形基本完成。

（3）冬季修剪　温室、塑料大棚葡萄的冬季修剪，与一般露地葡萄的冬剪基本相同。设施葡萄结果母枝留得较短，留枝数也适当多一些，这样有利于将新梢长势调整一致。冬剪时不过多强调树形，要因树制宜，除主蔓延长枝根据扩大架面的需要适当长剪外，其他的结果母枝一律采用短梢修剪，即每个结果母枝留2~3个芽，留枝数要适当增加一些，即每平方米架面留10~12个结果母枝。冬剪时间应在葡萄叶片落完后进行。

（4）生长季修剪　设施葡萄的大量修剪是在生长季进行的，生产中要根据生长实际情况采取一系列的技术手段，及时调整生长和结果、单株和群体的关系，防止树体郁闭，通风透光不良和病虫害发生，从而生产出优质、高产的葡萄。

4. 花果管理

葡萄设施生产要获得优质高产高效，必须首先保花保果提高坐果率，然后疏序疏果，合理负载，采取有效措施提高品质。

（1）调节适宜负载量　为保证浆果质量，维持树势和连年丰产。一般巨峰品种设施生产的负载量以1500kg / 亩为宜，每平方米架面结4~5个果穗即可。

（2）提高坐果率　设施葡萄在加强肥水管理，病虫害防治，温度、湿度合理调控的基础上提高坐果率。

（3）促进浆果着色和成熟

①摘老叶、剪嫩梢、去卷须　在浆果开始着色时，摘掉新梢基部的变黄老叶，剪掉新萌发的嫩梢，及时掐除卷须，有利于减少营养消耗，改善通风透光条件，从而促进浆果着色和成熟。

②喷乙烯利　一般于硬核期喷布40%乙烯利1500倍液加0.3%磷酸二氢钾，隔15~20d喷第二次浓度为3000倍液，再隔10d以后喷第三次浓度为3000倍液，能促进浆果着色和成熟。

5. 采收及包装

（1）采收　设施生产的葡萄主要用于鲜食，因此，采收时期不能过早，必须达到该品种固有的色泽和风味完全成熟时才能采收。如果鲜食葡萄需外销进行远途运输，则不能到完全成熟时再采收，只要糖酸比合适，具有良好的风味和市场需求，可以适当早采，以利于运输和提高效益。

（2）包装　设施生产的葡萄属高档果品，通过包装更能增加商品外观和档次，提高商品吸引力和市场竞争力。国内外大多实行盒式小包装，再行装箱。一般用印有精美图案和商标的小纸盒或软质透明塑料盒，分1kg、2kg、4kg等不同重量规格包装。纸盒有提手，内衬无毒薄膜袋，葡萄装入袋内，扣好纸盒，再放入各种包装箱内封盖外运。为了防腐，在食品袋内或箱内装入保鲜药片。常用包装材料有木箱、硬纸箱、塑料箱、泡沫塑料箱、塑料袋等。

【评价与考核】

（1）葡萄设施果树生产品种选择的原则及生产上常用品种。

（2）葡萄设施果树生产中环境的调控技术。

（3）考核葡萄设施果树生产与露地生产的区别。

【复习思考题】

（1）考察当地葡萄设施果树生产所用品种及特点。

（2）葡萄进行设施果树生产存在的优势。

项目四　草莓设施生产

【相关知识】

草莓属宿根性多年生常绿草本植物。因其适应性强、植株矮小、结果早、生长周期短、生长发育易于控制、繁殖迅速、管理方便、成本低等特性，非常适合设施生产。

【任务实施】

（一）品种选择与适用设施

1. 品种选择

（1）小拱棚生产与品种选择　小拱棚是一种简易的设施生产形式，在北方、南方均有应用。主要进行草莓春季提早生产，应用面积比较大。小拱棚生产草莓可比露地生产提早成熟20d左右。辽宁省丹东地区5月中下旬成熟；河北省保定地区5月上旬成熟；南京、上海地区4月中旬成熟。

小拱棚生产的草莓品种与露地生产的基本相同，但要求在同一棚内有2个以上的品种，便于相互授粉，提高坐果率。目前生产上常用的品种有宝交早生、女峰、枥乙女、全明星、玛利亚等。

（2）塑料大棚与品种选择　塑料大棚进行促成生产。在北方塑料大棚促成生产，一般选用需冷量中等或较多、耐寒的品种，也可采用需冷量少的品种，常用品种有宝交早生、枥乙女、全明星、玛利亚、盛冈16等。在南方地区，由于环境条件较好，温度易于控制，可以提早进行促成生产，一般选择早熟、需冷量少、休眠浅耐寒的品种，如丰香、春香、女峰、丽红、明宝、宝交早生、弗杰尼亚等。这些品种可以在进入休眠前直接扣棚升温，并采用喷洒赤霉素或人工补光，使其继续生长，也可以人工打破自然休眠提早进行促成生产。

（3）日光温室生产与品种选择　利用日光温室进行草莓促成生产，我国南北方都普遍采用，以北方应用最广泛。

日光温室草莓生产选择品种的原则是：容易进行花芽分化、休眠需冷量少，容易打破休眠。目前应用较多的品种有弗杰尼亚、9–9、丰香、宝交早生、红宝石、大将军。深休眠的品种如全明星、新明星、戈雷拉等，果实个大、耐挤压、耐贮运，通过适期保温结合喷赤霉素、人工打破休眠等在促成生产中也有广泛应用前景。

2. 适用设施

草莓设施生产所需设施种类很多，包括日光温室、塑料大棚，有加温和不加温两种类型，主要进行促成生产；塑料中棚、塑料小拱棚、地膜覆盖等，主要进行春季提早成熟生产；冷库等主要进行草莓植株的冷藏抑制生产，实现周年供应；还有塑料大棚，内设小拱棚和地膜覆盖等结合类型，以及利用设施进行无土生产。目前我国生产上常用的设施主要有日光温室和塑料大棚。

（二）设施生产与环境调控

1. 温度调控

低温处理在草莓设施生产中已被广泛应用，即在花芽分化后将秧苗挖起捆成捆，放到0~3℃的冷库中，进行低温处理，并保持80%的湿度，处理时间的长短可根据品种打破休眠需要的低温量来确定，如宝交早生为25d。然后取出，定植到准备好的设施中生产。出库的时间可根据果实预定采收上市时间，分期分批进行，从而达到周年供应的目的。

（1）扣棚及打破休眠　适于设施生产的品种大多属浅休眠的品种，草莓休眠期需冷量约为0~800h。品种不同差异较大，如春香为0~40h，丰香50~70h、明宝70~90h、女峰60~100h，宝交早生300~400h、达那500~700h。

利用高效日光温室和保温性好的塑料大棚，在北方或南方，可在秋季草莓花芽分化以后，即将进入休眠时，开始扣棚保温，并结合长日照、激素处理等措施，防止植株进入休眠，让其继续生长，从而提早开花结果。而对一般日光温室与塑料大棚，则在秋冬自然条件下，使植株通过自然休眠，然后扣棚人为地采取加温、补光、激素处理措施，解除其休眠，使其提早生长和开花结果；或人为地采取低温、短日照措施，让草莓植株尽快提早通过自然休眠，然后再采取加温、补光和激素处理措施，使其恢复生长，提早开花结果。目前，人工打破草莓植株休眠的措施主要有低温冷藏、高山育苗、人工补光、赤霉素处理等。

采用小拱棚生产，北方地区可在2月中下旬到3月上中旬开始扣棚升温，扣棚过早，花期易出现低温，影响授粉受精，降低产量。采用双层保温塑料大棚和日光温室，山东一般在11月到12月开始扣棚升温，成熟期比露地提早2~4个月以上；高效日光温室，在南方或北方可于草莓花芽分化后进入休眠前扣棚保温，山东省多在10月下旬、北京地区多在10月上旬进行，一般11月下旬果实开始成熟，翌年1月上旬至2月中旬为主要采收期。具体扣棚时间，应根据不同品种休眠期需冷量、当地气候条件、计划采收上市期以及棚室的保温效果而定，以既要满足生产品种休眠期的需冷量，又要保证生长期不出现低温伤害（特别花期）为前提。

一般草莓品种升温后一个月开花，花后一个月果实开始成熟，采收期一个月左右，具体升温时间可据此向前推算。

（2）从揭帘升温到揭除棚膜的温度调控　扣棚初期，白天控制最高温度为30~35℃，夜间不低于8℃；开始现蕾时，最高温度28~30℃，最低6~8℃；开花期最高温度25~26℃，夜间不低于6℃，以7~8℃为宜；果实膨大期，温度可略低些，白天20~25℃，夜间4~6℃；果实采收期，白天温度保持18~20℃，夜温保持在5~8℃。温度过高时，应及时放风降温。当外界最低气温稳定在8℃以上时，可将棚膜去掉，实行露地管理。

2. 湿度调控

草莓喜湿但不耐涝，浇水应以小水勤浇为原则。保温初期，为了使植株适应高温环境，常常通过保温后浇水的方法增大湿度，但高温多湿管理不应持续太久，因为开花期对湿度反应较敏感，一般开花期棚室内相对湿度应控制在80%以下，适宜的湿度为40%~60%，其余时期均应控制在80%~90%。

3. 光照调控

由于冬春的太阳光照较弱，加上棚膜及其他因素的影响，远远不能满足草莓生长发育对光的需要，难以达到优质高产高效，因此，采取有效的增光措施是很必要的。常用增加人工照明的方式进行补光。

4. 气体调控

在设施保护下，因棚膜封闭保温，在阳光和水分充足的情况下，棚室内草莓叶片的光合作用使CO_2的含量不断减少，从而影响光合作用继续进行。通过增施有机肥、施固体CO_2气肥等方法，及时补充CO_2。

（三）设施生产管理技术

1. 定植

（1）定植方式和密度

①方式　目前推广的高产方式有两种：一种是宽畦4行栽植，即1.0~1.2m畦上栽4行，小行距20~25cm，株距15~20cm；一种是窄畦双行栽植，即50~60cm的畦上栽2行，小行距25~30cm，株距15~20cm。

②密度　设施生产多采用高畦，一般畦高10~20cm，畦南北走向，步道沟宽20~30cm左右。设施生产密度应控制在0.8万~1.0万株/亩。

（2）栽植时期和方法　目前草莓设施生产均采用一年一栽制，以秋季定植为主。北方地区最早7月下旬至8月上旬；山东、辽宁、河北等地多在立秋前后，晚的可在9月下旬至10月上旬。选择根系发达、叶柄短粗、成龄叶4~7片、新茎粗0.8cm以上、苗重20~40g、无病虫害的壮苗，最好用无毒苗进行定植。做到深不埋心，浅不露根，新茎弓背朝向畦外侧，以便使花序向畦外延伸，有利于垫果和采收。秧苗定植后要及时灌透水，前3~4d，每天浇一次水，以后保持田间湿润。定植后还要注意用青草、苇帘、遮阳网等遮光覆盖，以提高秧苗成活率。

2. 土肥水管理

定植后及时灌水，中耕松土除草，以确保秧苗成活和生长。缓苗后要适当控水，以利发新根和根系生长，促进花芽分化。刚扣棚后要灌一次透水，保证草莓萌芽生长需要。以后视土壤墒情而定，保持土壤含水量在80%左右。果实膨大期是草莓需水最多的时期，必须充分供水。果实成熟期应适当控水，以增加果实硬度，减轻病害发生。

追肥从植株现蕾开始，每隔15d左右进行一次，共追2~3次。开花前追肥以氮肥、磷肥为主，每亩施尿素10kg、磷肥20kg。坐果后追肥以磷肥、钾肥为主，每亩施磷酸二氢钾15~20kg，追肥后要立即灌水。也可进行叶面喷肥，用0.3%~0.5%的尿素和磷酸二氢钾叶面喷施，每隔10d喷一次。

3. 植株管理

（1）去老叶、除弱芽、摘匍匐茎　在草莓的生长发育过程中，先期生长的叶片，尤其是越冬老叶，逐渐衰老，要及时除去，以减少营养消耗，改善通风透光条件，减轻病虫害的发生，促进新茎生根。一般每株草莓保留10~15个叶片即可。同时对形成晚的瘦弱侧芽以及不断产生的匍匐茎，应及早摘除，以节省营养。

（2）疏花疏果　一般一株草莓能抽生1~3个花序，每个花序有8~30朵花。高级序上的花开得晚，果实小，无商品价值，甚至不结果，因此，当花序抽出后，在第一朵花开放前，应疏去部分花蕾，以集中营养。一般是大果型品种留1、2级序花或适当少留些第3级序花；小果型品种留1、2、3级序的花蕾。坐果后应及时摘除病虫果、畸形果、小果及过多果，以利果个增大，提高品质。一般每株留7~9个果，单果重和增产效果明显。

4. 采收与包装

草莓属浆果，成熟后要及时分期分批采收。初熟期可2d采收一次，盛熟期应每天采收一次。采收时间以清晨或傍晚为好，此时温度低，果实硬度较大，有利于果实贮运。采收应轻拿轻放，避免损伤。采下的浆果应及时装入精美抗压的小包装盒内，每盒装0.5kg为宜，并及时进行销售或保鲜贮藏。

【评价与考核】

（1）草莓设施果树生产品种选择的原则及生产上常用品种。

（2）草莓设施果树生产中环境的调控技术。

（3）考核草莓设施果树生产与露地生产的区别。

【复习思考题】

（1）考察当地草莓设施果树生产所用品种及特点。

（2）草莓 进行设施果树生产有什么优势？

项目五　樱桃设施生产

【相关知识】

樱桃是落叶果树中果实成熟最早的树种之一，其果实色艳、形美、味佳、营养丰富，非常受消费者喜爱。但樱桃花期早，易遭霜冻，坐果率低，产量低而不稳；果实皮薄、多汁，不耐贮运，且成熟期遇雨易裂果；同时成熟期集中，市场供应期短，制约了生产发展和效益的提高。

樱桃进行设施生产，可以更好地发挥其成熟期早的优势，提早和延长供应市场时间，满足消费者的需要，同时可以很好地解决樱桃适应范围有限的问题。目前进行设施生产较多的是中国樱桃和欧洲甜樱桃，其中以甜樱桃为主。樱桃设施生产的历史比较悠久，山东、辽宁、河北等地樱桃的设施生产，对缓解水果的淡季供应、提高经济效益作用显著。

【任务实施】

（一）品种选择及适用设施

1. 品种选择的原则

樱桃设施生产品种的选择与配置要掌握以下原则：

①树体矮小、树冠紧凑适于密植，能够达到早产早丰。

②樱桃果实生长期要短，一般为40~50d。在设施生产中，成熟越早上市越早，其经济效益就越大，因此应以早熟品种为主，合理搭配中晚熟品种。

③樱桃设施生产，主要以鲜食为主。因此，应选择个大、色艳、味美的品种。为调剂市场，果实深色品种与浅色品种也可适当搭配。

④选择休眠期短的品种，为早萌芽早开花结果奠定基础。

⑤选择自花结实率高的品种，异花结实的品种应配置好坐果率高、亲和力强的授粉品种。

⑥选择适应性强、抗病、耐贮运的品种。

⑦选用亲和力强、适应性广、抗病虫，且具有矮化作用的品种作砧木。如莱阳矮樱桃无性系苗木。

中国樱桃设施生产以选用生长健壮、适应性强、成形快、结果早、果大、色泽艳丽、品质优良、丰产稳产的品种为好。选用的优良品种主要有莱阳矮樱桃、大窝楼叶、短柄樱桃、大鹰紫甘樱桃、垂丝樱桃、泰山樱桃、滕县大红樱桃、诸城黄樱桃等。

欧洲甜樱桃，又名西洋樱桃、洋樱桃、大樱桃等。设施生产中，应注意选择早熟、优质、果大、耐贮运、自花结实率高的优良品种为好。生产上选用的优良品种有红灯、美早、芝罘红、红艳、红蜜、佳红、巨红、龙冠、佐藤锦、大紫、早紫、小紫、那翁、拉宾斯、斯坦勒、萨米脱、萨姆、艳阳、先锋、雷尼、意大利早红、滨库等。

2. 适用设施

我国樱桃的设施生产主要在北方地区，大多数采用塑料大棚和日光温室，主要进行促成生产，有加温和不加温两种形式。由于樱桃形成花芽较晚，需要3年才有产量，生产上多采用先露地栽植，形成产量后再建棚或直接栽植大苗的方式，以提高经济效益。

（二）设施生产与环境调控

1. 温度调控

（1）扣棚及打破休眠　樱桃休眠期比较长，休眠比较深。休眠的解除要经历7.2℃以下低温800~1440h的积累。温度低，通过的时间短，0℃时860~960h即可，但品种间有所不同。扣棚升温应在樱桃树体完成自然休眠之后，否则扣棚升温过早，低温休眠不足，将导致发芽、开花延迟。自然休眠完成后，扣棚升温越早，成熟期越早。通过人工低温集中处理等，也可以提早打破休眠。北方地区一般12月中、下旬至1月初扣棚升温为宜。

（2）揭帘升温到揭除棚膜期温度的调控

①扣棚后的温室温度　主要靠开关通风窗、作业门和启盖草苫调控，必要时还需加温处理。扣棚升温后，1~3d通风窗、作业门全开，4~7d昼开夜关，8~10d晚上逐步盖齐草苫保温，使植株逐渐适应。为了保持地下和地上温度协调平衡，可在扣棚的同时或提前进行地膜覆盖提高地温。

②扣棚至发芽前　此期植株对环境要求不严格，对温度的适应性较强。要求白天温度8~20℃，夜间5~6℃，最低不低于3℃。绝对防止25℃以上的高温。

③发芽至开花期　进入发芽期之后，植株对环境要求越来严格。开花期要求地温14~15℃，白天气温20~22℃，夜间气温5~7℃。甜樱桃花粉萌发受精的适宜温度为18~20℃。温度过高过低都不利于花粉发芽。谢花期要求，白天20~22℃，夜间7~8℃。

④果实膨大期　白天气温22~25℃，夜间10~12℃，有利于幼果膨大，可提早成熟。

⑤果实成熟着色期　白天不超过25℃，夜间12~15℃，保持昼夜温差约10℃。严格控制白天气温不能超过30℃，否则果实着色不良，且影响花芽分化。

⑥揭除棚膜时间　根据气候条件、生产区域和果实生长期而定。过了霜期，可将棚膜部分卷起，放风锻炼2~3d，以后选择阴天将膜全部卷起，增强光照，促进果实着色，提高果实含糖量。气温降低或下雨将膜重新盖好，提高温度并防雨，果实采收后，完全除掉棚膜。

2. 湿度调控

从扣棚到采收，要求土壤相对湿度60%~80%；发芽到初花期以前，要求土壤相对湿度80%为宜。发芽期20~40cm的土壤的湿度以手握成团，一触即散为度。花期之后，土壤相对湿度60%~70%为宜。

空气湿度，从发芽到采收，棚内空气湿度要求与土壤湿度相似，一般规律，前期要求高，而后期要求相对较低。发芽期要求相对湿度80%左右，以后逐渐下降；花期、果实膨大期，要求相对湿度50%~60%；成熟期要求相对湿度50%。甜樱桃花期对空气湿度要求相对较严格，花期湿度过高，花粉不易散，易感花腐病；湿度过低，柱头干燥，不利于受精。增加空气湿度可向地面洒水和树体喷水；降低空气湿度通过启闭通风窗、门等来完成。

3. 光照调控

由于冬春的太阳光照较弱，加上棚膜及其他因素的影响，远远不能满足樱桃生长发育对光的需要，难以达到优质高产高效。因此，采取有效的增光措施是很必要的。第一，选择科学合理的温室结构，包括温室的方位角和前、后屋面角、温室高度以及尽量减少支柱立架等；第二，选择透光性能好的棚膜，以聚乙烯长寿无滴膜为好；第三，经常清扫屋面棚膜上的尘土、杂物，使其洁净光亮；第四，室内悬挂反光幕，地面铺设反光膜。

（三）设施生产管理技术

1. 定植

（1）定植方式和密度　选择背风向阳、有排灌条件、土层深厚、沙质壤土，未栽植过樱桃的地块，并进行深翻，施足基肥，提高土壤肥力。

樱桃设施生产，生产上有三种栽植方式：一是直接在设施内定植成苗，在棚室内整形，一般第三年有产量，第四年丰产；二是在棚室外假植成苗、整形，成花后移入温室；三是购买已整好形并已大量成花的成龄树定植。

根据土壤肥力、品种特性和植株状况，株行距可采用（1.0~2.0）m×（2.0~3.5）m。栽植时必须配置授粉品种，设施生产中授粉品种不能少于2个，主栽品种与授粉品种的比例最好为2∶1或1∶1。

（2）定植时期和方法　定植一般在苗木萌芽前1~2周进行，最好随起树随栽植。栽植前根据苗木的情况和需要，按行距挖栽植沟，沟南北方向，深0.8m、宽0.8~1m，沟内施足腐熟的有机肥。如果栽植成树，应根据需要挖沟回填土。栽植前，未带土坨的苗木可用生根粉溶液蘸根；带土坨的成树，应按事先标记好的阴阳面定位栽植，栽后覆土踏实。灌三次透水，以防根系与土壤有隔空处。然后覆盖地膜保湿提温，促进根系生长。由于樱桃怕大风摇摆，所以栽后应立即绑缚支柱，防止树体摇晃而死。

2. 土肥水管理

樱桃设施生产自建园到开始覆膜的2~3年内，要给以充足的肥水，以促进枝叶生长，迅速扩大树冠，增加枝量，早日投产。

一般可在9~10月间，株施腐熟的鸡粪10~20kg或优质猪圈粪50~60kg，同时加入5kg过磷酸钙，对加速生长、促进花芽分化有良好作用。对未结果的幼龄树追肥，主要集中在前期，在施足基肥的基础上，于发芽前每株追施复合肥0.5~1.0kg。覆膜投产后，肥水供应要随产量的提高而增加。一般秋施基肥每株优质圈肥20kg，磷肥0.3kg，钾肥0.8kg；开花前追肥每株尿素0.2kg，并在花期前后连喷2~3次光合微肥和磷酸二氢钾，以促进坐果，增强叶片的光合能力。采果后补肥每株尿素0.3kg、磷肥0.2kg、钾肥0.8kg，以复壮树势，促进花芽分化。每次施肥均结合灌水。

灌水掌握在发芽前后和土壤封冻前，以确保新梢生长和树体安全越冬。灌水应严格掌握灌水量，扣棚后灌水30mm左右，发芽前再浇水10~20mm，果实膨大期一次可灌水10~15mm，着色期以后每次灌水10mm以下为宜。

3. 整形修剪

樱桃设施内生产，采用的树形主要有自然开心形、改良主干形及丛状形。也有采用棚前部用丛状形，中部以后则用自然开心形、改良纺锤形等。

（1）自然开心形　干高30cm左右，全树主枝3~4个，各主枝角度45°左右，每个主枝着生4~5个背斜或背后大型结果枝组；插空排列，开张角度70°~80°；一般单轴延伸，树高不超2m。该树形适合多数樱桃品种。

（2）改良纺锤形　干高40cm，中央领导干保持优势生长，其上不分层次，配备12~15个主枝，单轴延伸，螺旋排列，插空生长；主枝角度应保持在90°，在主枝上着生大量中小型结果枝组；树高2.5~3.0m。

4. 花果管理

（1）提高坐果率　设施生产樱桃在建园配置好授粉树的基础上，从开花前10d开始，晴天中午天天放风，使花器官经受锻炼，开花期还要认真进行人工辅助授粉，以确保坐果良好。同时，采用花期蜜蜂授粉、盛花期喷1~2次20~40mg / L的GA_3、花后10d及时对新梢摘心等措施，提高坐果率。

（2）疏花疏果　为增加单果重和提高果实的整齐度，采用疏花疏果措施。花前，一般一个有7~8个花芽的花束状果枝，可疏掉3个左右的瘦小花芽；花芽萌发后至开花时再疏蕾或疏花，每个花束状果枝保留7~8朵花。生理落果后再进行疏果，疏除小果、畸形果。此外，在果实着色期，还应摘除遮挡果实阳光的叶片。果实采前10~15d，树冠下铺反光膜，促进果实上色，提高果实的商品价值。

5. 采收、包装及保鲜

樱桃采收主要靠人工完成。采收时轻摘、轻放，防止果面损伤，果实带果柄采摘，勿使果柄脱落，同时注意不损伤结果枝。樱桃每序可着生1~6个果，其成熟度有差异，需分批采收。

温室樱桃采收时，正值冬末春初水果淡季，商品价值高，采收后应分级包装。

用于外销的樱桃应在八成熟时采收，剔除烂果、病果，然后在2℃的温度条件下降温预冷。

【评价与考核】

（1）樱桃设施果树生产品种选择的原则及生产上常用品种。

（2）樱桃设施果树生产中环境的调控技术。

（3）考核樱桃设施果树生产与露地生产的区别。

【复习思考题】

（1）考察当地樱桃设施果树生产所用品种及特点。

（2）樱桃进行设施果树生产有什么优势？

附录

果树园艺工国家职业标准

说 明

为了进一步完善国家职业标准体系，为职业教育、职业培训和职业技能鉴定提供科学、规范的依据，根据《中华人民共和国劳动法》、《中华人民共和国职业教育法》的有关规定，人力资源和社会保障部、农业部共同组织有关专家，制定了《果树园艺工国家职业标准》(以下简称《标准》)。《标准》已经人力资源和社会保障部、农业部批准，自2009年7月26日正式施行。现将有关情况说明如下：

(1) 本《标准》以《中华人民共和国职业分类大典》为依据，以客观反映本职业现阶段的水平和对从业人员的要求为目标，在充分考虑经济发展、科技进步和产业结构变化对本职业影响的基础上，对职业的活动范围、工作内容、技能要求和知识水平做出明确的规定。

(2) 按照《国家职业标准制定技术规程》的要求,《标准》在体例上力求规范，在内容上尽可能体现以职业活动为导向、以职业技能为核心的原则。同时，尽量做到可根据科技发展进步的需要适当进行调整，使之具有较强的实用性和一定的灵活性，以适应培训、鉴定和就业的实际需要。

(3) 本职业分为五个等级，《标准》的内容包括职业概况、基本要求、工作要求和比重表四个方面。

(4) 参加《标准》编写的主要人员有：邢培林、朱运钦、黄海生、谢 颜、牛 静、张治霆。参加审定的主要人员有：向朝阳、崔鹏伟、陈 蕾、莫广刚、杜 旭、李 雪、张铁强、程建军、乌云毕力格。

(5) 在《标准》制定过程中，农业部人力资源开发中心、河南农业职业学院、广西农业职业技术学院、中央农业广播电视学校等单位给予了大力支持。在此，谨致谢忱！

1 职业概况

1.1 职业名称

果树园艺工。

1.2 职业定义

从事果树繁殖育苗、果园设计和建设、土壤改良、栽培管理、果品收获及采后处理等生产活动的人员。

1.3 职业等级

本职业共设五个等级，分别为：初级（国家职业资格五级）、中级（国家职业资格四级)、高级(国家职业资格三级)、技师(国家职业资格二级)、高级技师(国家职业资格一级)。

1.4　职业环境

室内、外，常温。

1.5　职业能力特征

具有一定的学习能力、表达能力、计算能力、颜色辨别能力、空间感和实际操作能力，动作协调，色觉、嗅觉、味觉等正常。

1.6　基本文化程度

初中毕业。

1.7　培训要求

1.7.1　培训期限

全日制职业学校教育，根据其培养目标和教学计划确定。晋级培训期限：初级不少于150标准学时；中级不少于120标准学时；高级不少于100标准学时；技师不少于80标准学时；高级技师不少于80标准学时。

1.7.2　培训教师

培训初、中级的教师应具有本职业技师及以上职业资格证书或本专业中级及以上专业技术职务任职资格；培训高级、技师的教师应具有本职业高级技师职业资格证书或本专业高级及以上专业技术职务任职资格；培训高级技师的教师应具有本职业高级技师职业资格证书3年以上或本专业高级及以上专业技术职务任职资格3年以上。

1.7.3　培训场地与设备

满足教学需要的标准教室、实验室和教学基地，具有相关的仪器设备及教学用具。

1.8　鉴定要求

1.8.1　适用对象

从事或准备从事本职业的人员。

1.8.2　申报条件

——初级(具备以下条件之一者)

(1)经本职业初级正规培训达规定标准学时数，并取得结业证书。

(2)在本职业连续工作2年以上。

——中级(具备以下条件之一者)。

(1)取得本职业初级职业资格证书后，连续从事本职业工作2年以上，经本职业中级正规培训达规定标准学时数，并取得结业证书。

(2)取得本职业初级职业资格证书后，连续从事本职业工作4年以上。

(3)连续从事本职业工作6年以上。

(4)取得经劳动保障行政部门审核认定的、以中级技能为培养目标的中等以上职业学校本职业（专业）毕业证书。

——高级（具备以下条件之一者）

（1）取得本职业中级职业资格证书后，连续从事本职业工作3年以上，经本职业高级正规培训达规定标准学时数，并取得结业证书。

（2）取得本职业中级职业资格证书后，连续从事本职业工作5年以上。

（3）取得高级技工学校或经劳动保障行政部门审核认定的、以高级技能为培养目标的高等职业学校本职业（专业）毕业证书。

（4）取得本职业中级职业资格证书的大专以上本专业或相关专业毕业生，连续从事本职业工作2年以上。

（5）大专以上本专业毕业生，经本职业高级正规培训达规定标准学时数，并取得结业证书。

——技师（具备以下条件之一者）

（1）取得本职业高级职业资格证书后，连续从事本职业工作4年以上，经本职业技师正规培训达规定标准学时数，并取得结业证书。

（2）取得本职业高级职业资格证书后，连续从事本职业工作6年以上。

（3）大专以上本专业或相关专业毕业生，取得本职业高级职业资格证书后，连续从事本职业工作2年以上。

（4）大专以上本专业毕业生，连续从事本职业工作5年以上。

——高级技师（具备以下条件之一者）

（1）取得本职业技师职业资格证书后，连续从事本职业工作3年以上，经本职业高级技师正规培训达规定标准学时数，并取得结业证书。

（2）取得本职业技师职业资格证书后，连续从事本职业工作5年以上。

（3）取得中级（含中级）以上专业技术职务任职资格，连续从事本职业工作3年以上。

1.8.3 鉴定方式

分为理论知识考试和技能操作考核，理论知识考试采用闭卷笔试方式，技能操作考核采用现场实际操作方式。理论知识考试和技能操作考核均采用百分制，成绩皆达60分及以上者为合格。技师、高级技师还须进行综合评审。

1.8.4 考评人员与考生配比

理论知识考试考评人员与考生配比为1∶15，每个标准教室不少于2名考评人员；技能操作考核考评员与考生配比为1∶5，且不少于3名考评员；综合评审委员不少于5人。

1.8.5 鉴定时间

理论知识考试时间不少于90min，技能操作考核时间不少于60min。综合评审时间不少于30min。

1.8.6 鉴定场所及设备

理论知识考试在标准教室进行，技能操作考核在田间现场及具有必要仪器、设备的实验室进行。

2　基本要求

2.1　职业道德

2.1.1　职业道德基本知识

2.1.2　职业守则

（1）敬业爱岗，忠于职守。

（2）认真负责，实事求是。

（3）勤奋好学，精益求精。

（4）遵纪守法，诚信为本。

（5）规范操作，注意安全。

2.2　基础知识

2.2.1　专业知识

（1）土壤和肥料基础知识。

（2）农业气象常识。

（3）果树栽培知识。

（4）果园病虫草害防治基础知识。

（5）果品采后处理基础知识。

（6）果园常用的农机使用常识。

（7）农药基础知识。

（8）果园田间试验设计与统计分析常识。

2.2.2　安全知识

（1）安全使用农药知识。

（2）安全用电知识。

（3）安全使用农机具知识。

（4）安全使用肥料知识。

2.2.3　相关法律、法规知识

（1）《中华人民共和国农业法》的相关知识。

（2）《中华人民共和国农业技术推广法》的相关知识。

（3）《中华人民共和国劳动合同法》的相关知识。

（4）《中华人民共和国劳动合同法》的相关知识。

（5）《中华人民共和国种子法》的相关知识。

（6）农药管理条例的相关知识:《农药管理条例实施办法》。

（7）国家、地方以及行业果树产地环境、产品质量标准，以及生产技术规程。

3 工作要求

本标准对初级、中级、高级、技师和高级技师的技能要求依次递进，高级别涵盖低级别的要求。

3.1 初级工

职业功能	工作内容	技能要求	相关知识
一、果树分类和识别	（一）果树植物学特征和生物学特性	能够根据果树的外观特征识别果树15种	1. 果树的外观特征 2. 果树的区划栽培
	（二）果实的外观和内在品质	能够根据果实外观特征识别果实20种	1. 果实的外观特征 2. 果实的营养成分
二、育苗	（一）种子采集与处理	1. 能够采集、调制和贮藏种子 2. 能够进行种子的沙藏处理	1. 种子采集、调制和贮藏知识 2. 种子休眠知识 3. 层积处理知识
	（二）播种	1. 能够整地和做畦 2. 能够识别主要果树砧木种子 3. 能够根据种子特性确定播种方法	1. 种子识别知识 2. 整地做畦知识 3. 播种方式和方法
	（三）实生苗管理	1. 能够进行灌溉、追肥和中耕除草 2. 能够进行间苗和移栽	1. 出苗期管理知识 2. 灌溉、施肥知识 3. 幼苗移栽知识
	（四）扦插育苗	1. 能够进行整地、做畦和覆地膜 2. 能够进行插条处理 3. 能够进行扦插	1. 促进扦插生根知识 2. 扦插方法 3. 扦插苗管理知识
	（五）压条育苗	1. 能够进行水平压条育苗 2. 能够进行直立压条育苗	1. 水平压条育苗知识 2. 直立压条育苗知识
	（六）嫁接育苗	1. 能够采集接穗和保存接穗 2. 能够进行果树T形芽接和嵌芽接的操作，嫁接速度达到60个芽 / 小时，或枝接20个接穗 / 小时 3. 能够检查成活、解绑和剪砧	1. 采集和保存接穗知识 2. 果树芽接知识 3. 果树枝接知识
	（七）起苗、苗木分级、包装和假植	1. 能够进行起苗 2. 能够进行苗木消毒处理 3. 能够进行苗木包装和假植	1. 苗木出圃知识 2. 安全使用农药知识 3. 苗木贮藏方法
三、果树栽植	（一）果树栽植前的准备	1. 能够挖定植穴（沟） 2. 能够进行改土、施肥、回填和洇地等栽前准备工作	1. 土壤结构知识 2. 挖定植穴（沟）方法 3. 回填土施肥技术
	（二）果树的栽植	1. 能够栽植果树横竖成行 2. 能够进行分苗、扶苗、埋土各个环节的操作	1. 果树根系生长知识 2. 果树苗木根茎、芽序知识 3. 果树栽植技术
	（三）果树的栽后管理植	1. 能够进行定干、刻芽、抹芽、定稍操作 2. 能够进行果树栽后灌水、套袋、松土、覆膜各个环节的操作	1. 果树生长习性知识 2. 土壤保水增温知识

续表

职业功能	工作内容	技能要求	相关知识
四、果园管理	（一）土肥水管理	1．能够进行土壤施肥和灌溉 2．能够进行叶面喷肥 3．能够识别常见的化肥种类 4．能够使用和保养果园常用的农机具	1．土壤和肥料知识 2．果树根系分布特点 3．施肥和灌溉方法 4．果园土壤管理知识 5．常用农机具使用和保养常识
	（二）花果管理	1．能够进行疏花、疏果 2．能够进行果实套袋和撤袋	1．疏花、疏果知识 2．果实套袋知识 3．果实成熟度确定和采收方法
	（三）果树修剪	1．能够进行抹芽、疏稍、摘心、剪梢、疏枝、环剥、环割、扭梢、拉枝、拿枝、撑枝、绑梢、绑蔓、短截、疏枝、回缩和缓放等修剪方法的单项操作 2．能够使用、保养和维修常用的修剪工具	1．主要修剪方法及作用 2．修剪工具使用和保养知识
	（四）休眠期管理	1．能够进行休眠期果园的清理 2．能够进行刮树皮、树干涂白 3．能够进行果树的越冬保护（幼树压倒埋土、北侧培半圆形土埂、枝干缠裹塑料膜及喷、涂抑制蒸发剂等）	1．休眠期病虫草害综合防治知识 2．果树防寒知识 3．果树越冬肥水管理知识
	（五）设施果树管理	能够根据天气情况调节设施的温度、湿度和光照	1．设施环境特点 2．设施环境调控知识
	（六）病虫草害防治	1．能够使用喷药设备进行喷药 2．能够保管农药和保养喷药设备 3．能够识别当地主要果树病害和害虫各5种	1．果树常见病虫、杂草识别方法 2．安全使用农药知识 3．药剂保管及农药器械保养知识
五、采后处理	（一）果实的采收	1．能够根据果实用途（鲜食、贮藏、加工）确定果实成熟期 2．能够进行5种果实的采摘操作	1．果实成熟标准 2．果品采摘知识
	（二）果实分级	能够根据分级标准进行果实分级	果实分级标准
	（三）果实打蜡和包装	1．能够使用果品清洗和打蜡机械 2．能够进行果实的包装和装运	1．果实清洗和打蜡机械使用知识 2．果品包装和运输知识

3.2　中级工

职业功能	工作内容	技能要求	相关知识
一、果树的品种识别与环境要求	（一）果树植物学特征和生物学特性	能够根据果树的植株特征识别3种果树的各3个品种	果树品种的植株特征
	（二）果实的外观和内在品质	能够识别3种果树的各3个品种的果实	1．果树品种的果实特征 2．果树品种的区划栽培

续表

职业功能	工作内容	技能要求	相关知识
二、育苗	（一）种子处理	1．能够进行种子分级 2．能够进行种子生活力鉴定 3．能够进行层积处理	1．砧木种子分级标准 2．种子休眠机制及调控方法 3．种子生活力鉴定方法
	（二）播种	1．能够计算播种量 2．能够确定播种期	1．播种量的计算方法 2．播种期确定方法
	（三）实生苗管理	能够进行间苗和移栽	幼苗间苗、移栽知识
	（四）扦插育苗	能够制作或安装荫棚、沙床和全光照弥雾沙床	荫棚和沙床建造知识
	（五）压条育苗	1．能够进行曲枝压条育苗 2．能够进行空中压条育苗	1．曲枝压条育苗知识 2．空中压条育苗知识
	（六）分株育苗	1．能够进行根蘖分株育苗 2．能够进行匍匐茎和根状茎分株育苗 3．能够进行吸芽分株育苗	1．分株苗繁殖原理 2．相关果树的生物学特性 3．分株方法 4．分株苗管理技术
	（七）嫁接育苗	1．能够进行果树的芽接，芽接速度达到80芽 / 小时 2．能够进行果树的枝接操作，枝接速度达到25个接穗 / 小时	1．果树嫁接成活机制及促进成活的方法 2．嫁接方法 3．嫁接后管理知识
	（八）起苗、苗木分级、包装和假植	1．能够进行苗木质量检验 2．能够确定苗木消毒所使用的药剂种类	1．苗木质量分级标准 2．苗木消毒相关知识
三、果园设计与建设	（一）果园设计	1．能够根据不同环境条件选择种植品种 2．能够设计主栽品种与授粉搭配、栽植株行距与栽植方式、果园道路与灌水与排水	1．果树品种知识 2．果园设计知识
	（二）果树建设	1．能够根据当地气候，确定栽植时期 2．能够进行苗木栽前处理 3．能进行果树栽后病虫防治	1．当地气候常识 2．果树栽植知识 3．果树植保知识
四、果园管理	（一）土肥水管理	1．能够根据果树生长情况确定施肥时期、肥料种类、施肥方法及施肥量 2．能够根据果树生育期选择肥料种类 3．能够进行果园土壤管理（清耕、生草、间作、免耕和覆盖等） 4．能够进行果园土壤改良	1．果树根系分布特点及生长规律 2．果树肥水需求特性 3．常用肥料特性及施用技术 4．灌水方法和节水栽培技术 5．果园土壤管理知识 6．各种类型土壤特性、土壤改良技术
	（二）花果管理	1．能够实施果园防霜技术措施 2．能够进行花粉采集、调制和保存 3．能够进行人工授粉 4．能进行摘叶、转果、铺反光膜	1．预防晚霜的知识 2．坐果的机理及提高坐果率的技术 3．果实品质的商品知识、食用知识、营养知识和加工知识等 4．影响果实品质的因素及提高果实品质的技术

续表

职业功能	工作内容	技能要求	相关知识
四、果园管理	（三）生长调节剂使用	1. 能够判断树体生长势 2. 能够根据果树生长势选择和使用生长调节剂 3. 能够配制生长调节剂溶液	1. 果树生长势判断知识 2. 生长调节剂相关知识 3. 生长调节剂溶液配制方法
	（四）果树整形修剪	1. 能够进行果树休眠期的整形修剪 2. 能够进行果树生长期的修剪	1. 果树枝芽类型、特性及应用 2. 果树生长结果平衡调控技术
	（五）果实采收	1. 能够判断果实的成熟度和采收期 2. 能够操作果品分级机械	1. 果实成熟度知识 2. 果品分级机械使用知识
	（六）病虫防治	1. 能够识别当地主栽果树的常见病害和害虫各10种 2. 能够根据果园的病虫草害，确定农药的种类	1. 果树常见病虫识别和防治知识 2. 常用农药功效和使用常识
	（七）设施果树管理	1. 能够确定设施果树的扣棚和升温时间 2. 能够确定有害气体的种类、出现的时间 3. 能够根据设施内的空间和果树生长结果习性，进行设施果树的修剪	1. 果树休眠知识 2. 果树生长发育与环境知识 3. 土壤盐渍化知识 4. 设施环境调控知识 5. 设施栽培果树修剪知识
五、采后处理	（一）果实的质量检测	1. 能够根据果品外观质量标准判定产品质量 2. 能准备清洗和打蜡设备 3. 能够使用折光仪测定果实的可溶性固形物含量 4. 能够使用硬度计测定果实硬度	1. 外观质量标准知识 2. 清洗打蜡设备知识 3. 折光仪、硬度计使用常识
	（二）果实的商品化处理	1. 能够根据果实特性选择包装材料和设备 2. 能够进行冷库的灭菌操作 3. 能够操作冷库设备进行果实贮藏	1. 包装材料和设备知识 2. 冷库机械设备知识 3. 冷库灭菌知识

3.3　高级工

职业功能	工作内容	技能要求	相关知识
一、育苗	（一）苗情诊断	1. 能够判断苗木的长势，并调整肥水管理等措施 2. 能够识别当地主要树种苗期常见生理性病害	1. 果树生长势判断知识 2. 果树苗期营养诊断知识
	（二）病虫害防治	能够识别当地主要树种和品种苗期常见病虫害	1. 苗期主要病虫害识别 2. 常见病虫害综合防治技术 3. 无病毒果苗繁育常识

续表

职业功能	工作内容	技能要求	相关知识
一、育苗	（三）嫁接	1．能够根据树种、品种、栽培环境选用砧木 2．能够进行果树的芽接，芽接速度达到100个芽／小时 3．能够进行果树的枝接操作，枝接速度达到50个接穗／小时 4．能进行大树多头高接操作	1．嫁接亲和力知识 2．常用砧木特性 3．大树高接换优相关知识
	（四）容器育苗	1．能够根据苗木根系特点选择容器进行容器育苗 2．能够配制营养土	1．容器特性 2．基质和肥料特性 3．容器苗的肥水管理知识
二、果园设计与建设	（一）建园设计	1．能够使用平板仪、皮尺、标杆等测量工具进行果园勘测 2．能够进行小型果园的建园方案设计	1．果树种类、品种的生长结果习性 2．测量学知识 3．园地规划知识
	（二）建园方案实施	1．能够按大型果园的建园方案实地放大图实施 2．能够实施保护地果树、棚架果树、观光采摘休闲果园的建园方案	1．果树保护地生长结果习性 2．旅游接待知识 3．果树设施材料相关知识
三、果园管理	（一）肥水管理和植株调控	1．能够识别本地主要果树常见的缺素症和营养过剩症 2．能够根据植株长势，制定肥水管理措施 3．能够根据果树长势，制定果树生长势调控措施	1．果树生长发育知识 2．果树生长势判断知识 3．果树常见缺素症和营养过剩症知识 4．果树生长势调控技术
	（二）果树整形修剪	1．能够根据果树树体生长结果情况制定相应的修剪方案 2．能够完成本地主要果树的整形修剪 3．能够运用各种修剪方法，调整树形、改善树冠内光照、调控树体生长发育和节省营养	1．果树整形修剪知识 2．果树生长结果平衡知识
	（三）设施果树管理	1．能够根据植株生长情况，调控生长环境 2．能够进行设施果树的整形修剪 3．能够进行设施果树的土肥水管理	1．主要设施类型特点 2．设施果树生长发育与肥水需求特点 3．设施环境控制技术 4．设施果树修剪知识
	（四）病虫害防治	1．能识别本地常见果树的常见病害和害虫各15种 2．能制定当地主栽树种常见病虫草害综合防治方案	1．主栽果树常见病虫害的发生规律 2．果树病虫害识别和综合防治技术
四、技术管理	（一）生产计划的制定	能够制定果园年度生产计划	1．果园周年管理知识 2．果树生产技术知识
	（二）生产计划的实施	1．能根据果树物候期和年度生产计划进行人员安排调配 2．能根据果树生长情况实施技术方案	1．果树物候期知识 2．劳动力管理知识 3．环境条件、技术措施与果树生长相关性

续表

职业功能	工作内容	技能要求	相关知识
五、技术指导	（一）技术示范	能够对初、中级人员进行技术操作示范	1．果树栽培知识 2．果园机械、设备使用知识
	（二）技术指导	能够对初、中级人员进行技术指导	1．果树栽培知识 2．技术指导方法

3.4 技师

职业功能	工作内容	技能要求	相关知识
一、育苗	（一）苗情诊断	能够识别果树苗期生理病害	1．果树苗期生理病害识别 2．常见生理病害防治知识
	（二）病虫害防治	能够识别常见果树苗期的病虫害	1．果树苗期病虫识别 2．苗期病虫害综合防治知识
二、果园设计与建设	（一）果园规划与设计	1．能够使用经纬仪等测量工具勘测果园 2．能够进行大中型果园的规划设计 3．能够组织实施大中型果园设计方案	1．经纬仪使用知识 2．果树建园知识 3．果树树种和品种知识
	（二）果园建设	1．能够按无公害及绿色果品生产标准建园 2．能够按无公害及绿色果品生产标准实施果园管理技术方案	1．无公害及绿色果品生产标准知识 2．国家相关标准的学习
三、果园管理	（一）肥水管理	1．能够识别本地常见果树的缺素症和营养过剩症 2．能够根据土壤测试和叶片分析的结果，制定施肥方案	1．主要果树营养诊断知识 2．平衡施肥知识
	（二）病虫害防治	1．能够识别本地常见果树的病害和害虫各25种 2．能够制定当地常见果树病虫害综合防治方案	1．果树病虫害识别 2．果树病虫害综合防治知识
	（三）果树整形修剪	能够制定果树修剪技术方案	1．果树整形修剪知识 2．果树生长结果平衡理论知识和修剪方法
四、果品贮藏	（一）冷库建造	1．能够设计建造简易通风冷藏库 2．能够设计建造小型冷库设施和选购小型制冷设备	1．建筑设计和施工知识 2．制冷机械知识
	（二）果品贮藏保鲜	1．能够实施果品采收预冷操作 2．能够根据不同果品特性调节贮藏库的温度、湿度和气体环境 3.能够根据果品特性选购保鲜材料和保鲜药剂	1．果品贮藏知识 2．果品保鲜材料知识
五、技术管理	（一）编制果园周年生产计划	1．能够调研果品产量、供应期和价格 2．能够制定当地常见果树的周年生产计划 3．能够制定农资采购计划	1．果树周年管理知识 2．果品市场调研知识

续表

职业功能	工作内容	技能要求	相关知识
五、技术管理	（二）技术评估	能够评估技术措施应用效果	技术评估相关知识
	（三）种子和苗木鉴定	1. 能够测定砧木种子的纯度 2. 能够鉴定苗木质量和品种的纯度	1. 砧木种子和果树苗木质量等级鉴定知识 2. 果树品种知识
	（四）技术开发	1. 能够撰写新品种、新材料、新技术等的试验方案 2. 能撰写生产技术总结和调查总结	1. 田间试验与统计知识 2. 果树栽培管理知识 3. 果树新品种、新材料、新技术知识
六、培训指导	（一）技术指导	能够对初、中、高级工人员进行技术指导	1. 果树栽培知识 2. 技术指导方法
	（二）技术培训	1. 能够编写初、中级工培训计划 2. 能够编写初、中级培训讲义 3. 能够培训初、中级工	1. 专项培训讲义编写方法 2. 培训材料的编写方法

3.5　高级技师

职业功能	工作内容	技能要求	相关知识
一、果园管理	（一）病虫害防治	1. 能够识别当地果树生理病害 2. 能够识别当地果树病害和害虫各30种	1. 果树营养诊断知识 2. 果树病虫害综合防治知识
	（二）肥水管理	能够根据果园实际情况制定施肥和节水灌溉方案	1. 节水灌溉知识 2. 果树营养知识
	（三）果树整形修剪	能够制定本地常见果树整形修剪技术方案	果树生长发育与整形修剪知识
二、采后处理	（一）分级和包装	1. 能够制定企业产品分级标准 2. 能够根据产品特性提出包装设计方案	1. 果品分级知识 2. 果品特性 3. 包装方法及包装材料相关知识
	（二）贮运和销售	1. 能够根据果品特性和距离选择不同运输方式调运果品 2. 能够根据市场需求确定贮藏期、上市时间、包装转运材料、果品价格	1. 果品商品学知识 2. 果品运输知识 3. 消费心理学的相关知识
三、技术管理	（一）技术研究和开发	1. 能够针对生产上的关键技术问题提出攻关课题，开展试验研究和技术攻关 2. 能够针对相关的试验研究写出总结、报告或论文	1. 果树生产技术知识 2. 田间试验与统计知识和科研能力 3. 科技写作知识
	（二）生产形势预测	能够预测果树生产发展趋势，提出当地果树生产的发展方向	1. 果品产销动态知识 2. 果品市场预测知识
四、培训指导	（一）技术指导	1. 能够给高级工和技师进行技能操作示范 2. 能够对高级工和技师进行技术指导	1. 果树栽培知识 2. 技术指导方法
	（二）技术培训	1. 能够制定高级工和技师培训计划 2. 能够编写高级工和技师的培训讲义 3. 能够培训高级工和技师	1. 综合培训计划编制方法 2. 教育心理学的相关知识

4 比 重 表

4.1　理论知识

单位：%

项目		初级	中级	高级	技师	高级技师
基本要求	职业道德	5	5	5	5	5
	基础知识	20	20	15	5	5
相关知识	育苗	15	15	10	5	—
	果树栽植	10	10	5	—	—
	建园设计和建设	—	—	10	15	—
	果园管理	40	40	35	20	20
	采后处理	10	10	10	10	10
	技术管理	—	—	10	25	35
	培训指导	—	—	—	15	25
合计		100	100	100	100	100

4.2　技能操作

单位：%

项目		初级	中级	高级	技师	高级技师
技能要求	树种分类和识别	5	5	5		
	育苗	30	30	20	—	—
相关知识	果树栽植	15	10	—	—	—
	建园设计和建设			10	10	15
	果园管理	40	45	45	35	20
	采后处理	10	10	10	10	10
	技术管理	—	—	5	30	35
	培训指导	—	—	5	15	20
合 计		100	100	100	100	100

参考文献

1 马骏，蒋锦标．果树生产技术（北方本）．北京：中国农业出版社，2006

2 宋丽润．林果生产技术（北方本）．北京：中国农业出版社，2001

3 李道德．果树栽培．北京：中国农业出版社，2001

4 北京市农业学校．果树栽培学实验实习指导．北京：农业出版社，1989

5 郗荣庭．果树栽培学总论．第三版．北京：中国农业出版社，1997

6 北京农业大学．果树昆虫学．北京：农业出版社，1981

7 韩召军．园艺昆虫学．北京：中国农业大学出版社，2001

8 浙江农业大学等．果树病理学．上海：上海科学技术出版社，1979

9 贺普超等．葡萄学．北京：中国农业出版社，1992

10 刘兵等．苹果病虫害防治图册．沈阳：辽宁科学技术出版社，1993

11 梁维坚，董德芬．大果榛子育种与栽培．北京：中国农业出版社，2002